高等职业教育系列教材

校企合作 | 产教融合 | 理实同行 | 配套丰富

Kubernetes
容器技术项目教程

主　编 | 吴　进　杨运强
副主编 | 高　深　焦凤红
参　编 | 王天玲　朱晓岩
主　审 | 陈玉勇　白　云

机械工业出版社
CHINA MACHINE PRESS

本书从生产实际出发，通过项目和任务编写方式讲解部署 Kubernetes 集群、使用 Kubectl 命令部署服务、使用 YAML 脚本部署服务、探测 Pod 健康性、调度 Pod、使用存储卷、部署 StatefulSet 有状态服务、部署 Ingress 七层访问服务、基于 RBAC 配置认证授权和基于 Kubernetes 构建企业级 DevOps 云平台等知识和技能。

本书以完成真实生产环境的任务作为出发点，通过动手完成生产环境中的真实任务，让读者掌握知识和技能，实现做中学。

本书适合高职院校计算机网络技术、云计算技术与应用、软件技术等专业的教师和学生，以及相关专业技术人员阅读。

本书配有微课视频，扫描书中二维码即可观看。另外，本书配有课程标准、电子教案、电子课件、拓展训练答案、源代码文件等教学资源，需要的教师可登录机械工业出版社教育服务网（www.cmpedu.com）免费注册，审核通过后下载，或联系编辑索取（微信：13261377872；电话：010-88379739）。

图书在版编目（CIP）数据

Kubernetes 容器技术项目教程 / 吴进，杨运强主编. -- 北京：机械工业出版社，2024.12. -- （高等职业教育系列教材）. -- ISBN 978-7-111-76999-6

Ⅰ. TP316.85

中国国家版本馆 CIP 数据核字第 20244AK960 号

机械工业出版社（北京市百万庄大街 22 号　邮政编码 100037）
策划编辑：王海霞　李培培　　责任编辑：王海霞　李培培　王　芳
责任校对：张爱妮　张昕妍　　责任印制：郜　敏
中煤（北京）印务有限公司印刷
2025 年 1 月第 1 版第 1 次印刷
184mm×260mm・15.5 印张・402 千字
标准书号：ISBN 978-7-111-76999-6
定价：69.00 元

电话服务　　　　　　　　　　网络服务
客服电话：010-88361066　　　机　工　官　网：www.cmpbook.com
　　　　　010-88379833　　　机　工　官　博：weibo.com/cmp1952
　　　　　010-68326294　　　金　书　网：www.golden-book.com
封底无防伪标均为盗版　　　　机工教育服务网：www.cmpedu.com

Preface 前言

高职专业群建设是提升人才培养质量的重要抓手，本书是编者所在学校辽宁生态工程职业学院电子信息类专业群的核心模块课程教材。本书基于对专业群岗位需要具备的核心能力的分析，设计了与实际工作情景一致的项目和任务，配有微课视频、在线课程等一系列教学资源。本书可以作为计算机网络技术专业、云计算技术与应用专业、软件技术专业群核心课程教材。

"岗课赛证"人才培养模式是高职院校培养高技能应用型人才的重要保障，而一线教师的专业技术能力是这一人才培养模式落地的关键。本书编者团队指导学生参加计算机网络应用、云计算大赛，多次获得省级比赛一等奖、国家级比赛三等奖的好成绩，培训学生参加与云计算技术相关的网络、云计算、软件方向的"1+X"职业技能等级证书考试，通过率都在70%以上。

本书通过在项目和任务中融入思政元素，培养学生理论联系实际、精益求精的工匠精神，与他人合作的团队精神。

本书编者团队结合实际工作场景设计教学项目和任务，让学生在每次课上都有具体的任务需要完成，激发学生的学习兴趣，使其掌握相关的知识和技能。为了使课堂生动、高效，编者团队精心录制了微课视频，使刚接触 Kubernetes 的教师和学生能够进行快速、高效的学习。本书还配套了丰富的教学资源，如课程标准、电子教案、电子课件、拓展训练答案、源代码文件等，以提高教学效率。

本书主要内容及学时分配见表 0-1。

表 0-1 主要内容及学时分配表

内容	学时
项目 1　部署 Kubernetes 集群	8
项目 2　使用 Kubectl 命令部署服务	4
项目 3　使用 YAML 脚本部署服务	8
项目 4　探测 Pod 健康性	8
项目 5　调度 Pod	12
项目 6　使用存储卷	10
项目 7　部署 StatefulSet 有状态服务	6
项目 8　部署 Ingress 七层访问服务	6
项目 9　基于 RBAC 配置认证授权	8
项目 10　基于 Kubernetes 构建企业级 DevOps 云平台	12
合计	82

本书由吴进、杨运强主编。编写分工如下：辽宁生态工程职业学院吴进编写项目 1、项目 2、项目 3，辽宁生态工程职业学院杨运强编写项目 5、项目 6，辽宁生态工程职业学院高深编写项目 4、项目 10，辽宁生态工程职业学院王天玲编写项目 8 和项目 9，辽宁生态工程职业学院朱晓岩编写项目 7，辽宁生态工程职业学院焦凤红负责教学资源和微课制作，辽宁生态工程职业学院陈玉勇主审了项目 1～项目 5，辽宁生态工程职业学院白云主审了项目 6～项目 10。

由于编者水平有限，书中难免存在不当之处，恳请广大读者指正，本书涉及的镜像文件若拉取失败，可直接到本书资源中下载，或者联系作者获取，作者电子邮箱是 594443700@qq.com。

编　者

目录 Contents

前言

内容总体安排介绍

项目 1　部署 Kubernetes 集群 ······ 1

任务 1.1　部署单 Master 集群 ······ 1
 1.1.1　认识 Kubernetes ······ 1
 1.1.2　构建单 Master 基础环境 ······ 4
 1.1.3　安装和配置单 Master 集群 ······ 9
 1.1.4　配置命令补全功能 ······ 14
 拓展训练 ······ 14
任务 1.2　部署多 Master 高可用集群 ······ 14
 1.2.1　构建多 Master 基础环境 ······ 15
 1.2.2　安装配置高可用服务 ······ 20
 1.2.3　安装和配置多 Master 集群服务 ······ 24
 拓展训练 ······ 28
项目小结 ······ 28
习题 ······ 29

项目 2　使用 Kubectl 命令部署服务 ······ 30

任务 2.1　使用命令创建 Deployment 控制器 ······ 30
 2.1.1　Kubectl 命令行工具 ······ 31
 2.1.2　创建 Pod 部署服务 ······ 31
 2.1.3　创建 Deployment 控制器部署服务 ······ 35
 2.1.4　更新与回退版本 ······ 38
 拓展训练 ······ 40
任务 2.2　创建 Service ······ 40
 2.2.1　理解 Service ······ 41
 2.2.2　创建 Service 访问容器应用 ······ 44
 拓展训练 ······ 47
项目小结 ······ 48
习题 ······ 48

项目 3　使用 YAML 脚本部署服务 ······ 49

任务 3.1　创建 Pod 对象、Deployment 控制器和 Service ······ 49
 3.1.1　YAML 脚本概述 ······ 50
 3.1.2　创建 Pod 对象 ······ 50
 3.1.3　创建 Deployment 控制器 ······ 53
 3.1.4　创建 Service ······ 55
 拓展训练 ······ 58
任务 3.2　创建任务控制器 ······ 58
 3.2.1　创建 Job 控制器 ······ 58
 3.2.2　创建 CronJob 控制器 ······ 61
 3.2.3　创建 DaemonSet 控制器 ······ 63
 拓展训练 ······ 65

项目小结 ················· 65　习题 ·················· 66

项目 4　探测 Pod 健康性 ············· 67

任务 4.1　使用 livenessProbe
　　　　　探测 Pod ················ 67
　　4.1.1　理解 livenessProbe 探针的作用 ········ 68
　　4.1.2　使用 exec 方式探测 ············· 68
　　4.1.3　使用 httpGet 方式探测 ············ 71
　　拓展训练 ····················· 73
任务 4.2　使用 readinessProbe
　　　　　探测 Pod ················ 73
　　4.2.1　理解 readinessProbe 探针的作用 ······ 73
　　4.2.2　使用 readinessProbe 探针探测 ········ 74
　　拓展训练 ····················· 79
项目小结 ························ 79
习题 ··························· 79

项目 5　调度 Pod ············· 81

任务 5.1　调度 Pod 到指定节点 ·········· 81
　　5.1.1　理解 Scheduler ··············· 82
　　5.1.2　使用 nodeName 调度 ············ 83
　　5.1.3　使用 nodeSelector 调度 ··········· 85
　　拓展训练 ····················· 87
任务 5.2　使用亲和性调度 ············· 88
　　5.2.1　理解亲和性调度 ··············· 88
　　5.2.2　使用节点亲和性调度 ············· 88
　　5.2.3　使用 Pod 亲和性调度 ············ 93
　　拓展训练 ····················· 99
任务 5.3　使用污点与容忍度调度 ········· 99
　　5.3.1　理解污点和容忍度 ············· 100
　　5.3.2　使用污点调度 ··············· 100
　　5.3.3　使用容忍度调度 ············· 103
　　拓展训练 ···················· 107
项目小结 ······················· 107
习题 ·························· 107

项目 6　使用存储卷 ············· 109

任务 6.1　使用基本存储卷 ············ 109
　　6.1.1　理解存储卷 ················ 110
　　6.1.2　使用 EmptyDir 与 HostPath 本地存
　　　　　储卷 ···················· 110
　　6.1.3　使用 NFS 存储卷 ············· 114
　　6.1.4　使用 ConfigMap 与 Secret 存储卷 ··· 116
　　拓展训练 ···················· 126
任务 6.2　使用 PV 和 PVC ············ 126
　　6.2.1　理解 PV 和 PVC ·············· 127
　　6.2.2　创建 PV ·················· 127
　　6.2.3　创建 PVC ················· 129
　　6.2.4　调用 PVC ················· 130
　　拓展训练 ···················· 131
任务 6.3　部署动态 Web 集群
　　　　　应用 ··················· 132
　　6.3.1　理解 Web 集群架构 ············ 132

6.3.2	部署 NFS 服务 ·········· 133	拓展训练 ·········· 140	
6.3.3	部署动态 Web 应用程序 ·········· 134	项目小结 ·········· 141	
6.3.4	部署 MySQL 数据库 ·········· 137	习题 ·········· 141	

项目 7　部署 StatefulSet 有状态服务 ·········· 142

任务 7.1　部署 Web 有状态服务 ······· 142
    7.1.1　理解有状态服务 ·········· 143
    7.1.2　部署有状态的 Web 服务 ·········· 144
    拓展训练 ·········· 150
任务 7.2　部署 MySQL 有状态服务 ···· 150

    7.2.1　部署动态 Web 服务 ·········· 150
    7.2.2　部署和应用有状态 MySQL 服务 ···· 157
    拓展训练 ·········· 163
项目小结 ·········· 164
习题 ·········· 164

项目 8　部署 Ingress 七层访问服务 ·········· 165

任务 8.1　部署 Ingress 服务 ·········· 165
    8.1.1　理解 Ingress 的作用 ·········· 166
    8.1.2　部署 nginx-ingress 控制器以实现
           HTTPS 访问 ·········· 167
    8.1.3　配置 HTTPS 以实现安全访问 ·········· 172
    拓展训练 ·········· 173

任务 8.2　配置虚拟主机 ·········· 173
    8.2.1　基于目录访问方式发布多个站点 ···· 174
    8.2.2　基于域名访问方式发布多个站点 ···· 177
    拓展训练 ·········· 179
项目小结 ·········· 179
习题 ·········· 179

项目 9　基于 RBAC 配置认证授权 ·········· 181

任务 9.1　配置 ServiceAccount
           认证授权 ·········· 181
    9.1.1　理解 RBAC ·········· 182
    9.1.2　安装并登录 DashBoard ·········· 183
    9.1.3　配置并应用 ServiceAccout ·········· 187
    拓展训练 ·········· 193
任务 9.2　配置 UserAccount

           认证授权 ·········· 193
    9.2.1　配置 UserAccount 用户认证 ·········· 193
    9.2.2　使用 RBAC 给 UserAccount 用户
           授权 ·········· 196
    拓展训练 ·········· 199
项目小结 ·········· 199
习题 ·········· 199

项目 10　基于 Kubernetes 构建企业级 DevOps 云平台 ·········· 201

任务 10.1　安装和部署 DevOps 工具 ·········· 201
  10.1.1　理解 DevOps ·········· 202
  10.1.2　安装和部署 Jenkins 持续化集成工具 ·········· 203
  10.1.3　安装和部署 GitLab 代码仓库 ·········· 211
  10.1.4　安装和部署 Harbor 镜像仓库 ·········· 215
  拓展训练 ·········· 223
任务 10.2　配置持续集成与持续交付 ·········· 223
  10.2.1　理解 Pipeline ·········· 224
  10.2.2　编写 Pipeline 基础脚本 ·········· 225
  10.2.3　编写 Pipeline 构建 Kubernetes 集群应用 ·········· 228
  拓展训练 ·········· 237
项目小结 ·········· 237
习题 ·········· 237

参考文献 ·········· 239

项目 1　部署 Kubernetes 集群

本项目思维导图如图 1-1 所示。

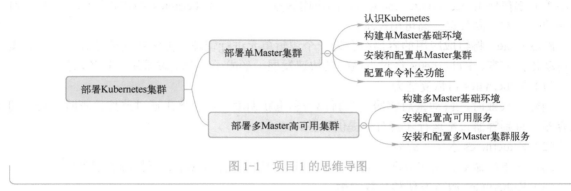

图 1-1　项目 1 的思维导图

任务 1.1　部署单 Master 集群

📖【学习情境】

你刚入职一家云计算运维公司，公司的主营业务是使用 Kubernetes 技术帮助用户部署和应用服务，公司技术主管要求你掌握 Kubernetes 的功能和架构，并安装和部署单 Master 的实验环境。

📕【学习内容】

（1）Kubernetes 的发展历史
（2）Kubernetes 的架构和组件功能
（3）安装部署单 Master 集群环境

💻【学习目标】

知识目标：
（1）了解 Kubernetes 的发展历史
（2）掌握 Kubernetes 中每个组件的功能
能力目标：
（1）能够画出 Kubernetes 的组件架构图
（2）能够部署单 Master 的实验环境

1.1-1
认识 Kubernetes

1.1.1　认识 Kubernetes

Kubernetes 简称 K8s，因为第一个字母 K 和最后一个字母 s 之间一共有 8 个字母。通过 Kubernetes 技术，可以快速地部署容器应用，交付用户使用。

1.1.1.1 Kubernetes 简介

Kubernetes 是 Google 公司 2014 年发布的，它是 Google 公司多年大规模容器管理技术 Borg 的开源版本。

Kubernetes 是一项容器编排开源技术，目前国内大型 IT 公司（如阿里巴巴、京东、抖音、快手等）都在使用 Kubernetes 部署自己的应用服务，可见，Kubernetes 技术可以满足用户日益增加的高并发、高负载、高可用需求。

Kubernetes 将组成应用的容器组合为一个逻辑单元进行管理，能够快速部署容器应用并实现自动化扩缩容。Kubernetes 经过近些年的快速发展，形成了一个生态系统，具备以下特点。

（1）Kubernetes 自恢复能力

当容器失败时，自动重启容器，重新部署和重新调度。当容器未通过监控检查时，会关闭此容器，直到容器正常运行才会对外提供服务。

（2）Kubernetes 水平扩缩容

通过简单的命令、用户界面，能够基于 CPU 的使用情况对应用进行扩容和缩容。

（3）Kubernetes 服务发现和负载均衡

开发者不需要使用额外的服务发现机制，就能够基于 Kubernetes 进行服务发现和负载均衡。

（4）Kubernetes 自动发布和回滚

Kubernetes 能够程序化地发布应用和相关配置。如果发布有问题，Kubernetes 将能够回滚已发生的变更。

（5）Kubernetes 保密和配置的管理

Kubernetes 在不需要重新构建镜像的情况下，可以部署、更新保密和应用配置。

（6）Kubernetes 存储编排

Kubernetes 自动挂接存储系统，这些存储系统可以来自本地、公有云提供商、网络存储（NFS、iSCSI、Gluster、Ceph、Cinder 和 Flocker）。

1.1.1.2 Kubernetes 的组件架构

Kubernetes 采用主从分布式架构，由 Master 控制节点（也称管理节点或主节点）和 Node（工作节点）组成，先由 Master 发出命令，然后由 Node 完成任务。Kubernetes 的简易组件架构如图 1-2 所示。

Master 负责整个集群的调度和管理，Node 负责运行容器应用。

1. Master

要对集群资源进行调度管理，Master 需要安装 API Server（API 服务器）、Controller-Manager Server（控制器-管理器服务器）、Scheduler（调度器）、Etcd、Kubectl 等组件。

（1）API Server

API Server 主要用来处理 REST（表述性状态转移）的操作，确保它们生效，执行相关业务逻辑，更新 Etcd 存储中的相关对象。API Server 是所有 REST 命令的入口，它的相关结果状态将被保存在 Etcd 存储中；API Server 同时是集群的网关，客户端通过 API Server 访问集群，客户端需要通过认证，并使用 API Server 作为访问 Node Pod 以及 Service 的通道。

（2）Controller-Manager Server

Controller-Manager Server 执行大部分控制管理集群层次的功能，它既执行生命周期功能，如命名空间（Namespace）的创建和生命周期、事件垃圾收集、已终止垃圾收集、级联删除垃圾收集、Node 垃圾收集，也执行 API 业务逻辑（如 Pod 的弹性扩容，提供自愈能力、扩容、应用生命周期管理、服务发现、路由、服务绑定等。Kubernetes 默认提供 Replication Controller、Node Controller、Namespace Controller、Service Controller、Endpoints Controller、Persistent Controller、DaemonSet Controller 等多种控制器。

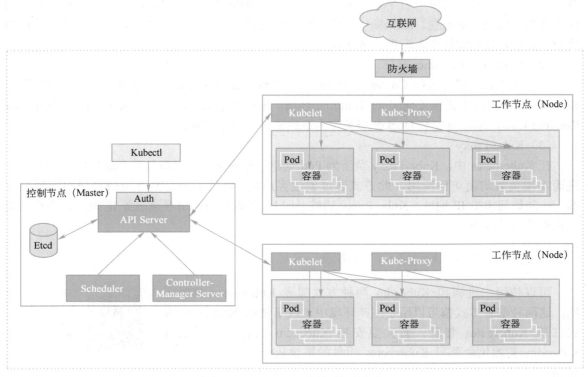

图 1-2　Kubernetes 的简易组件架构

（3）Scheduler

Scheduler 组件依据请求资源的可用性、服务请求的质量等约束条件，为容器自动选择主机。Scheduler 监控未绑定的 Pod，并将其绑定至特定的 Node。

（4）Etcd

Kubernetes 默认使用 Etcd 作为集群整体存储，Etcd 是一个简单的分布式键值对存储数据库，用来共享配置和服务发现。Etcd 提供了一个增加、读取、更新、删除（Create、Read、Update、Delete，CRUD）操作的 REST API，提供了用于注册的接口，以监控指定的 Node。集群的所有状态都存储在 Etcd 中，Etcd 具有监控的能力，因此当信息发生变化时，Etcd 就能够快速地通知集群中的相关组件。

（5）Kubectl

Kubectl 可以安装在 Master 上，也可以安装在 Node 上，它用于通过命令行与 API Server 交互，进而对 Kubernetes 进行操作，实现在集群中对各种资源的增、删、改、查等操作。

2．Node

Node 是真正的工作节点，用于运行容器应用。Node 需要运行 Kubelet、Container Runtime（容器运行时）、Kube-Proxy 等。

（1）Kubelet

Kubelet 是 Kubernetes 中最主要的控制器，Kubelet 负责驱动容器执行层，以及整个容器生命周期。

在 Kubernetes 中，Pod 是基本的执行单元，它可以包括多个容器（Container）和存储数据卷，将每个容器打包成单一的 Pod 应用。Master 负责调度 Pod；在 Node 中，由 Kubelet 启动 Pod 内的容器或者数据卷。Kubelet 负责管理 Pod、容器、镜像、数据卷等，实现集群对节点的管理，并将容器的运行状态汇报给 API Server。

（2）Container Runtime

每一个 Node 都会运行 Container Runtime，Container Runtime 负责下载镜像、运行容器。Kubernetes 本身并不提供 Container Runtime 环境，但提供了接口，可以插入所选择的 Container Runtime 环境。本项目安装 Docker 服务作为下载镜像、运行容器的工具。

（3）Kube-Proxy

在 Kubernetes 中，Kube-Proxy 负责为 Pod 创建代理服务，实现服务到 Pod 的路由和转发，进而实现负载均衡访问应用。此方式通过创建客户端，提供了一个高可用的负载均衡解决方案——能访问虚拟 IP 地址。Kube-Proxy 通过 iptables 规则将访问引导至服务 IP 地址，并重定向至正确的后端应用。

1.1.2 构建单 Master 基础环境

可以使用二进制和 Kubeadm 两种方式部署 Kubernetes 集群环境，这两种部署方式都可以用于生产环境中。以下使用 Kubeadm 方式部署 Kubernetes 集群，首先要安装 Kubeadm 组件，然后通过 Kubeadm 初始化命令把 Kubernetes 组件的镜像从仓库中下载下来并启动。

1.1-2 构建单 Master 基础环境

1.1.2.1 准备三台虚拟机

需要使用三台计算机（可以是虚拟机）安装 Kubernetes 最小化集群，一台部署 Master 服务，另两台部署 Node 服务。首先使用 VMware 创建三台虚拟机，配置见表 1-1。

表 1-1 Kubernetes 各虚拟机配置

主机名称	IP 地址	CPU 内核数	内存/GB	硬盘/GB
master	192.168.0.10/24	4	4	100
node1	192.168.0.20/24	4	2	100
node2	192.168.0.30/24	4	2	100

各虚拟机需要安装的服务见表 1-2。

表 1-2 各虚拟机需要安装的服务

主机名称	需要安装的服务
master	Kube-apiserver、Kube-scheduler、Kube-controller-manager、Etcd、Kubelet、Kube-Proxy、Kubeadm、flannel、Docker
node1	Kubelet、Kube-Proxy、Kubeadm、flannel、Docker
node2	Kubelet、Kube-Proxy、Kubeadm、flannel、Docker

1.1.2.2 构建集群基础环境

1. 配置虚拟机 IP 地址

（1）配置 NAT 网络连接方式

在部署 Kubernetes 集群时，三台虚拟机都需要上网下载安装包，所以使用 VMware 虚拟化计算机时，将三台虚拟机的网络连接方式设置为 NAT 模式，如图 1-3 所示。

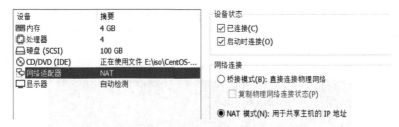

图 1-3 虚拟机的网络连接方式

（2）配置 NAT 网络地址

在规划控制节点和工作节点时，将 IP 地址规划为 192.168.0.10/24、192.168.0.20/24 和 192.168.0.30/24，所以需要在虚拟网络编辑器中将 NAT 网络的子网 IP 地址和子网掩码分别设置为 192.168.0.0 和 255.255.255.0，如图 1-4 所示。虚拟网络编辑器的打开方式为选择"编辑"→"虚拟网络编辑器"菜单命令。

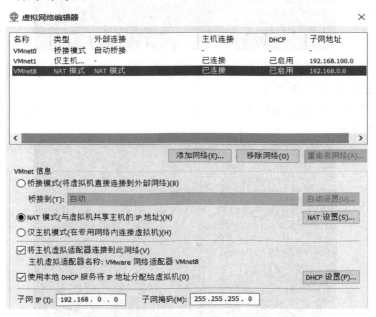

图 1-4 配置 NAT 网络地址

在图 1-4 中单击"NAT 设置"按钮，弹出"NAT 设置"对话框，从中可以看到网关 IP 地址是 192.168.0.2，如图 1-5 所示。

（3）配置 master 节点的 IP 地址

将 master 节点的 IP 地址配置为 192.168.0.10/24，网关配置为 192.168.0.2，DNS 配置为 8.8.8.8，如图 1-6 所示。

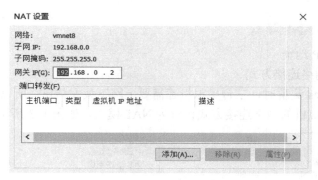

图 1-5　查看 NAT 网关 IP 地址

```
TYPE=Ethernet
PROXY_METHOD=none
BROWSER_ONLY=no
BOOTPROTO=static
DEFROUTE=yes
IPV4_FAILURE_FATAL=no
IPV6INIT=yes
IPV6_AUTOCONF=yes
IPV6_DEFROUTE=yes
IPV6_FAILURE_FATAL=no
IPV6_ADDR_GEN_MODE=stable-privacy
NAME=ens32
UUID=2a53dc1a-381b-4dba-9304-95700ac9b903
DEVICE=ens32
ONBOOT=yes
IPADDR=192.168.0.10
NETMASK=255.255.255.0
GATEWAY=192.168.0.2
DNS1=8.8.8.8
```

图 1-6　配置 master 节点的 IP 地址

（4）配置 node1 节点的 IP 地址

将 node1 节点的 IP 地址配置为 192.168.0.20/24，网关配置为 192.168.0.2，DNS 配置为 8.8.8.8，如图 1-7 所示。

```
TYPE=Ethernet
PROXY_METHOD=none
BROWSER_ONLY=no
BOOTPROTO=static
DEFROUTE=yes
IPV4_FAILURE_FATAL=no
IPV6INIT=yes
IPV6_AUTOCONF=yes
IPV6_DEFROUTE=yes
IPV6_FAILURE_FATAL=no
IPV6_ADDR_GEN_MODE=stable-privacy
NAME=ens32
UUID=2a53dc1a-381b-4dba-9304-95700ac9b903
DEVICE=ens32
ONBOOT=yes
IPADDR=192.168.0.20
NETMASK=255.255.255.0
GATEWAY=192.168.0.2
DNS1=8.8.8.8
```

图 1-7　配置 node1 节点的 IP 地址

（5）配置 node2 节点的 IP 地址

将 node2 节点的 IP 地址配置为 192.168.0.30/24，网关配置为 192.168.0.2，DNS 配置为

8.8.8.8，如图 1-8 所示。

```
TYPE=Ethernet
PROXY_METHOD=none
BROWSER_ONLY=no
BOOTPROTO=static
DEFROUTE=yes
IPV4_FAILURE_FATAL=no
IPV6INIT=yes
IPV6_AUTOCONF=yes
IPV6_DEFROUTE=yes
IPV6_FAILURE_FATAL=no
IPV6_ADDR_GEN_MODE=stable-privacy
NAME=ens32
UUID=2a53dc1a-381b-4dba-9304-95700ac9b903
DEVICE=ens32
ONBOOT=yes
IPADDR=192.168.0.30
NETMASK=255.255.255.0
GATEWAY=192.168.0.2
DNS1=8.8.8.8
```

图 1-8 配置 node2 节点的 IP 地址

（6）测试网络连通性

在 master 节点使用 ping 命令测试与 node1 节点、node2 节点和 www.baidu.com 的连通性，发现都可以正常通信了，如图 1-9 所示。

```
[root@master network-scripts]# ping 192.168.0.20
PING 192.168.0.20 (192.168.0.20) 56(84) bytes of data.
64 bytes from 192.168.0.20: icmp_seq=1 ttl=64 time=0.606 ms
64 bytes from 192.168.0.20: icmp_seq=2 ttl=64 time=0.465 ms
^C
--- 192.168.0.20 ping statistics ---
2 packets transmitted, 2 received, 0% packet loss, time 1001ms
rtt min/avg/max/mdev = 0.465/0.535/0.606/0.074 ms
[root@master network-scripts]# ping 192.168.0.30
PING 192.168.0.30 (192.168.0.30) 56(84) bytes of data.
64 bytes from 192.168.0.30: icmp_seq=1 ttl=64 time=0.358 ms
64 bytes from 192.168.0.30: icmp_seq=2 ttl=64 time=0.397 ms
^C
--- 192.168.0.30 ping statistics ---
2 packets transmitted, 2 received, 0% packet loss, time 1000ms
rtt min/avg/max/mdev = 0.358/0.377/0.397/0.027 ms
[root@master network-scripts]# ping www.baidu.com
PING www.wshifen.com (103.235.46.39) 56(84) bytes of data.
64 bytes from 103.235.46.39 (103.235.46.39): icmp_seq=1 ttl=128 time=81.9 ms
64 bytes from 103.235.46.39 (103.235.46.39): icmp_seq=2 ttl=128 time=90.7 ms
^C
--- www.wshifen.com ping statistics ---
2 packets transmitted, 2 received, 0% packet loss, time 1002ms
rtt min/avg/max/mdev = 81.961/86.344/90.728/4.393 ms
[root@master network-scripts]# _
```

图 1-9 测试网络连通性

2．修改主机名称

使用 Xshell 工具登录到 master 和 node1、node2 节点，首先修改三台主机的名称。

修改 192.168.0.10/24 的主机名称为“master”：

```
[root@localhost ~]# hostnamectl set-hostname master
```

修改 192.168.0.20/24 的主机名称为“node1”：

```
[root@localhost ~]# hostnamectl set-hostname node1
```

修改 192.168.0.30/24 的主机名称为“node2”：

```
[root@localhost ~]# hostnamectl set-hostname node2
```

3．关闭防火墙、SELinux、交换分区

（1）节点关闭防火墙，开机不启动

节点都要关闭防火墙，并设置开机不启动，操作如下：

```
[root@master ~]# systemctl stop firewalld && systemctl disable firewalld
[root@node1 ~]# systemctl stop firewalld && systemctl disable firewalld
[root@node2 ~]# systemctl stop firewalld && systemctl disable firewalld
```

(2) 节点关闭 SELinux

master 和 node1、node2 节点都要关闭 SELinux,操作如下。

```
[root@master ~]# setenforce 0
[root@node1 ~]# setenforce 0
[root@node2 ~]# setenforce 0
```

这里只是临时关闭了 SELinux,还需要将/etc/selinux/config 文件中的 SELINUX 修改为 disabled,设置开机不启动 SELinux。

(3) 关闭交换分区

master 和 node1、node2 节点都要关闭交换分区,操作如下。

```
[root@master ~]# swapoff -a
[root@node1 ~]# swapoff -a
[root@node2 ~]# swapoff -a
```

这里只是临时关闭了交换分区,还需要把/etc/fstab 中含有 swap 的一行配置注释掉,实现永久关闭交换分区。

```
#/dev/mapper/centos-swap swap    swap    defaults    0 0
```

4. 配置免密码登录

(1) 增加 hosts 名称解析

在三个节点的/etc/hosts 文件下增加如下配置。

```
192.168.0.10 master
192.168.0.20 node1
192.168.0.30 node2
```

(2) 配置控制节点到工作节点的免密码登录

这步操作只需要在控制节点配置就可以,首先使用 ssh-keygen 命令就可以生成密钥文件。

```
[root@master ~]# ssh-keygen
```

复制公钥文件到 node1 节点,复制过程需要输入 node1 的 root 登录密码。

```
[root@master ~]# ssh-copy-id root@node1
```

复制公钥文件到 node2 节点,复制过程需要输入 node2 的 root 登录密码。

```
[root@master ~]# ssh-copy-id root@node2
```

配置完成后,在 master 节点登录 node1、node2 节点。

```
[root@master ~]# ssh root@node1
Last login: Sat Jul  3 08:34:51 2021 from 192.168.0.1
[root@node1 ~]#
[root@master ~]# ssh root@node2
Last login: Sun Jul  4 07:12:05 2021 from 192.168.0.1
[root@node2 ~]#
```

发现不使用密码就能够直接登录了。

5.修改内核参数

这步操作在三个节点上都要进行配置,这里以控制节点为例讲解。

(1) 开启 ip_forward 转发参数

首先使用 modprobe 加载模块 br_netfilter。

```
[root@master ~]# modprobe br_netfilter
```

然后打开文件 sysctl.conf。

```
[root@master ~]# vi /etc/sysctl.conf
```

在文件末尾加入以下内容。

```
net.ipv4.ip_forward = 1
```

配置完成后使用 sysctl -p 使配置生效。

```
[root@master ~]# sysctl -p
net.ipv4.ip_forward = 1
```

(2) 将桥接的 ipv4 流量传递到 iptables 的链

首先在/etc/sysctl.d 目录下创建 K8s.conf 文件。

```
[root@master ~]# vi /etc/sysctl.d/K8s.conf
```

然后打开文件,输入以下两行配置。

```
net.bridge.bridge-nf-call-ip6tables = 1
net.bridge.bridge-nf-call-iptables = 1
```

最后使用 sysctl --system 加载配置。

1.1.3 安装和配置单 Master 集群

1.1.3.1 配置 YUM 源

1.1-3 配置 YUM 源

在 master、node1、node2 节点上都要配置三个 YUM 源文件,分别是 CentOS 源、Docker-CE 源、Kubernetes 源,这里以 master 节点为例,在 master 节点配置完成后,使用复制命令把三个文件复制到 node1 节点和 node2 节点的 YUM 源目录/etc/yum.repos.d 下即可。

1. 下载阿里云的 CentOS 7 基础源

首先删除系统提供的 YUM 源文件。

```
[root@master ~]# cd /etc/yum.repos.d/
[root@master yum.repos.d]# rm -rf *
```

然后下载阿里云 CentOS 7 的 YUM 源。

```
[root@master yum.repos.d]# curl -o /etc/yum.repos.d/centos-base.repo
https://mirrors.aliyun.com/repo/centos-7.repo
```

使用 curl -o 下载阿里云的 CentOS 7 的 YUM 源配置文件到本地。

2. 配置 Docker-CE 源

在阿里云镜像站 https://developer.aliyun.com/mirror/ 上找到 Docker-CE 的源地址,在 CentOS 7

处查看配置方法。

首先安装必要软件。

```
[root@master yum.repos.d]# yum install -y yum-utils device-mapper-persistent-data lvm2
```

然后配置 Docker-CE 源。

```
yum-config-manager --add-repo https://mirrors.aliyun.com/docker-ce/linux/centos/ docker-ce.repo
```

3. 配置 Kubernetes 源

在阿里云镜像站https://developer.aliyun.com/mirror/上找到 Kubernetes 源配置，将以下配置信息复制到 K8s.repo 文件中。

```
[kubernetes]
name=Kubernetes
baseurl=https://mirrors.aliyun.com/kubernetes/yum/repos/kubernetes-el7-x86_64
enabled=1
gpgcheck=0
```

4. 复制 YUM 源到 node1 节点

在/etc/yum.repos.d 目录下，查看源配置，发现三个源配置文件已经配置完成了。

```
[root@master ~]# cd /etc/yum.repos.d/
[root@master yum.repos.d]# ls
CentOS-Base.repo  docker-ce.repo  K8s.repo
```

使用 scp 命令将这三个源文件复制到 node1 节点。

```
[root@master yum.repos.d]# scp * root@node1:/etc/yum.repos.d/
```

5. 复制 YUM 源到 node2 节点

```
[root@master yum.repos.d]# scp * root@node2:/etc/yum.repos.d/
```

1.1.3.2 安装和配置 Docker-CE

因为 Kubernetes 是调度容器的工具，容器的管理还要使用 Docker 或其他工具，这里部署 Docker-CE，实现对容器的管理任务。

1. 安装 Docker-CE

在 master 和 node1、node2 节点上都要安装 Docker-CE，这里以 master 节点为例，Docker-CE 的版本选择 19.03.2-3.el7。

```
[root@master~]# yum install docker-ce-19.03.2-3.el7 -y
已安装:
docker-ce.x86_64 3:19.03.2-3.el7
```

2. 设置 cgroup driver 类型为 systemd

首先启动 Docker。

```
[root@master ~]# systemctl start docker
```

修改 Docker 守护进程。

```
[root@master ~]# vi /etc/docker/daemon.json
```

在打开的文件中输入以下内容，以修改 Docker 的配置。

```
{
 "exec-opts": ["native.cgroupdriver=systemd"],
 "log-driver": "json-file",
 "log-opts": {
   "max-size": "100m"
  },
 "storage-driver": "overlay2",
 "storage-opts": [
   "overlay2.override_kernel_check=true"
  ]
}
```

然后重启守护进程和 Docker 服务。

```
[root@master~]# systemctl daemon-reload && systemctl restart docker &&systemctl enable docker
```

1.1.3.3 安装部署 Kubernetes 集群

1. 安装 Kubeadm、Kubelet、Kubectl

首先安装 Kubeadm、Kubelet、Kubectl 组件，然后通过 Kubeadm 组件初始化 Kubernetes 集群。Kubelet 负责整个容器生命周期管理，Kubectl 是使用命令行管理容器的工具。可以使用 yum list kubeadm --showduplicates 查看 Kubeadm 的版本，这里安装现在比较稳定的 1.20.2 版本，在三个节点上都要安装。以 master 节点为例，安装命令如下：

```
[root@master ~]# yum install kubeadm-1.20.2 kubelet-1.20.2 kubectl-1.20.2 -y
```

安装完成后启动 Kubelet 并设置开机自动启动。

```
[root@master ~]# systemctl start kubelet && systemctl enable kubelet
```

2. 初始化集群

在三个节点的/root 目录下创建 image 目录，使用 rz 命令将 1.20.2 镜像的 TAR 包文件上传到/root/image 目录，然后使用 docker load -i 脚本命令把 TAR 包还原成镜像。

（1）上传 K8s 1.20.2 镜像文件

查看目录内文件。

```
-rw-r--r--. 1 root root   45365760 7月  4 16:43 coredns.tar
-rw-r--r--. 1 root root  254679040 7月  4 16:17 Etcd.tar
-rw-r--r--. 1 root root  122928640 7月  4 16:16 Kube-scheduler.tar
-rw-r--r--. 1 root root   1171K8s20 7月  4 16:16 Kube-controller-manager.tar
-rw-r--r--. 1 root root  120378880 7月  4 16:16 Kube-Proxy.tar
-rw-r--r--. 1 root root   47644160 7月  4 16:17 Kube-scheduler.tar
-rw-r--r--. 1 root root     692736 7月  4 16:18 pause.tar
```

（2）使用 shell 命令将目录内的 TAR 包还原成 Docker 镜像

```
[root@master1 image]# for i in 'ls';do docker load -i $i;done;
```

（3）在 master 节点运行初始化命令

安装完 Kubeadm 工具后，就可以使用它来初始化集群服务了，初始化集群的操作在 master

节点即可完成。

```
[root@master K8s]# kubeadm init --kubernetes-version=v1.20.2 --apiserver-advertise-address=192.168.0.10 --pod-network-cidr=172.16.0.0/16 --ignore-preflight-errors=all
```

初始化时，通过--kubernetes-version 指定版本，使用--apiserver-advertise-address 指定 master 节点地址，根据 YUM 源配置，从阿里云下载所需资源进行安装，通过--pod-network-cidr 指定 Pod 单元所在网络，--ignore-preflight-errors=all 指定忽略一些检查提示信息。

以下信息说明 Kubernetes 集群初始化成功了。

```
Your Kubernetes control-plane has initialized successfully!
To start using your cluster, you need to run the following as a regular user:
  mkdir -p $HOME/.kube
  sudo cp -i /etc/kubernetes/admin.conf $HOME/.kube/config
  sudo chown $(id -u):$(id -g) $HOME/.kube/config
Alternatively, if you are the root user, you can run:
  export KUBECONFIG=/etc/kubernetes/admin.conf
You should now deploy a Pod network to the cluster.
Run "Kubectl apply -f [Podnetwork].yaml" with one of the options listed at:
  https://kubernetes.io/docs/concepts/cluster-administration/addons/
Then you can join any number of worker nodes by running the following on each as root:
Kubeadm join 192.168.0.10:6443 --token dnlj3q.3uehl6mcqifsu8f3 \
    --discovery-token-ca-cert-hash
sha256:167cbdeb9be8bd683d2802f33fef60e8f1961227fd4ef0cbfcda05924b689039
```

（4）建立相应目录

安装成功后，在控制节点提示以下信息，复制粘贴以下提示信息，建立 Kubernetes 的家（HOME）目录并修改权限。

```
mkdir -p $HOME/.kube
sudo cp -i /etc/kubernetes/admin.conf $HOME/.kube/config
sudo chown $(id -u):$(id -g) $HOME/.kube/config
```

另外，要建立一个普通文件 join.txt，用以保存将后面的节点加入集群的命令。

```
Kubeadm join 192.168.0.10:6443 --token dnlj3q.3uehl6mcqifsu8f3 \
    --discovery-token-ca-cert-hash
sha256:167cbdeb9be8bd683d2802f33fef60e8f1961227fd4ef0cbfcda05924b689039
```

当需要加入新的工作节点时，执行上述命令即可。

（5）将工作节点加入集群中

复制将工作节点加入集群的命令，在 node1 和 node2 节点上执行该命令。

把 node1 节点加入集群中。

```
[root@node1 ~]# kubeadm join 192.168.0.10:6443 --token dnlj3q.3uehl6mcqifsu8f3 \
    --discovery-token-ca-cert-hash
sha256:167cbdeb9be8bd683d2802f33fef60e8f1961227fd4ef0cbfcda05924b689039
```

把 node2 节点加入集群中。

```
[root@node2 ~]# kubeadm join 192.168.0.10:6443 --token dnlj3q.3uehl6mcqifsu8f3 \
```

```
    --discovery-token-ca-cert-hash
    sha256:167cbdeb9be8bd683d2802f33fef60e8f1961227fd4ef0cbfcda05924b689039
```

如果有多个节点需要加入集群，则只需要先在相关节点做好基础配置，然后执行这段加入集群的命令就可以了。

（6）查看集群节点

在 master 节点，执行 kubectl get node。

```
[root@master ~]# kubectl get nodes
```

运行结果图 1-10 所示，可以发现集群中已经有三个节点了，但是它们的状态都是 NotReady，这是因为还没有安装网络组件。

```
NAME     STATUS     ROLES                  AGE   VERSION
master   NotReady   control-plane,master   87s   v1.20.2
node1    NotReady   <none>                 33s   v1.20.2
node2    NotReady   <none>                 20s   v1.20.2
```

图 1-10　集群节点是 NotReady 状态

（7）安装 flannel 网络组件

安装 flannel 网络组件的方法是首先使用 rz 命令上传这个组件的配置文件 flannel.yaml，然后使用命令应用配置文件，在 master 节点操作就可以了。

```
[root@master ~]# kubectl apply -f flannel.yaml
```

运行结果如下：

```
Podsecuritypolicy.policy/psp.flannel.unprivileged created
clusterrole.rbac.authorization.K8s.io/flannel created
clusterrolebinding.rbac.authorization.K8s.io/flannel created
serviceaccount/flannel created
configmap/kube-flannel-cfg created
daemonset.apps/kube-flannel-ds created
```

运行完成后，再用 kubectl get nodes 查看集群节点。

```
[root@master ~]# kubectl get nodes
```

运行结果如图 1-11 所示，集群节点是 Ready 状态。

```
NAME     STATUS   ROLES                  AGE     VERSION
master   Ready    control-plane,master   9m29s   v1.20.2
node1    Ready    <none>                 8m35s   v1.20.2
node2    Ready    <none>                 8m22s   v1.20.2
```

图 1-11　集群节点是 Ready 状态

（8）查看组件状态

使用 kubectl get cs，可以查看集群组件的运行状态。

```
[root@master ~]# kubectl get cs
```

结果如图 1-12 所示，可以发现几个组件都是 Healthy 状态，这表明已经成功地安装了

Kubernetes 集群。

```
NAME                 STATUS      MESSAGE              ERROR
controller-manager   Healthy     ok
etcd-0               Healthy     {"health":"true"}
scheduler            Healthy     ok
```

图 1-12　查看集群组件运行状态

如果进行组件健康检查时出现 Get "http://127.0.0.1:10251/healthz": dial tcp 127.0.0.1:10251: connect: connection refused 的提示，原因是 /etc/kubernetes/manifests 下 kube-controller-manager.yaml 的 26 行和 kube-scheduler.yaml 的 19 行设置的默认端口为 0。打开这两个文件注释掉相关行，重启 Kubelet 服务就可以了。

1.1.4　配置命令补全功能

Kubernetes 的命令是比较复杂的，而且有些命令很长，不好记忆，所以一定要给它配置命令补全功能，才能高效地使用它。

（1）安装 bash-completion

```
[root@master ~]# yum install bash-completion -y
```

（2）将命令补全文件重定向到/etc/profile.d 目录

```
[root@master ~]# kubectl completion bash > /etc/profile.d/K8s.sh
[root@master ~]# bash
```

通过将命令补全文件重定向到/etc/profile.d 目录，命名为 K8s.sh（名称自定义）。使用 bash 重新登录，此时就有命令补全功能了。输入 kubectl get no 后，再按〈Tab〉键，就可以把 kubectl get nodes 命令补全了。

拓展训练

画出 Kubernetes 架构图，描述每个组件的功能。

任务 1.2　部署多 Master 高可用集群

【学习情境】

在任务 1.1 中部署了一个 Master 节点，两个 Node 节点。在实际的生产环境中，一定要保证 Master 节点的高可用性，保证业务正常运行。公司技术主管要求你部署一个多 Master 节点的集群，用于实际生产环境。

【学习内容】

（1）安装配置基础环境
（2）安装配置 keepalived 和 lvs
（3）安装部署多 Master 集群

【学习目标】

知识目标：
（1）了解多 Master 节点的配置方法
（2）掌握 keepalived 和 lvs 服务的配置方法

能力目标：
（1）能够配置多 Master 节点的基础环境
（2）能够部署多 Master 集群

1.2.1 构建多 Master 基础环境

要保证集群的高可用性，就要保证 Master 节点的高可用性。这里构建两个 Master 节点的集群，实现 Master 节点的高可用性，保证当一个 Master 节点出现问题时业务不受影响。

1.2-1
安装配置高可用服务

1.2.1.1 准备三台虚拟机

需要使用三台计算机构建多 Master 节点集群，其中两台部署 Master 节点服务，另一台部署 Node 节点服务。首先使用 VMware 创建三台虚拟机，配置如表 1-3 所示。

表 1-3 三台虚拟机的配置

主机名称	IP 地址与虚拟 IP 地址	CPU 内核数	内存/GB	硬盘/GB
master1	192.168.0.11/24 192.168.0.10/24	4	4	100
master2	192.168.0.12/24 192.168.0.10/24	4	2	100
node1	192.168.0.20/24	4	2	100

三台虚拟机安装的服务见表 1-4。

表 1-4 三台虚拟机安装的服务

主机名称	安装服务
master1	Kube-apiserver、Kube-scheduler、Kube-controller-manager、Etcd、Kubelet、Kube-Proxy、Kubeadm、flannel、Docker、keepalived
master2	Kube-apiserver、Kube-scheduler、Kube-controller-manager、Etcd、Kubelet、Kube-Proxy、Kubeadm、flannel、Docker、keepalived
node1	Kubelet、Kube-Proxy、flannel、Docker

1.2.1.2 配置基础环境

1. 配置虚拟机 IP 地址

（1）配置 NAT 网络模式

在部署 Kubernetes 多 Master 集群时，三台主机都需要上网下载安装包，所以使用 VMware 虚拟化计算机时，将三台主机的网络连接方式设置为 NAT。

（2）配置 NAT 网络地址

在规划 master1、master2、node1 节点时，将 IP 地址规划为 192.168.0.11/24、192.168.0.12/24、192.168.0.20/24，所以需要选择"编辑"→"虚拟网络编辑器"菜单命令，在

虚拟网络编辑器中将 NAT 网络的子网 IP 地址和子网掩码分别设置为 192.168.0.0 和 255.255.255.0，网关设置为 192.168.0.2。

（3）配置 master1 节点的 IP 地址

将 master1 节点的 IP 地址设置为 192.168.0.11/24，网关设置为 192.168.0.2，DNS 设置为 8.8.8.8，如图 1-13 所示。

（4）配置 master2 节点的 IP 地址

将 master2 节点的 IP 地址设置为 192.168.0.12/24，网关设置为 192.168.0.2，DNS 设置为 8.8.8.8，如图 1-14 所示。

```
TYPE=Ethernet
PROXY_METHOD=none
BROWSER_ONLY=no
BOOTPROTO=static
DEFROUTE=yes
IPV4_FAILURE_FATAL=no
IPV6INIT=yes
IPV6_AUTOCONF=yes
IPV6_DEFROUTE=yes
IPV6_FAILURE_FATAL=no
IPV6_ADDR_GEN_MODE=stable-privacy
NAME=ens32
UUID=2a53dc1a-381b-4dba-9304-95700ac9b903
DEVICE=ens32
ONBOOT=yes
IPADDR=192.168.0.11
NETMASK=255.255.255.0
GATEWAY=192.168.0.2
DNS1=8.8.8.8
```

图 1-13 配置 master1 节点的 IP 地址

```
TYPE=Ethernet
PROXY_METHOD=none
BROWSER_ONLY=no
BOOTPROTO=static
DEFROUTE=yes
IPV4_FAILURE_FATAL=no
IPV6INIT=yes
IPV6_AUTOCONF=yes
IPV6_DEFROUTE=yes
IPV6_FAILURE_FATAL=no
IPV6_ADDR_GEN_MODE=stable-privacy
NAME=ens32
UUID=2a53dc1a-381b-4dba-9304-95700ac9b903
DEVICE=ens32
ONBOOT=yes
IPADDR=192.168.0.12
NETMASK=255.255.255.0
GATEWAY=192.168.0.2
DNS1=8.8.8.8
```

图 1-14 配置 master2 节点的 IP 地址

（5）配置 node1 节点的 IP 地址

将 node1 节点的 IP 地址设置为 192.168.0.20/24，网关设置为 192.168.0.2，DNS 设置为 8.8.8.8，如图 1-15 所示。

```
BOOTPROTO=static
DEFROUTE=yes
IPV4_FAILURE_FATAL=no
IPV6INIT=yes
IPV6_AUTOCONF=yes
IPV6_DEFROUTE=yes
IPV6_FAILURE_FATAL=no
IPV6_ADDR_GEN_MODE=stable-privacy
NAME=ens32
UUID=2a53dc1a-381b-4dba-9304-95700ac9b903
DEVICE=ens32
ONBOOT=yes
IPADDR=192.168.0.20
NETMASK=255.255.255.0
GATEWAY=192.168.0.2
DNS1=8.8.8.8
~
```

图 1-15 配置 node1 节点的 IP 地址

（6）测试网络连通性

在 master1 节点使用 ping 命令测试与 master2 节点、node1 节点以及 www.baidu.com 的连通性，可以发现都可以正常通信，如图 1-16 所示。

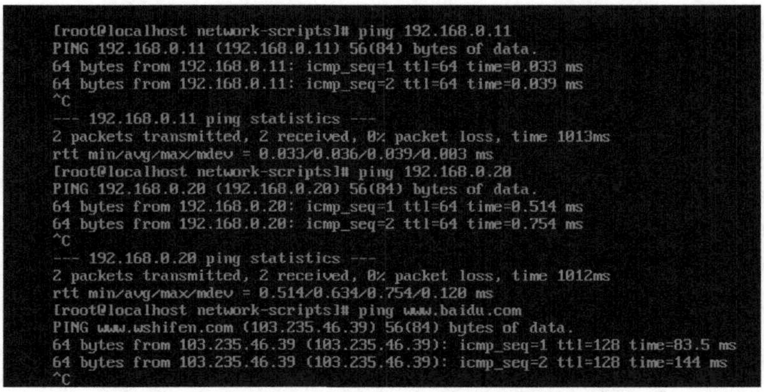

图 1-16　测试网络连通性

2．修改主机名称

使用 Xshell 工具登录到 master1、master2、node1 节点，修改三台主机的名称。

修改 192.168.0.11/24 的主机名称为 master1：

```
[root@localhost ~]# hostnamectl set-hostname master1
```

修改 192.168.0.12/24 的主机名称为 master2：

```
[root@localhost ~]# hostnamectl set-hostname master2
```

修改 192.168.0.20/24 的主机名称为 node1：

```
[root@localhost ~]# hostnamectl set-hostname node1
```

3．关闭防火墙、SELinux、交换分区

（1）节点关闭防火墙，开机不启动

三个节点都关闭防火墙，设置开机不启动，操作如下。

```
[root@master1 ~]# systemctl stop firewalld && systemctl disable firewalld
[root@master2 ~]# systemctl stop firewalld && systemctl disable firewalld
[root@node1 ~]# systemctl stop firewalld && systemctl disable firewalld
```

（2）配置节点，设置关闭 SELinux

master1 和 master2、node1 节点都关闭 SELinux，操作如下。

```
[root@master1 ~]# setenforce 0
[root@master2 ~]# setenforce 0
[root@node1 ~]# setenforce 0
```

这里只是临时关闭了 SELinux，还需要将/etc/selinux/config 文件中的 SELINUX 修改为 disabled 才完成开机不启动 SELinux 的设置。

（3）关闭交换分区

在 master1 和 master2、node1 节点都要关闭交换分区，操作如下。

```
[root@master1 ~]# swapoff -a
[root@master2 ~]# swapoff -a
[root@node1 ~]# swapoff -a
```

这里只是临时关闭了交换分区，还需要把/etc/fstab 中含有 swap 的一行配置注释掉，实现永久关闭交换分区。

```
#/dev/mapper/centos-swap swap     swap    defaults      0 0
```

4. 配置免密码登录

（1）在三个节点增加 hosts 名称解析

在三个节点的/etc/hosts 文件下增加如下配置。

```
192.168.0.11 master1
192.168.0.12 master2
192.168.0.20 node1
```

（2）配置 master1 到 master2、master1 到 node1 的免密码登录

在 master1 上生成密钥文件。

```
[root@master1 ~]# ssh-keygen
```

复制公钥文件到 master2 节点，复制过程需要输入 master2 的 root 登录密码。

```
[root@master1 ~]# ssh-copy-id root@master2
```

复制公钥文件到 node1 节点，复制过程需要输入 node1 的 root 登录密码。

```
[root@master1 ~]# ssh-copy-id root@node1
```

5. 修改内核参数

这步操作在三个节点上都要进行配置，这里以 master1 节点为例讲解。

（1）开启 ip_forward 转发参数

首先使用 modprobe 加载模块 br_netfilter。

```
[root@master 1~]# modprobe br_netfilter
```

然后打开文件 sysctl.conf。

```
[root@master1 ~]# vi /etc/sysctl.conf
```

在文件末尾加入如下内容。

```
net.ipv4.ip_forward = 1
```

配置完成后使用 sysctl -p 使配置生效。

```
[root@master1 ~]# sysctl -p
net.ipv4.ip_forward = 1
```

（2）将桥接的 ipv4 流量传递到 iptables 的链

首先在/etc/sysctl.d 目录下创建 K8s.conf 文件。

```
[root@master1 ~]# vi /etc/sysctl.d/K8s.conf
```

然后打开文件，输入以下两行配置。

```
net.bridge.bridge-nf-call-ip6tables = 1
net.bridge.bridge-nf-call-iptables = 1
```

最后使用 sysctl --system 加载配置。

6. 配置 YUM 源

在 master1、master2、node1 节点上都要配置三个 YUM 源文件，分别是 CentOS 源、Docker-CE 源、Kubernetes 源。这里以 master1 节点为例，在 master1 节点配置完成后，使用复制命令把三个文件复制到 master2 节点和 node1 节点的 YUM 源目录/etc/yum.repos.d 下即可。

（1）下载阿里云的 CentOS 7 基础源

首先删除系统提供的 YUM 源文件。

```
[root@master1 ~]# cd /etc/yum.repos.d/
[root@master1 yum.repos.d]# rm -rf *
```

然后使用 curl -o 下载阿里云的 CentOS 7 的 YUM 源配置文件到本地。

```
[root@master1 yum.repos.d]# curl -o /etc/yum.repos.d/centos-base.repo https://mirrors.aliyun.com/repo/centos-7.repo
```

（2）配置 Docker-CE 源

在阿里云镜像站 https://developer.aliyun.com/mirror/ 上找到 Docker-CE 的源地址，在 CentOS 7 处查看配置方法。

首先安装必要的软件。

```
[root@master1 yum.repos.d]# yum install -y yum-utils device-mapper-persistent-data lvm2
```

然后配置 Docker-CE 源。

```
yum-config-manager --add-repo https://mirrors.aliyun.com/docker-ce/linux/centos/docker-ce.repo
```

（3）配置 Kubernetes 源

在阿里云镜像站 https://developer.aliyun.com/mirror/ 上找到 Kubernetes 源配置，将以下配置信息复制到 K8s.repo 文件中。

```
[kubernetes]
name=Kubernetes
baseurl=https://mirrors.aliyun.com/kubernetes/yum/repos/kubernetes-el7-x86_64
enabled=1
gpgcheck=0
```

（4）复制 YUM 源到 master2 节点

在 /etc/yum.repos.d 目录下查看源配置，发现三个源配置文件已经配置完成。

```
[root@master1 ~]# cd /etc/yum.repos.d/
[root@master1 yum.repos.d]# ls
CentOS-Base.repo  docker-ce.repo  K8s.repo
```

使用 scp 命令将这三个源文件复制到 master2 节点。

```
[root@master1 yum.repos.d]# scp * root@master2:/etc/yum.repos.d/
```

（5）复制 YUM 源到 node1 节点

```
[root@master1 yum.repos.d]# scp * root@node1:/etc/yum.repos.d/
```

7．安装配置 Docker-CE

因为 Kubernetes 是调度容器的工具，容器的管理还要使用 Docker 或其他工具，这里部署 Docker-CE，实现对容器的管理任务。

（1）安装 Docker-CE

在 master1、master2 和 node1 节点上都要安装 Docker-CE，这里以 master1 节点为例，

Docker-CE 的版本选择 19.03.2-3.el7。

```
[root@master~]# yum install docker-ce-19.03.2-3.el7 -y
```
已安装：
```
  docker-ce.x86_64 3:19.03.2-3.el7
```

（2）设置 cgroup driver 类型为 systemd

首先启动 Docker。

```
[root@master1 ~]# systemctl start docker
```

修改 Docker 守护进程。

```
[root@master1 ~]# vi /etc/docker/daemon.json
```

在打开的文件中输入以下内容，以修改 Docker 的配置。

```
{
"exec-opts": ["native.cgroupdriver=systemd"],
"log-driver": "json-file",
"log-opts": {
  "max-size": "100m"
 },
"storage-driver": "overlay2",
"storage-opts": [
  "overlay2.override_kernel_check=true"
 ]
}
```

然后重启守护进程和 Docker 服务。

```
[root@master1~]# systemctl daemon-reload && systemctl restart docker &&systemctl enable docker
```

1.2.2 安装配置高可用服务

为了保证 Master 节点的高可用性，需要在每个 Master 节点安装 keepalived 和 lvs 服务。keepalived 服务将两个真实的主机 IP 地址虚拟成一个地址，并通过设置节点的优先级，让某个节点成为接受服务请求的主节点；lvs 负载均衡访问真实的 Master 服务地址，实现 Master 节点服务的高可用性和负载均衡访问。高可用服务架构如图 1-17 所示。为了节省主机资源，将 keepalived 和 lvs 服务配置到 Master 节点。

1. 在 master1 节点和 master2 节点安装 keepalived、lvs 服务

（1）在 master1 节点安装 keepalived 和 lvs 服务

```
[root@master1 ~]# yum install -y socat keepalived ipvsadm conntrack
```

安装完成后显示内容如下。

已安装：
conntrack-tools.x86_64 0:1.4.4-7.el7   ipvsadm.x86_64 0:1.27-8.el7   keepalived.x86_64 0:1.3.5-19.el7   socat.x86_64 0:1.7.3.2-2.el7

（2）在 master2 节点安装 keepalived 和 lvs 服务

```
[root@master2 ~]# yum install -y socat keepalived ipvsadm conntrack
```

项目 1　部署 Kubernetes 集群　21

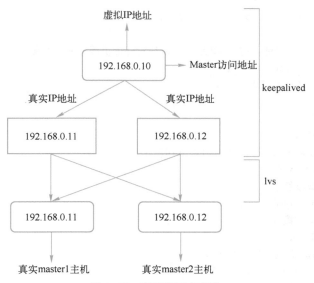

图 1-17　高可用服务架构

安装完成后显示内容如下。

　　已安装：
　　conntrack-tools.x86_64 0:1.4.4-7.el7   ipvsadm.x86_64 0:1.27-8.el7   keepalived.x86_64 0:1.3.5-19.el7   socat.x86_64 0:1.7.3.2-2.el7

2. 在 master1 节点配置 keepalived 服务

因为两台计算机使用的虚拟 IP 地址是 192.168.0.10，所以将 virtual_ipaddress 配置为 192.168.0.10。将 master1 的 priority 设置为 100，为主节点；master2 的 priority 设置为 50，是从节点。lvs 的配置集成到 keepalived 文件的配置中，通过指定 virtual_server 和 real_server 实现负载均衡，打开 keepalived.conf 配置文件，命令如下。

　　[root@master1 ~]# vi /etc/keepalived/keepalived.conf

删除 keepalived.conf 原来的配置后，在配置文件中输入以下内容。

```
global_defs {
    router_id LVS_DEVEL
}
vrrp_instance VI_1 {
    //设置备份和不抢占，保证宕机重启后业务正常运行
    state BACKUP
    nopreempt
    //本机的物理网卡
    interface ens32
    virtual_router_id 80
    //设置优先级为 100
    priority 100
    #检查间隔，默认为 1 秒
    advert_int 1
    authentication {
        auth_type PASS     #认证方式，密码认证
```

```
        auth_pass K8s        #认证密码是 K8s
    }
    #设置虚拟 IP 地址，这个 IP 地址是以后对外提供服务的 IP 地址
    virtual_ipaddress {
        192.168.0.10
    }
}
#虚拟主机设置
virtual_server 192.168.0.10 6443 {
    delay_loop 6
    #lvs 的调度算法
    lb_algo loadbalance
    #lvs 的集群模式
    lb_kind DR
    net_mask 255.255.255.0
    persistence_timeout 0
    #健康检查协议
    protocol TCP
    #后端真实主机 1
    real_server 192.168.0.11 6443 {
        #每台机器的权重，0 表示不给该机器转发请求
        weight 10
        #健康检查项目
        SSL_GET {
            url {
              path /healthz
              status_code 200
            }
            connect_timeout 3
            nb_get_retry 3
            delay_before_retry 3
        }
    }
    #后端真实主机 2
    real_server 192.168.0.12 6443 {
        weight 10
        SSL_GET {
            url {
              path /healthz
              status_code 200
            }
            connect_timeout 3
            nb_get_retry 3
            delay_before_retry 3
        }
    }
}
```

配置完成后重新启动 keepalived 服务，命令如下：

```
[root@master1 ~]# systemctl restart keepalived
```

3．在 master2 节点配置 keepalived、lvs 服务

打开配置文件 keepalived.conf 配置文件，命令如下。

```
[root@master1 ~]# vi /etc/keepalived/keepalived.conf
```

删除原来的配置后，在配置文件中输入以下内容。

```
global_defs {
    router_id LVS_DEVEL
}
vrrp_instance VI_1 {
    state BACKUP
    nopreempt
    interface ens32
    virtual_router_id 80
    priority 50
    advert_int 1
    authentication {
        auth_type PASS
        auth_pass K8s
    }
    virtual_ipaddress {
        192.168.0.10
    }
}
virtual_server 192.168.0.10 6443 {
    delay_loop 6
    lb_algo loadbalance
    lb_kind DR
    net_mask 255.255.255.0
    persistence_timeout 0
    protocol TCP
    real_server 192.168.0.11 6443 {
        weight 10
        SSL_GET {
            url {
              path /healthz
              status_code 200
            }
            connect_timeout 3
            nb_get_retry 3
            delay_before_retry 3
        }
    }
    real_server 192.168.0.12 6443 {
        weight 10
```

```
            SSL_GET {
                url {
                  path /healthz
                  status_code 200
                }
                connect_timeout 3
                nb_get_retry 3
                delay_before_retry 3
            }
        }
    }
```

配置完成后重启 keepalived 服务。

```
[root@master2 ~]# systemctl restart keepalived
```

4．验证 keepalived 配置

在 master1 上使用 ip addr 命令查看 IP 地址信息，发现虚拟 IP 地址已经配置到 master1 网卡上，如图 1-18 所示。

```
2: ens32: <BROADCAST,MULTICAST,UP,LOWER_UP> mtu 1500 qdisc pf
    link/ether 00:0c:29:69:6a:ae brd ff:ff:ff:ff:ff:ff
    inet 192.168.0.11/24 brd 192.168.0.255 scope global nopre
       valid_lft forever preferred_lft forever
    inet 192.168.0.10/32 scope global ens32
```

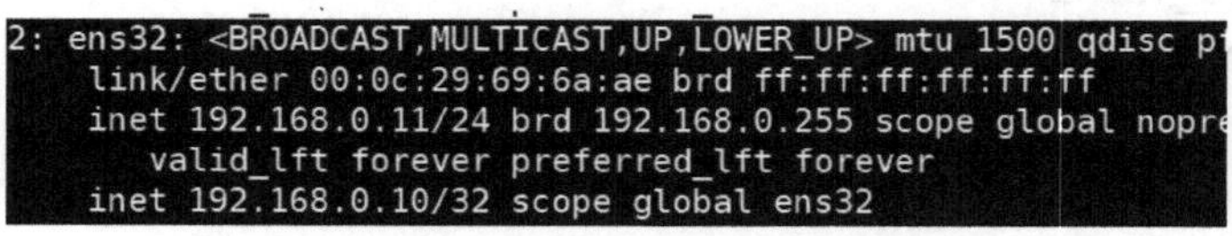

图 1-18　master1 节点中发现虚拟 IP 地址

在 master2 上使用 ip addr 命令查看 IP 地址信息，发现虚拟 IP 地址不在 master2 网卡上，如图 1-19 所示。这是因为 master2 节点是从节点，所以没有显示虚拟 IP 地址。

```
2: ens32: <BROADCAST,MULTICAST,UP,LOWER_UP> mtu 1500 qdisc pfifo
    link/ether 00:0c:29:f9:89:93 brd ff:ff:ff:ff:ff:ff
    inet 192.168.0.12/24 brd 192.168.0.255 scope global noprefix
       valid_lft forever preferred_lft forever
    inet6 fe80::e968:8123:e4f2:8b5c/64 scope link noprefixroute
       valid_lft forever preferred_lft forever
```

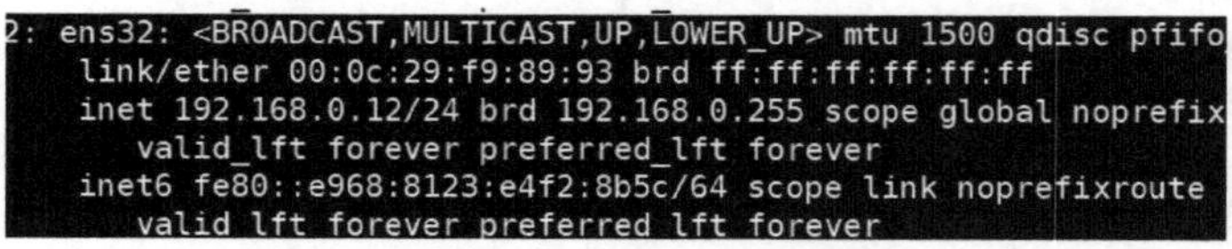

图 1-19　master2 节点中未发现虚拟 IP 地址

1.2.3　安装和配置多 Master 集群服务

1.2.3.1　初始化集群

1.2-2 安装和配置多Master集群服务

1．在所有节点上安装 Kubeadm、Kubelet、Kubectl 组件

在 master1、master2、node1 节点上安装初始化集群组件。

```
[root@master1 ~]# yum install kubeadm-1.20.2 kubelet-1.20.2 kubectl-1.20.2 -y
[root@master2 ~]# yum install kubeadm-1.20.2 kubelet-1.20.2 kubectl-1.20.2 -y
[root@node1 ~]# yum install kubeadm-1.20.2 kubelet-1.20.2 kubectl-1.20.2 -y
```

在 master1、master2、node1 节点上将 Kubelet 设置为开机自启动。

```
[root@master1 ~]# systemctl start kubelet && systemctl enable kubelet
[root@master2 ~]# systemctl start kubelet && systemctl enable kubelet
[root@node1 ~]# systemctl start kubelet && systemctl enable kubelet
```

2．在所有节点上上传 Kubernetes 镜像 TAR 包（以 master1 节点为例讲解）

在/root 目录下创建 image 目录，使用 rz 命令将 1.20.2 镜像的 TAR 包文件上传到/root/image 目录，然后使用 docker load -i 脚本命令把 TAR 包还原成镜像。

（1）查看上传镜像

查看目录内的文件。

```
-rw-r--r--. 1 root root   45365760 7月  4 16:43 coredns.tar
-rw-r--r--. 1 root root  254679040 7月  4 16:17 Etcd.tar
-rw-r--r--. 1 root root  122928640 7月  4 16:16 Kube-scheduler.tar
-rw-r--r--. 1 root root 1171K8s20  7月  4 16:16 Kube-controller-manager.tar
-rw-r--r--. 1 root root  120378880 7月  4 16:16 Kube-Proxy.tar
-rw-r--r--. 1 root root   47644160 7月  4 16:17 Kube-scheduler.tar
-rw-r--r--. 1 root root     692736 7月  4 16:18 pause.tar
```

（2）使用 shell 命令将目录内的 TAR 包还原成 Docker 镜像

```
[root@master1 image]# for i in 'ls';do docker load -i $i;done;
```

（3）查看 Docker 镜像

```
[root@master1 image]# docker images
```

1.20.2 镜像文件如图 1-20 所示。

```
REPOSITORY                           TAG       IMAGE ID       CREATED         SIZE
k8s.gcr.io/kube-proxy                v1.20.2   43154ddb57a8   5 months ago    118MB
k8s.gcr.io/kube-apiserver            v1.20.2   a8c2fdb8bf76   5 months ago    122MB
k8s.gcr.io/kube-controller-manager   v1.20.2   a27166429d98   5 months ago    116MB
k8s.gcr.io/kube-scheduler            v1.20.2   ed2c44fbdd78   5 months ago    46.4MB
k8s.gcr.io/etcd                      3.4.13-0  0369cf4303ff   10 months ago   253MB
k8s.gcr.io/coredns                   1.7.0     bfe3a36ebd25   12 months ago   45.2MB
k8s.gcr.io/pause                     3.2       80d28bedfe5d   16 months ago   683kB
```

图 1-20　1.20.2 镜像文件

3．创建初始化配置文件（在 master1 节点上操作）

在 master1 的/root 目录下创建目录 yaml（目录位置名称任意），创建 Kubeadm-config.yaml 文件，在文件中输入以下内容。

```
apiVersion: Kubeadm.K8s.io/v1beta2
kind: ClusterConfiguration
kubernetesVersion: v1.20.2
controlPlaneEndpoint: 192.168.0.10:6443
apiServer:
 certSANs:
 - 192.168.0.11
 - 192.168.0.12
 - 192.168.0.20
 - 192.168.0.10
networking:
 PodSubnet: 10.244.0.0/16
---
apiVersion: kubeproxy.config.K8s.io/v1alpha1
kind: KubeProxyConfiguration
mode: ipvs
```

以上文件配置了安装的版本信息、控制点服务信息、证书信息、网络信息。

4．初始化集群

（1）在 master1 节点上，基于 Kubeadm-config.yaml 使用 kubeadm init 初始化 Kubernetes 集群

```
[root@master1 ~]# kubeadm init --config kubeadm-config.yaml
```

当看到以下信息时，说明集群初始化成功了。

```
Your Kubernetes control-plane has initialized successfully!
To start using your cluster, you need to run the following as a regular user:
  mkdir -p $HOME/.kube
  sudo cp -i /etc/kubernetes/admin.conf $HOME/.kube/config
  sudo chown $(id -u):$(id -g) $HOME/.kube/config
Alternatively, if you are the root user, you can run:
  export KUBECONFIG=/etc/kubernetes/admin.conf
You should now deploy a Pod network to the cluster.
Run "Kubectl apply -f [Podnetwork].yaml" with one of the options listed at:
  https://kubernetes.io/docs/concepts/cluster-administration/addons/
You can now join any number of control-plane nodes by copying certificate authorities
and service account keys on each node and then running the following as root:
  Kubeadm join 192.168.0.10:6443 --token tb7ywb.kbwjnh3iozr2otju \
    --discovery-token-ca-cert-hash
  sha256:d731669782ed7164b98635aaeaf48560bec1148fbf89539c633b5fd60b8a0b58 \
    --control-plane
Then you can join any number of worker nodes by running the following on each as root:
  Kubeadm join 192.168.0.10:6443 --token tb7ywb.kbwjnh3iozr2otju \
    --discovery-token-ca-cert-hash
  sha256:d731669782ed7164b98635aaeaf48560bec1148fbf89539c633b5fd60b8a0b58
```

（2）创建目录和配置文件

在 master1 上执行以下命令。

```
mkdir -p $HOME/.kube
sudo cp -i /etc/kubernetes/admin.conf $HOME/.kube/config
sudo chown $(id -u):$(id -g) $HOME/.kube/config
```

创建相关 Kubernetes 目录和文件，这样才能有权限操作 Kubernetes 资源。

（3）保存将节点加入集群的命令

可以向集群中加入两类节点：Master 节点和 Node 节点。加入 Master 节点的命令如下。

```
Kubeadm join 192.168.0.10:6443 --token tb7ywb.kbwjnh3iozr2otju \
  --discovery-token-ca-cert-hash
sha256:d731669782ed7164b98635aaeaf48560bec1148fbf89539c633b5fd60b8a0b58 \
  --control-plane
```

加入 Node 节点的命令如下。

```
Kubeadm join 192.168.0.10:6443 --token tb7ywb.kbwjnh3iozr2otju \
  --discovery-token-ca-cert-hash
sha256:d731669782ed7164b98635aaeaf48560bec1148fbf89539c633b5fd60b8a0b58
```

将以上命令保存到一个文件中,以便向集群加入新的节点时使用。

1.2.3.2 将其他节点加入集群

1. 复制master1证书到其他Master节点

要想使 master2 成为控制节点,首先要在 master2 节点创建存放证书的目录,然后将 master1 上的证书文件复制到 master2 的指定目录。

(1)创建证书目录

在master2节点上创建两个目录,用于存储证书文件。

```
[root@master2 ~]# mkdir -p /etc/kubernetes/pki/Etcd
[root@master2 ~]# mkdir -p ~/.kube/
```

(2)复制master1的证书文件到master2目录中

在master1上将master1的证书相关文件复制到master2创建的目录中,命令如下。

```
[root@master1 ~]scp /etc/kubernetes/pki/ca.crt root@master2:/etc/kubernetes/pki/
[root@master1 ~]scp /etc/kubernetes/pki/ca.key root@master2:/etc/kubernetes/pki/
[root@master1 ~]scp /etc/kubernetes/pki/sa.key root@master2:/etc/kubernetes/pki
[root@master1 ~]scp /etc/kubernetes/pki/sa.pub root@master2:/etc/kubernetes/pki
[root@master1 ~]scp /etc/kubernetes/pki/front-proxy-ca.crt root@master2:/etc/kubernetes/pki/
[root@master1 ~]scp /etc/kubernetes/pki/front-proxy-ca.key root@master2:/etc/kubernetes/pki/
[root@master1 ~]scp /etc/kubernetes/pki/Etcd/ca.crt root@master2:/etc/kubernetes/pki/Etcd/
[root@master1 ~]scp /etc/kubernetes/pki/Etcd/ca.key root@master2:/etc/kubernetes/pki/Etcd/
```

2. 将master2作为控制节点加入集群

在 master2 节点执行保存好的加入集群的命令脚本,将 master2 加入集群。在加入时,使用--control-plane 选项,代表master2是以控制节点的身份加入集群中的。

```
Kubeadm join 192.168.0.10:6443 --token tb7ywb.kbwjnh3iozr2otju \
--discovery-token-ca-cert-hash
sha256:d731669782ed7164b98635aaeaf48560bec1148fbf89539c633b5fd60b8a0b58
--control-plane
```

加入完成后,会看到以下脚本。在master2上执行该脚本,创建相关目录和文件。

```
mkdir -p $HOME/.kube
sudo cp -i /etc/kubernetes/admin.conf $HOME/.kube/config
sudo chown $(id -u):$(id -g) $HOME/.kube/config
```

3. 将node1作为普通节点加入集群

在node1上执行加入集群的命令,将node1作为普通节点加入集群中。

```
Kubeadm join 192.168.0.10:6443 --token tb7ywb.kbwjnh3iozr2otju \
--discovery-token-ca-cert-hash
sha256:d731669782ed7164b98635aaeaf48560bec1148fbf89539c633b5fd60b8a0b58
```

4. 在master1节点查看集群节点状态

```
[root@master1 ~]# kubectl get nodes
```

结果如下：

```
NAME      STATUS      ROLES                  AGE     VERSION
master1   NotReady    control-plane,master   4m12s   v1.20.2
master2   NotReady    control-plane,master   73s     v1.20.2
node1     NotReady    <none>                 14s     v1.20.2
```

master1 和 master2 是控制节点，node1 是普通节点。结果说明 Kubernetes 高可用集群安装成功了。

5. 安装 flannel 网络组件

当前节点还处于 NotReady 状态，这是由于没有安装网络组件。安装 flannel 网络组件的方法是首先上传 flannel 的 YAML 文件，然后运行。操作如下。

1.2-3 安装 flannel 网络组件

```
[root@master1 ~]# kubectl apply -f flannel.yaml
```

执行结果如下。

```
Podsecuritypolicy.policy/psp.flannel.unprivileged created
clusterrole.rbac.authorization.K8s.io/flannel created
clusterrolebinding.rbac.authorization.K8s.io/flannel created
serviceaccount/flannel created
configmap/kube-flannel-cfg created
daemonset.apps/kube-flannel-ds created
```

再次查看集群节点信息，结果如图 1-21 所示，发现 master1 已经处于 Ready 状态了。高可用集群能够正常工作了，当来自外部的访问抵达 192.168.0.10:6443 后，lvs 就会把访问负载均衡到后端的 192.168.0.11 和 192.168.0.12 上，由两个 Master 节点执行访问请求。

```
[root@master1 ~]# kubectl get nodes
NAME      STATUS   ROLES                  AGE    VERSION
master1   Ready    control-plane,master   144m   v1.20.2
master2   Ready    control-plane,master   141m   v1.20.2
node1     Ready    <none>                 140m   v1.20.2
```

图 1-21 再次查看集群节点信息

拓展训练

在自己的主机上部署一个高可用的 K8s 集群。

项目小结

1. 部署 Kubernetes 集群的过程就是把服务组件以容器的方式运行起来的过程，可以在初始化时使用 --image-repository 指定镜像下载地址，但建议提前把镜像下载到本地，以避免安装出错。

2. 在学习 Kubernetes 时，使用单 Master 节点集群就可以了，但在生产环境下，要部署多 Master 服务，保证服务的高可用性。

习题

一、选择题

1. 以下关于部署 Kubernetes 集群的说法中，不正确的是（　　）。
   A．Kubernetes 集群有控制节点和工作节点的区别
   B．可以使用 Kubeadm 方式安装和部署 Kubernetes 集群
   C．可以使用二进制方式安装和部署 Kubernetes 集群
   D．只有用二进制方式安装的集群才能运行在生产环境下
2. 以下不是 Kubernetes 的特征的是（　　）。
   A．服务发现和负载均衡
   B．应用版本的发布和回滚
   C．容器停止后自动重启
   D．不具备安全认证授权机制
3. 以下关于 Kubelet 的说法中，不正确的是（　　）。
   A．Kubelet 是一个命令行工具
   B．Kubelet 负责驱动容器执行层，负责管理整个容器生命周期
   C．Kubelet 负责启动 Pod 内的容器或者数据卷
   D．Kubelet 负责将容器的运行状态汇报给 Kubernetes API Server
4. 以下关于容器运行时的说法中，不正确的是（　　）。
   A．每一个工作节点都要安装容器运行时，负责下载镜像、运行容器
   B．Kubernetes 本身不提供容器运行时环境，需要用户安装
   C．用户只能安装 Docker 工具作为容器运行时
   D．Kubernetes 提供容器运行时接口，用户选择并安装自己的容器运行时环境

二、填空题

1. 在 Kubernetes 中，Kube-Proxy 负责为 Pod 创建_____服务，实现服务到 Pod 的_____。
2. Kube-Proxy 通过_____规则引导访问至服务 IP，并重定向至正确的后端应用，提供了一个高可用的_____解决方案。

项目 2 使用 Kubectl 命令部署服务

本项目思维导图如图 2-1 所示。

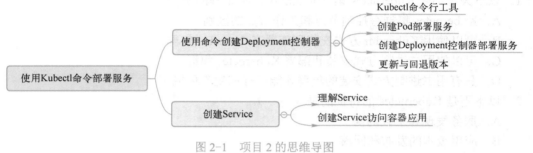

图 2-1 项目 2 的思维导图

项目 2 使用的实验环境见表 2-1。

2.1-1
使用 Kubectl
命令部署服务

表 2-1 项目 2 使用的实验环境

主机名称	IP 地址	CPU 内核数	内存/GB	硬盘/GB
master	192.168.0.10/24	4	4	100
node1	192.168.0.20/24	4	2	100
node2	192.168.0.30/24	4	2	100

各节点需要安装的服务见表 2-2。

表 2-2 各节点需要安装的服务

主机名称	安装服务
master	Kube-apiserver、Kube-scheduler、Kube-controller-manager、Etcd、Kubelet、Kube-Proxy、Kubeadm、flannel、Docker
node1	Kubelet、Kube-Proxy、Kubeadm、flannel、Docker
node2	Kubelet、Kube-Proxy、Kubeadm、flannel、Docker

任务 2.1 使用命令创建 Deployment 控制器

【学习情境】

在项目 1 中已构建了 Kubernetes 集群，构建集群的目的是在集群中部署应用程序，提供给用户使用。公司技术主管要求你学会使用命令行的方式。你可以首先通过创建 Pod 资源对象创建应用，然后通过创建 Deployment 控制器批量创建 Pod，进而部署和删除应用。

【学习内容】

（1）Pod 资源对象与 Deployment 的作用
（2）使用命令行运维 Pod 资源对象
（3）使用命令行运维 Deployment 控制器

【学习目标】

知识目标：
（1）掌握 Pod 资源对象与容器应用的关系
（2）掌握 Deployment 控制器与 Pod 资源对象的关系
能力目标：
（1）能够使用 Kubectl 命令创建 Pod 资源对象
（2）能够使用 Kubectl 命令创建 Deployment 控制器

2.1.1 Kubectl 命令行工具

与 Kubernetes 集群交互的方式有四种，分别是图形界面方式、命令行方式、YAML 文件方式、API 方式。其中，命令行方式和 YAML 文件方式是经常使用的交互方式。Kubectl 是 Kubernetes 集群的命令行交互工具。通过 Kubectl 能够对集群本身进行管理，并能够在集群上进行容器应用的安装和部署。运行 Kubectl 命令的语法如下所示：

```
kubectl [command] [TYPE] [NAME] [flags]
```

1. command

command 指定要对资源执行的操作，例如 create、get、describe 和 delete。

2. TYPE

TYPE 指定资源类型，资源是 Kubernetes 中的重要概念，Kubernetes 中包含多种资源。资源类型是大小写敏感的，如 kubectl get nodes，这里 nodes 表示的资源类型是节点计算机。使用 kubectl api-resources 命令可以查看 Kubernetes 中所有资源类型。

3. NAME

NAME 指定资源的名称，资源的名称也是大小写敏感的，如 kubectl get pods pod1，这里获取 Pod 资源中叫作 Pod1 的资源信息。

4. flags

flags 指定可选的参数。例如，可以使用-s 或者-server 参数指定 Kubernetes API Server 的地址和端口。

如果忘记了 Kubectl 的命令，可以通过 kubectl --help 命令获取命令帮助信息。

2.1.2 创建 Pod 部署服务

2.1.2.1 Pod 资源对象

在 Kubernetes 集群中，Pod 是所有业务类型的基础，也是 Kubernetes 管理的最小单位级，它是一个或多个容器的组合。这些容器共享存储、网络和命名空间。对于具体应用来说，Pod

是它们的逻辑主机，Pod 包含业务相关的多个应用容器。

由于 Pod 中包含一个或者多个容器（通常包含一个容器），每个容器可以运行多个服务应用，因此每个 Pod 中就运行了容器的一个或多个服务应用。Pod、容器和服务之间的关系如图 2-2 所示。

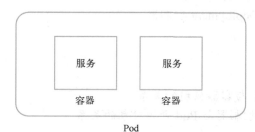

图 2-2　Pod、容器和服务之间的关系

Kubernetes 通过调度 Pod 资源对象到 Node 节点上，实现服务和应用的批量部署和弹性伸缩。

2.1.2.2　使用 kubectl 命令创建 Pod

1. 创建包含 nginx 服务容器的 Pod

在 master 节点上使用如下命令创建一个包含 nginx 服务的 Pod 资源。

```
[root@master ~]# kubectl run demo --image=reqistry.cn-hangzhou.aliyuncs.com/lnstzy/nqinx:latest
Pod/demo created
```

其中，kubectl run 是要创建一个 Pod，--image 指定了 Pod 中使用 nginx 镜像来运行容器。

2. 查看 Pod 信息

在 master 节点使用 kubectl get pod 命令可以查看 Pod 资源。

```
[root@master ~]# kubectl get pod
```

命令执行结果如下。

```
NAME    READY   STATUS    RESTARTS   AGE
demo    1/1     Running   0          2m
```

其中，NAME 字段是 Pod 的名称，READY 指明 Pod 中有一个容器正在运行，STATUS 指明 Pod 的状态是运行状态，RESTARTS 是 Pod 重启的次数，AGE 是 Pod 运行的时间（单位是分钟）。

在 master 节点上使用 kubectl get pod -o wide 命令可以查看 Pod 运行在哪个节点上，命令如下。

```
[root@master ~]# kubectl get pod -o wide
```

命令执行结果如图 2-3 所示。

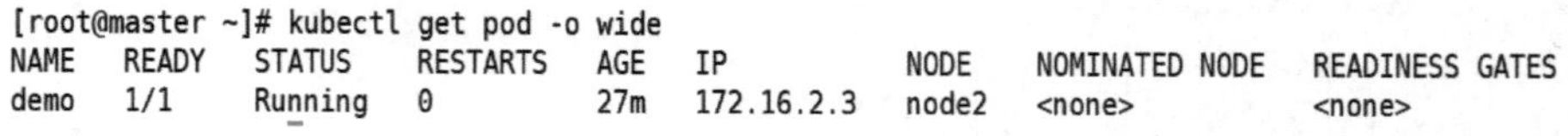

```
[root@master ~]# kubectl get pod -o wide
NAME    READY   STATUS    RESTARTS   AGE   IP           NODE    NOMINATED NODE   READINESS GATES
demo    1/1     Running   0          27m   172.16.2.3   node2   <none>           <none>
```

图 2-3　查看 Pod 运行在哪个节点上

加入 -o wide 后，可以看到这个 Pod 运行在 node2 节点上，服务 IP 地址是 172.16.2.3。

3. 查看 Pod 详细信息

使用"kubectl describe pod Pod 名称",可以查看某个 Pod 的详细信息,如查看 demo 的详细信息的命令如下。

```
[root@master ~]# kubectl describe pod demo
```

命令执行结果如下。

```
Name:           demo
Namespace:      default
Priority:       0
Node:           node2/192.168.0.30
Start Time:     Mon, 26 Jul 2021 11:31:50 +0800
Labels:         run=demo
Annotations:    <none>
Status:         Running
IP:             172.16.2.3
IPs:
  IP: 172.16.2.3
Containers:
  demo:
    Container ID: docker://46f82ffc4400965f233f384e275e5f74d7108602a33e44-
56ddc68cbd9c36fc74
    Image:        nginx
    Image ID:     docker-pullable://nginx@sha256:8f335768880da6baf72b70c70100-
2b45f4932acae8d574dedfddaf967fc3ac90
    Port:         80/TCP
    Host Port:    0/TCP
    State:        Running
    Started:      Mon, 26 Jul 2021 11:32:31 +0800
    Ready:        True
    Restart Count: 0
    Environment:  <none>
    Mounts:
      /var/run/secrets/kubernetes.io/serviceaccount from default-token-cbfk5 (ro)
Conditions:
  Type              Status
  Initialized       True
  Ready             True
  ContainersReady   True
  PodScheduled      True
Volumes:
  default-token-cbfk5:
    Type:        Secret (a volume populated by a Secret)
    SecretName:  default-token-cbfk5
    Optional:    false
QoS Class:       BestEffort
Node-Selectors:  <none>
Tolerations:     node.kubernetes.io/not-ready:NoExecute op=Exists for 300s
```

```
                        node.kubernetes.io/unreachable:NoExecute op=Exists for 300s
   Events:
     Type    Reason     Age        From               Message
     ----    ------     ----       ----               -------
     Normal  Scheduled  42m        default-scheduler  Successfully assigned default/demo
to node2
     Normal  Pulling    <invalid>  Kubelet            Pulling image "nginx"
     Normal  Pulled     <invalid>  Kubelet            Successfully pulled image "nginx" in
36.832049584s
     Normal  Created    <invalid>  Kubelet            Created container demo
```

以上信息包括了 Pod 基本信息、Pod 中容器的信息、镜像信息、运行状态信息等。通过 Events 事件信息可以看到创建 Pod 的过程，首先把该 Pod 调度到 node2 节点，然后下载 nginx 镜像，再运行容器。当 Pod 运行出现问题时，经常使用这个命令来检查具体原因。

4．在 Node 节点查看容器

由于 Pod 被调度到了 node2 节点，因此在 node2 节点会生成一个容器，使用 docker 命令可以查看正在运行的 Pod 容器，命令和结果如图 2-4 所示。

图 2-4 在 Node 节点查看容器的命令和结果

可以发现，已经运行了一个由 nginx 镜像运行的容器。

5．访问 Pod 中容器的服务

通过 kubectl get pod demo -o wide，可以看到名称为 demo 的 Pod 运行在 node2 节点上，IP 地址是 172.16.2.3，如图 2-5 所示。

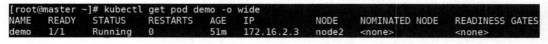

图 2-5 demo 运行信息

因为 Pod 中运行的是 nginx 服务容器，所以可以通过 curl 172.16.2.3 来访问 nginx 服务，命令如下。

```
    [root@master ~]# curl 172.16.2.3
```

命令执行结果如下。

```
    <!DOCTYPE html>
    <html>
    <head>
    <title>Welcome to nginx!</title>
    <style>
        body {
            width: 35em;
            margin: 0 auto;
            font-family: Tahoma, Verdana, Arial, sans-serif;
        }
    </style>
```

```
</head>
<body>
<h1>Welcome to nginx!</h1>
<p>If you see this page, the nginx web server is successfully installed and
working. Further configuration is required.</p>
<p>For online documentation and support please refer to
<a href="http://nginx.org/">nginx.org</a>.<br/>
Commercial support is available at
<a href="http://nginx.com/">nginx.com</a>.</p>
<p><em>Thank you for using nginx.</em></p>
</body>
</html>
```

这说明在 master 节点上已经可以成功地访问 Pod 中的服务了。

6．删除 Pod

可以使用 kubectl delete pod 命令来删除一个 Pod，删除名称为 demo 的 Pod，命令如下。

```
[root@master ~]# kubectl delete pod demo
```

删除完成后，再使用 kubectl get pod 命令，可以发现名称为 demo 的 Pod 已经不存在了，node2 节点上的容器也被删除了。

2.1.3 创建 Deployment 控制器部署服务

2.1.3.1 控制器

在使用 Kubernetes 部署应用时，只创建一个 Pod 是没有意义的，因为一个 Pod 既无法实现容器应用的扩容和缩容，也无法实现 Pod 的自动恢复。解决办法是创建控制器，通过控制器轻松地实现 Pod 数量的增加和减少。当某个 Pod 运行失败后，控制器还可以自动启动另一个 Pod 来替代，方便地实现应用的扩缩容、服务自恢复、应用版本滚动更新。

2.1-2 创建 Deployment 控制器部署服务

Kubernetes 包含各种控制器，如无状态的 Deployment 控制器、有状态的 StatefulSet 控制器、守护进程的 DaemonSet 控制器、Job（任务）控制器等，每种控制器对应不同的应用场景，这里先以无状态的 Deployment 为例。

2.1.3.2 运维 Deployment 控制器

1．创建一个包括三个 Pod 的控制器

在创建控制器时，可以通过--replicas 选项指定生成的 Pod 数量，命令如下。

```
[root@master ~]# kubectl create deployment kzq --image=reqistry.cn-hangzhou.aliyuncs.com/lnstzy/nqinx:latest --replicas=3
```

上面通过 kubectl create deployment 创建了一个 Deployment 控制器，控制器的名称是 kzq，并生成了三个 Pod 对象，每个 Pod 中都运行了 nginx 镜像的容器，命令执行的结果如下。

```
deployment.apps/kzq created
```

这说明名称为 kzq 的 Deployment 控制器创建成功了。

2．查看控制器

使用 kubectl get deployments.apps，可以查看当前所有控制器的信息，命令如下。也可以把 deployments.apps 简写为 deployment，在输入命令时，注意使用〈Tab〉键补全命令。

```
[root@master ~]# kubectl get deployments.apps
```

命令执行结果如下。

```
NAME    READY    UP-TO-DATE    AVAILABLE    AGE
kzq     3/3      3             3            5m
```

通过结果中的 NAME 和 READY 字段，可以发现名称为 kzq 的 Deployment 控制器控制了三个 Pod，它们都处于正常运行状态。

如果只想查看某个控制器的具体信息，可以把控制器的名称加在 kubectl get deployments.apps 之后。例如只想查询名称为 kzq 的控制器信息，命令如下。

```
[root@master ~]# kubectl get deployments.apps kzq
```

由于现在只有一个控制器，因此结果和 kubectl get deployments.apps 的执行结果是一致的。

3．查看控制器详细信息

以上只查看了控制器的一些简要信息，可以使用 kubectl describe 来查看控制器的详细信息。查看 kzq 控制器详细信息的命令如下。

```
[root@master ~]# kubectl describe deployments.apps kzq
```

命令执行结果如下。

```
Name:                   kzq
Namespace:              default
CreationTimestamp:      Sun, 04 Jul 2021 22:28:33 +0800
Labels:                 app=kzq
Annotations:            deployment.kubernetes.io/revision: 1
Selector:               app=kzq
Replicas:               3 desired | 3 updated | 3 total | 3 available | 0 unavailable
StrategyType:           RollingUpdate
MinReadySeconds:        0
RollingUpdateStrategy:  25% max unavailable, 25% max surge
Pod Template:
  Labels:  app=kzq
  Containers:
   nginx:
    Image:        nginx
    Port:         <none>
    Host Port:    <none>
    Environment:  <none>
    Mounts:       <none>
  Volumes:        <none>
Conditions:
  Type           Status   Reason
  ----           ------   ------
  Available      True     MinimumReplicasAvailable
  Progressing    True     NewReplicaSetAvailable
OldReplicaSets:  <none>
```

```
    NewReplicaSet:  kzq-8446c597dd (3/3 replicas created)
    Events:
      Type         Reason              Age      From                     Message
      ----         ------              ----     ----                     -------
      Normal       ScalingReplicaSet   2m7s     deployment-controller    Scaled up
replica set kzq-8446c597dd to 3
```

从结果可以查看控制器的各项信息，其中，从 Events 事件信息可以发现控制器通过 --replica 选项设置的 Pod 的数量是三个。

4．查看控制器控制的 Pod 信息

使用 Kubectl 命令查看控制器所控制的三个 Pod 的信息，命令如下。

```
[root@master ~]# kubectl get pod
```

命令执行结果如下。

```
NAME                        READY    STATUS     RESTARTS    AGE
kzq-8446c597dd-22ckx        1/1      Running    0           27m
kzq-8446c597dd-gk55m        1/1      Running    0           27m
kzq-8446c597dd-z8fq2        1/1      Running    0           27m
```

可以发现，三个 Pod 的名称是以控制器的名称 kzq 开头的，每个 Pod 中有一个容器，都处于 Running 运行状态。

使用 kubectl get pod -o wide 查看 Pod 的详细信息，结果如图 2-6 所示。

```
[root@master ~]# kubectl get pod -o wide
NAME                    READY   STATUS    RESTARTS   AGE   IP            NODE    NOMINATED NODE   READINESS GATES
kzq-8446c597dd-22ckx    1/1     Running   0          31m   172.16.2.6    node2   <none>           <none>
kzq-8446c597dd-gk55m    1/1     Running   0          31m   172.16.2.5    node2   <none>           <none>
kzq-8446c597dd-z8fq2    1/1     Running   0          31m   172.16.1.5    node1   <none>           <none>
```

图 2-6 Pod 的详细信息

从结果可以发现，有两个 Pod 被调度到了 node2 节点，一个 Pod 被调度到了 node1 节点。

5．Pod 自恢复

使用控制器创建的 Pod 有自恢复的功能，首先使用以下命令删除一个 Pod。

```
[root@master ~]# kubectl delete pod kzq-8446c597dd-22ckx
```

再查看 Pod 信息，命令如下。

```
[root@master ~]# kubectl get pod
```

命令执行结果如下。

```
NAME                        READY    STATUS     RESTARTS    AGE
kzq-8446c597dd-gk55m        1/1      Running    0           36m
kzq-8446c597dd-tfh4s        1/1      Running    0           73s
kzq-8446c597dd-z8fq2        1/1      Running    0           36m
```

可以发现，控制器又创建了一个 Pod，名称为 kzq-8446c597dd-tfh4s，替换了删除的 Pod，实现了 Pod 的自恢复，即实现了应用服务的自恢复。

6．扩缩容服务

通过修改 --replicas 选项的值，控制生成 Pod 的个数就可以实现服务的扩容和缩容操作。例如，要将 Pod 的数量扩容到 5，可以使用以下命令。

```
[root@master ~]# kubectl scale deployment --replicas=5 kzq
```

以上命令通过 kubectl scale 将 kzq 控制器所控制的 Pod 数量增加到 5，再次查看 Pod 的数量，命令如下。

```
[root@master ~]# kubectl get pod
```

命令执行结果如下。

```
NAME                      READY   STATUS    RESTARTS   AGE
kzq-8446c597dd-9vvnc      1/1     Running   0          86s
kzq-8446c597dd-p862h      1/1     Running   0          6s
kzq-8446c597dd-gk55m      1/1     Running   0          36m
kzq-8446c597dd-tfh4s      1/1     Running   0          73s
kzq-8446c597dd-z8fq2      1/1     Running   0          36m
```

通过结果可以发现，Pod 的数量已经扩容到 5。如果想减少 Pod 的个数，只需要再次修改 --replicas 选项的值，和在每台机器上进行部署服务相比，使用 Kubernetes 的这个功能非常高效。

7. 删除 deployment

删除名称为 kzq 的 Deployment 控制器，命令如下。

```
[root@master ~]# kubectl delete deployments.apps kzq
```

命令执行结果如下。

```
deployment.apps "kzq" deleted
```

这说明删除成功了，删除后再执行 kubectl get pod 命令，发现控制器所控制的 Pod 已经不存在了。

2.1.4 更新与回退版本

在 Pod 中运行的容器，主要任务是部署服务或应用，提供给使用者访问和使用。这些服务或应用经常需要升级版本，这就需要 Kubernetes 控制器能非常方便地更新版本，且一旦发现更新的版本有问题，也能及时回退版本。

2.1-3 更新与回退版本

1. 创建一个控制器，控制的 Pod 数量是 3，运行容器的镜像是 nginx:1.7.9

使用 kubectl create deployment 来创建控制器，具体的命令如下。

```
[root@master ~]# kubectl create deployment de-nginx --image=reqistry.cn-hangzhou.aliyuncs.com/lnstzy/nginx:1.7.9 --replicas=3
```

以上命令创建了一个名称为 de-nginx 的 Deployment 控制器，控制的 Pod 数量是 3，每个 Pod 中运行的容器都使用镜像 nginx:1.7.9。

通过 kubectl get pod -o wide 可以查看运行的 Pod 的详细信息，如图 2-7 所示。

```
[root@master ~]# kubectl get pod -o wide
NAME                          READY   STATUS    RESTARTS   AGE   IP            NODE    NOMINATED NODE   READINESS GATES
de-nginx-84d9fbcd7f-nt7rh     1/1     Running   0          21s   172.16.2.12   node2   <none>           <none>
de-nginx-84d9fbcd7f-s758c     1/1     Running   0          21s   172.16.1.16   node1   <none>           <none>
de-nginx-84d9fbcd7f-zs25b     1/1     Running   0          21s   172.16.2.13   node2   <none>           <none>
```

图 2-7 de-nginx 控制器控制的 Pod 的详细信息

使用 curl -I 加任意一个 Pod 节点的 IP 地址，可以查看 Pod 中运行的容器服务的版本，命令如下。

```
[root@master ~]# curl -I 172.16.1.14
```

命令执行结果如下。

```
HTTP/1.1 200 OK
Server: nginx/1.7.9
Date: Mon, 26 Jul 2021 10:30:50 GMT
Content-Type: text/html
Content-Length: 612
Last-Modified: Tue, 23 Dec 2014 16:25:09 GMT
Connection: keep-alive
ETag: "54999765-264"
Accept-Ranges: bytes
```

从 Server: nginx/1.7.9 可知，nginx 服务的版本是 1.7.9。

2．升级 nginx 服务的版本为 1.8.1

首先查看 Pod 中运行容器的名称，命令如下。

```
[root@master ~]# kubectl describe pod de-nginx-84d9fbcd7f-nt7rh
```

在结果中观察，容器 Containers 下面的第一行就是容器的名称——nginx。

```
Containers:
  nginx:
```

所以使用以下命令将容器的镜像设置为 nginx:1.8.1。

```
[root@master ~]# kubectl set image deployments.apps de-nginx nginx=reqistry.cn-hangzhou.aliyuncs.com/lnstzy/nginx:1.8.1
```

其中，kubectl set image 是更新镜像的命令，更新的是 de-nginx 控制器中 nginx 容器的镜像。

再次查看 Pod 的详细信息，命令和结果如图 2-8 所示。

```
[root@master ~]# kubectl get pod -o wide
NAME                      READY   STATUS    RESTARTS   AGE    IP            NODE    NOMINATED NODE   READINESS GATES
de-nginx-69697fbd74-9xs6z   1/1    Running   0          4m5s   172.16.1.17   node1   <none>           <none>
de-nginx-69697fbd74-fwg4j   1/1    Running   0          3m27s  172.16.1.18   node1   <none>           <none>
de-nginx-69697fbd74-t2hd6   1/1    Running   0          3m25s  172.16.2.14   node2   <none>           <none>
```

图 2-8　更新镜像版本后 Pod 的详细信息

使用 curl -I 查看任意一个 Pod 中应用的版本信息，命令如下。

```
[root@master ~]# curl -I 172.16.1.17
```

命令执行结果如下。

```
HTTP/1.1 200 OK
Server: nginx/1.8.1
Date: Mon, 26 Jul 2021 23:43:04 GMT
Content-Type: text/html
Content-Length: 612
Last-Modified: Tue, 26 Jan 2016 15:24:47 GMT
Connection: keep-alive
ETag: "56a78fbf-264"
Accept-Ranges: bytes
```

从结果可以发现版本已经更新到 1.8.1 了。

3．回退 nginx 服务版本为 1.7.9

如果发现升级的版本出现问题，想要迅速地回退到之前的版本，可以使用 kubectl rollout 命令。使用 kubectl rollout -h 可以得到如下帮助信息。

```
[root@master ~]# kubectl rollout -h
Available Commands:
  history      显示 rollout 历史
  pause        标记提供的 resource 为中止状态
  restart      Restart a resource
  resume       继续一个停止的 resource
  status       显示 rollout 的状态
  undo         撤销上一次的 rollout
```

根据中文提示，使用 undo 来进行回退版本的操作，具体命令如下。

```
[root@master ~]# kubectl rollout undo deployment de-nginx
```

当回退版本完成后，再次查看 Pod 的详细信息，如图 2-9 所示。

```
[root@master ~]# kubectl get pod -o wide
NAME                         READY   STATUS    RESTARTS   AGE   IP            NODE    NOMINATED NODE   READINESS GATES
de-nginx-84d9fbcd7f-h9q6l    1/1     Running   0          77s   172.16.2.15   node2   <none>           <none>
de-nginx-84d9fbcd7f-lj9wk    1/1     Running   0          74s   172.16.2.16   node2   <none>           <none>
de-nginx-84d9fbcd7f-p9jzr    1/1     Running   0          75s   172.16.1.19   node1   <none>           <none>
```

图 2-9 回退镜像版本后 Pod 的详细信息

使用 curl -I 查看任何一个 Pod 中的应用版本，命令如下。

```
[root@master ~]# curl -I 172.16.2.15
```

命令执行结果如下。

```
HTTP/1.1 200 OK
Server: nginx/1.7.9
Date: Mon, 26 Jul 2021 23:54:42 GMT
Content-Type: text/html
Content-Length: 612
Last-Modified: Tue, 23 Dec 2014 16:25:09 GMT
Connection: keep-alive
ETag: "54999765-264"
Accept-Ranges: bytes
```

从结果发现，版本已经回退到上一个版本 1.7.9 了。

拓展训练

使用 Kubectl 命令部署名称为 httpd 的 Deployment 控制器，使用的镜像是 centos/httpd-24-centos7，升级 Pod 中的应用版本为 httpd:latest。

任务 2.2 创建 Service

2.2 创建 Service

【学习情境】

在项目 2 的任务 2.1 中部署了 Deployment 控制器，通过 Deployment 控制器创建了多个 Pod 副本，进而实现了批量应用部署。接下来就是如何访问这些服务和应用的问题了。技术主管要求你理解 Service（服务发现）的作用并能够创建它，实现用户对 Pod 中容器服务和应用的访问。

【学习内容】

（1）Service 的作用
（2）创建 Service
（3）通过 Service 访问服务应用

【学习目标】

知识目标：
（1）掌握 Service 的工作机制
（2）掌握 Service 的实现原理

能力目标：
（1）能够使用 Kubectl 命令创建 Service
（2）能够在集群内部和集群外部访问服务应用

2.2.1 理解 Service

1．Service 的工作机制

由于 Pod 存在生命周期，有销毁，有重建，无法提供一个固定的访问接口给客户端（Client），而且用户不可能记住所有同类型的 Pod 地址，这样 Service（服务发现）资源对象就出现了。Service 是 Kubernetes 的核心资源类型之一，它基于标签选择器将一组 Pod 定义成一个逻辑组合，并通过自己的 IP 地址和端口调度代理请求到组内的 Pod 对象，如图 2-10 所示。它向客户端隐藏了处理用户请求的真实 Pod 资源，从客户端看，就像是由 Service 直接处理并响应一样。

图 2-10　客户端通过访问 Service 来访问 Pod 内的应用

Service 对象的 IP 地址也称为 Cluster IP，它位于为 Kubernetes 集群配置的指定 IP 地址范围之内，是虚拟的 IP 地址，它在 Service 对象创建之后保持不变，并且能够被同一集群中的 Pod 资源所访问。Service 端口用于接受客户端请求，并将请求转发至后端 Pod 应用的相应端口。这样的代理机制也称为端口代理，它是基于 TCP/IP 协议栈的传输层的。

Service 对象和 Pod 对象的 IP 地址，一个是虚拟地址，一个是 Pod IP 地址，它们都可以在集群内部访问，无法响应集群外部的访问请求。解决该问题的办法是在单一的节点上进行端口暴露或者让 Pod 资源共享工作节点的网络名称空间，还可以使用 NodePort 或者 LoadBalancer 类型的 Service 资源，或者有 7 层负载均衡能力的 Ingress 资源。

2．Service 的实现原理

在 Kubernetes 集群中，每个 Node 节点运行一个 Kube-Proxy 组件，这个组件进程始终监视着 Apiserver 中有关 Service 的变动信息，获取任何一个与 Service 资源相关的状态变动信息。通过 Watch（监视），一旦有 Service 资源相关的变动和创建，Kube-Proxy 就使用 iptables 或者 ipvs 规则在当前 Node 节点上实现资源调度，如图 2-11 所示。

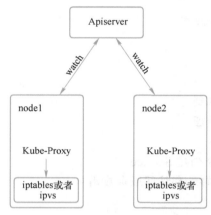

图 2-11　Service 工作原理

（1）iptables 代理模式

收到客户端 IP 请求时，直接请求本地内核 Service IP，根据 iptables 规则直接将请求转发到各 Pod 上。因为使用 iptable NAT 来完成转发，也存在不可忽视的性能损耗，所以如果集群中存在上万的 Service/Endpoint，那么 Node 上的 iptables 规则将会非常庞大，性能就会受影响。iptables 代理模式自 Kubernetes 1.1 版本引入，自 1.2 版本开始成为默认类型。

（2）ipvs 代理模式

Kubernetes 自 1.9-Alpha 版本引入了 ipvs 代理模式，自 1.11 版本开始成为默认设置。客户端 IP 请求到达内核空间（Kernel Space）时，根据 ipvs 规则直接分发到各 Pod 上。Kube-Proxy 会监视 Kubernetes Service 对象和 Endpoint 对象，调用 netlink 接口以相应地创建 ipvs 规则并定期与 Kubernetes Service 对象和 Endpoint 对象同步 ipvs 规则，以确保 ipvs 状态与期望一致。访问服务时，流量将被重定向到其中一个后端 Pod，ipvs 为负载均衡算法提供了更多选项，例如：

1）rr：轮询调度。
2）lc：最小连接数。
3）dh：目标哈希。
4）sh：源哈希。
5）sed：最短期望延迟。
6）nq：不排队调度。

如果某个服务后端 Pod 发生变化，对应的信息会立即反映到 Apiserver 上，而 Kube-Proxy 通过 watch 到 Etcd 中的信息变化，将它立即转为 ipvs 或者 iptables 中的规则。这些动作都是动态和实时的，新增和删除 Pod 是同样的原理。图 2-12 所示为新增 Pod 后的变化。

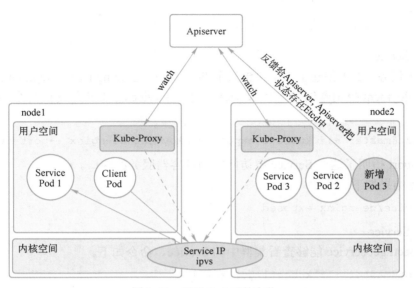

图 2-12　新增 Pod 后的变化

3．Service 的类型

（1）ClusterIP

ClusterIP 类型的 Service 有一个 Cluster-IP，即虚拟 IP 地址。具体实现原理依靠 Kube-Proxy 组件，通过 iptables 或者 ipvs 实现。

这种类型的 Service 只能在集群内访问。

（2）NodePort

除了集群内访问，也需要集群外业务访问，此时 ClusterIP 就无法满足要求了。NodePort 是其中一种解决方案，Kubernetes 外部访问端口默认值范围是 30000～32767。

（3）LoadBalancer

LoadBalancer 类型的 Service 是可以实现集群外部访问服务的另外一种解决方案。不过，并不是所有的 Kubernetes 集群都会支持，大多公有云托管集群支持该类型。负载均衡器是异步创建的，关于负载均衡器的信息将会通过 Service 的 status.loadBalancer 字段发布出去。

（4）ExternalName

ExternalName 类型的 Service 将服务映射到 DNS（域名系统）域名，而不是典型的选择器，例如 my-service 或者 cassandra。可以使用 spec.externalName 参数指定这些服务。

（5）Headless

Headless 类型的 Service 是一种特殊的 Service，其 spec:clusterIP 表示为 None，这样在实际运行时就不会被分配 ClusterIP，因此 Headless Service 也被称为无头服务。

Headless Service 的使用场景如下：

一是自主选择权，有时候 Client（客户端）想自己决定使用哪个 Real Server，可以通过查询 DNS 来获取 Real Server 的信息。

二是 Headless Service 关联的每个 Endpoint（也就是 Pod），都会有对应的域名，这样 Pod 之间就可以互相访问。

2.2.2 创建 Service 访问容器应用

1. 创建 Service

在项目 2 任务 2.1 中创建了一个包含三个 Pod、名称为 de-nginx 的 Deployment 控制器，可以为这个 Deployment 控制器创建一个 Service，通过 Service 的 IP 地址访问每个 Pod 中的服务。命令如下。

```
[root@master ~]# kubectl expose deployment de-nginx --port=80
```

其中，--port 指明了这个 Service 要访问的 Pod 容器服务的端口。

命令执行结果如下。

```
service/de-nginx exposed
```

2. 查看 Service

使用 kubectl get service 能够查看集群中的 Service，命令如下。

```
[root@master ~]# kubectl get service
```

命令执行结果如下。

```
NAME          TYPE        CLUSTER-IP      EXTERNAL-IP   PORT(S)   AGE
de-nginx      ClusterIP   10.109.25.231   <none>        80/TCP    10m
kubernetes    ClusterIP   10.96.0.1       <none>        443/TCP   20h
```

通过查询发现，和控制器同名的 de-nginx 的 Service 被创建了，另一个名称为 kubernetes 的 Service 是集群创建后自动创建的。

3. 通过 Service 访问服务

通过 curl 访问 Service 的地址，就可以访问三个 Pod 中的应用，命令如下。

```
[root@master ~]# curl 10.109.25.231
```

命令执行结果如下。

```
<!DOCTYPE html>
<html>
<head>
<title>Welcome to nginx!</title>
<style>
    body {
        width: 35em;
        margin: 0 auto;
        font-family: Tahoma, Verdana, Arial, sans-serif;
    }
</style>
</head>
<body>
<h1>Welcome to nginx!</h1>
<p>If you see this page, the nginx web server is successfully installed and
working. Further configuration is required.</p>
<p>For online documentation and support please refer to
<a href="http://nginx.org/">nginx.org</a>.<br/>
```

```
Commercial support is available at
<a href="http://nginx.com/">nginx.com</a>.</p>
<p><em>Thank you for using nginx.</em></p>
</body>
</html>
```

4．修改 Pod 中容器的服务

通过 curl 命令访问 Service 的 IP 地址，可以访问每个 Pod 中的服务，但是访问的究竟是哪个 Pod 中的服务呢？可以通过命令进入每个 Pod 的容器，修改服务的内容，这里需要修改的是 nginx 服务的主页内容，然后再通过 Service 地址访问，就可以知道访问的是哪个 Pod 中的服务了。要修改某个 Pod 容器中的内容，首先要获取 Pod 的名称，命令如下。

```
[root@master ~]# kubectl get pod
```

命令执行结果如下。

```
NAME                        READY   STATUS    RESTARTS   AGE
de-nginx-84d9fbcd7f-h9q6l   1/1     Running   0          4h22m
de-nginx-84d9fbcd7f-lj9wk   1/1     Running   0          4h22m
de-nginx-84d9fbcd7f-p9jzr   1/1     Running   0          4h22m
```

然后进入每个 Pod 容器，命令格式如下。

```
kubectl exec -it PodName -c containerName -n namespace -- shell command
```

如果 Pod 中只包含一个容器，可以省略 -c containerName；如果在默认的命名空间（NameSpace）下，可以省略 -n namespace。

修改第 1 个 Pod 容器，首先进入容器，命令如下。

```
[root@master ~]# kubectl exec -it de-nginx-84d9fbcd7f-h9q6l /bin/bash
```

然后进入 nginx 服务的主页目录，命令如下。

```
root@de-nginx-84d9fbcd7f-h9q6l:/# cd /usr/share/nginx/html/
```

最后修改主页内容为 web1，命令如下。

```
root@de-nginx-84d9fbcd7f-h9q6l:/usr/share/nginx/html# echo web1 > index.html
```

退出容器使用 exit 命令。

修改第 2 个 Pod 容器，首先进入容器，命令如下。

```
[root@master ~]# kubectl exec -it de-nginx-84d9fbcd7f-lj9wk /bin/bash
```

然后进入 nginx 服务的主页目录，命令如下。

```
root@de-nginx-84d9fbcd7f-lj9wk:/# cd /usr/share/nginx/html/
```

最后修改主页内容为 web2，命令如下。

```
root@de-nginx-84d9fbcd7f-lj9wk:/usr/share/nginx/html# echo web2 > index.html
```

修改第 3 个 Pod 容器，首先进入容器，命令如下。

```
[root@master ~]# kubectl exec -it de-nginx-84d9fbcd7f-p9jzr /bin/bash
```

然后进入 nginx 服务的主页目录，命令如下。

```
root@de-nginx-84d9fbcd7f-p9jzr:/# cd /usr/share/nginx/html/
```

最后修改主页内容为 web3，命令如下。

```
root@de-nginx-84d9fbcd7f-p9jzr:/usr/share/nginx/html# echo web3 > index.html
```

这时再使用 curl 命令访问 Service 的 IP 地址后，就可以查看访问的是哪个 Pod 中的服务了，命令如下。

```
[root@master ~]# curl 10.109.25.231
web3
[root@master ~]# curl 10.109.25.231
web1
[root@master ~]# curl 10.109.25.231
web2
```

访问 3 次，发现已经在 3 个 Pod 中进行了负载均衡。

5．查看 Service 详细信息

使用 describe 命令可以查看一个 Service 的详细信息，如查看 de-nginx 的详细信息，使用以下命令。

```
[root@master ~]# kubectl describe service de-nginx
```

命令执行结果如下。

```
Name:              de-nginx
Namespace:         default
Labels:            app=de-nginx
Annotations:       <none>
Selector:          app=de-nginx
Type:              ClusterIP
IP Families:       <none>
IP:                10.109.25.231
IPs:               10.109.25.231
Port:              <unset>  80/TCP
TargetPort:        80/TCP
Endpoints:         172.16.1.19:80,172.16.2.15:80,172.16.2.16:80
Session Affinity:  None
Events:            <none>
```

以上内容中须重点关注以下 3 个字段。

① Labels: app=de-nginx。

② Selector: app=de-nginx。

③ Endpoints: 172.16.1.19:80,172.16.2.15:80,172.16.2.16:80。

其中，Labels 是 Service 本身的标签，Selector 是对应的 Pod 的标签，Endpoints 是后端服务的 IP 地址，Service 正是通过 Selector 和 Endpoints 实现对后端真实 Pod 容器的访问，Endpoints 的 IP 地址就是 3 个 Pod 的 IP 地址。可以使用 kubectl get pod --show-labels 查看 Pod 的标签，命令如下。

```
[root@master ~]# kubectl get pod --show-labels
```

命令执行结果如图 2-13 所示。

```
NAME                            READY   STATUS    RESTARTS   AGE     LABELS
de-nginx-84d9fbcd7f-h9q6l       1/1     Running   0          4h52m   app=de-nginx,pod-template-hash=84d9fbcd7f
de-nginx-84d9fbcd7f-lj9wk       1/1     Running   0          4h52m   app=de-nginx,pod-template-hash=84d9fbcd7f
de-nginx-84d9fbcd7f-p9jzr       1/1     Running   0          4h52m   app=de-nginx,pod-template-hash=84d9fbcd7f
```

图 2-13　查看 Pod 的标签

从图 2-13 可以发现，每个 Pod 的 LABELS 都包含 app=de-nginx，和 Selector 正好对应上。

6．集群外部访问服务

仅仅在集群内部访问服务是不够的，因为很多流量来自于集群外，这就需要修改 Service 的类型，实现外部流量的访问。

首先查看 Service 的 IP 地址类型，命令如下。

```
[root@master ~]# kubectl get service
```

命令执行结果如下。

```
NAME         TYPE        CLUSTER-IP      EXTERNAL-IP   PORT(S)   AGE
de-nginx     ClusterIP   10.109.25.231   <none>        80/TCP    63m
kubernetes   ClusterIP   10.96.0.1       <none>        443/TCP   21h
```

从 TYPE 列发现 IP 地址的类型是 ClusterIP，即集群类型的 IP。如果想实现外部流量的访问，需要将该类型转换为 NodePort 类型。转换的方法是使用命令编辑这个 Service，命令如下。

```
[root@master ~]# kubectl edit service de-nginx
```

按〈Enter〉键后，会打开这个 Service 的配置文件，将倒数第 3 行 type: ClusterIP 中的 ClusterIP 修改为 NodePort 并保存就可以了。再次查看集群中的 Service，命令如下。

```
[root@master ~]# kubectl get service
```

命令执行结果如下。

```
NAME         TYPE        CLUSTER-IP      EXTERNAL-IP   PORT(S)        AGE
de-nginx     NodePort    10.109.25.231   <none>        80:32646/TCP   69m
kubernetes   ClusterIP   10.96.0.1       <none>        443/TCP        21h
```

可以发现，de-nginx 的 TYPE 已经修改成 NodePort 类型，并且在 PORT(s) 下增加了 32646 端口号，即外部访问的端口。打开浏览器，在访问 Master 或任意一个 Node 节点的 IP 地址后加上 32646 端口号，即可访问 de-nginx 这个 Service 对应的后端服务，如图 2-14 所示。

图 2-14　集群外部访问服务

将一个 Service 定义为 NodePort 类型，Kubernetes 会通过集群 Node 上的 Kube-Proxy 为该 Service 在主机网络上创建一个监听端口。Kube-Proxy 并不会直接接收从该主机端口进入的流量，而是会创建相应的 iptables 规则，并通过 iptables 将从该端口接收到的流量直接转发到后端的 Pod 中。

拓展训练

使用 Kubectl 命令部署名称为 httpd 的 Deployment 控制器，使用的镜像是 httpd，副本数是

3，然后创建 Service 访问 Pod 中的 httpd 服务，修改 3 个 Pod 中容器的服务内容分别为 html1、html2、html3，再访问 Service 验证负载均衡情况。

项目小结

1. 部署一个 Pod 无法实现服务的自动扩缩容，在生产环境中，通过部署控制器来控制 Pod 的数量，实现服务的自动扩缩容。

2. Service 是 Kubernetes 的重要资源，因为只有通过 Service 才能实现用户对集群服务的高效访问。

习题

一、选择题

1. 以下关于 Pod 的说法中，不正确的是（　　）。
   A．Pod 中可以运行一个或者多个容器
   B．只创建 Pod 资源，无法实现服务的自动扩缩容
   C．在 Pod 中的多个容器共享网络和存储资源
   D．只能通过 Kubectl 命令创建 Pod 资源对象
2. 以下关于 Deployment 控制器的说法中，正确的是（　　）。
   A．Deployment 是 Kubernetes 中唯一的控制器
   B．通过 Deployment 控制器，可以实现服务的自动扩缩容
   C．无法通过命令进入 Deployment 控制器部署的容器
   D．通过 Deployment 控制器可以控制 Pod 资源的数量
3. 以下关于 Kubectl 命令行工具的说法中，不正确的是（　　）。
   A．只能通过 Kubectl 命令管理 Kubernetes 集群
   B．可以通过 Kubectl 命令创建 Pod 资源
   C．可以通过 Kubectl 命令创建 Deployment 控制器
   D．可以通过 Kubectl 命令创建 Service
4. 以下关于 Service 的说法中，不正确的是（　　）。
   A．Service 可以简化访问操作
   B．Service 只能实现在集群内部访问服务
   C．Service 的 IP 地址是虚拟的
   D．Service 可以实现负载均衡访问服务

二、填空题

1. Deployment 控制器可以通过控制_____的数量，实现服务的_____。
2. Service 通过_____和_____实现对后端服务的访问。

项目 3 使用 YAML 脚本部署服务

本项目思维导图如图 3-1 所示。

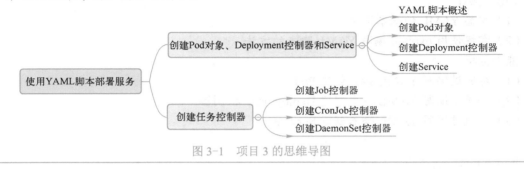

图 3-1 项目 3 的思维导图

项目 3 使用的实验环境见表 3-1。

表 3-1 项目 3 使用的实验环境

主机名称	IP 地址	CPU 内核数	内存/GB	硬盘/GB
master	192.168.0.10/24	4	4	100
node1	192.168.0.20/24	4	2	100
node2	192.168.0.30/24	4	2	100

各节点需要安装的服务见表 3-2。

表 3-2 各节点需要安装的服务

主机名称	安装服务
master	Kube-apiserver、Kube-scheduler、Kube-controller-manager、Etcd、Kubelet、Kube-Proxy、Kubeadm、flannel、Docker
node1	Kubelet、Kube-Proxy、Kubeadm、flannel、Docker
node2	Kubelet、Kube-Proxy、Kubeadm、flannel、Docker

任务 3.1 创建 Pod 对象、Deployment 控制器和 Service

【学习情境】

在生产环境中,很少使用命令行的方式部署资源对象,常常使用编写 YAML 脚本的方式创建资源。技术主管要求你会编写基本的 YAML 脚本,然后基于 YAML 脚本构建基本的资源,在集群上部署服务。

【学习内容】

(1) 使用 YAML 脚本创建 Pod

（2）使用 YAML 脚本创建 Deployment 控制器
（3）使用 YAML 脚本创建 Service

【学习目标】

知识目标：
（1）掌握 YAML 的基本语法
（2）掌握使用 explain 编写 YAML 脚本的方法

能力目标：
（1）会通过编写 YAML 脚本创建 Pod
（2）会通过编写 YAML 脚本创建 Deployment 控制器
（3）会通过编写 YAML 脚本创建 Service

3.1.1 YAML 脚本概述

1. 采用编写 YAML 脚本的方式进行运维的原因

使用命令行创建 Kubernetes 相关资源，不便于审计和修改，因为当某个运维人员使用命令创建了集群应用后，他自己可能都会忘记，更别提修改了，当然也不能够进行复用。当集群遇到问题而停止，运维人员还需要重新用命令启动集群，费时费力。

使用 YAML 脚本定义而 Kubernetes 的资源，构建集群应用，就可以很好地实现审计、修改、复用。使用 YAML 脚本定义资源，还可以完成使用命令无法完成的一些细节操作，所以在实际工作中，常常使用编写 YAML 脚本的方式来创建资源，构建集群应用。

2. YAML 脚本语法规则

1）大小写敏感。YAML 脚本对大小写是敏感的。
2）格式缩进。使用缩进表示层级关系，使用空格缩进，相同层级的元素左侧必须对齐。
3）"#" 表示注释。
4）字符后使用空格。在冒号、逗号字符后，要加上空格，再添加内容。

3. YAML 脚本常用关键字段

1）apiVersion（服务版本）：使用 apiVersion 关键字定义某个资源 API 的版本。
2）kind（资源类型）：定义创建资源的类型，如创建一个 Pod，则定义类型为 Pod。
3）metadata（元数据）：通过元数据可以定义资源的名称、标识、注解等信息。
4）spec（定义）：spec 用于定义资源的详细信息。

3.1.2 创建 Pod 对象

1. 使用 explain 查看 Pod 资源字段

在编写 YAML 脚本时，有一个非常好用的命令是 kubectl explain，可以使用它解释任何想定义的资源。这里要定义一个 Pod 资源，所以使用 kubectl explain pod 来查看 Pod 资源需要定义的字段信息，命令如下。

3.1-1
创建 Pod 对象

```
[root@master ~]# kubectl explain pod
```

命令执行结果如下。

```
KIND:     Pod
VERSION:  v1
DESCRIPTION:
     Pod is a collection of containers that can run on a host. This resource is
     created by clients and scheduled onto hosts.
FIELDS:
   apiVersion<string>
     APIVersion defines the versioned schema of this representation of an
     object. Servers should convert recognized schemas to the latest internal
     value, and may reject unrecognized values. More info:
     https://git.K8s.io/community/contributors/devel/sig-architecture/api-conventions.md#
     resources
   kind<string>
     Kind is a string value representing the REST resource this object
     represents. Servers may infer this from the endpoint the client submits
     requests to. Cannot be updated. In CamelCase. More info:
     https://git.K8s.io/community/contributors/devel/sig-architecture/api-conventions.md#types-kinds
   metadata<Object>
     Standard object's metadata. More info:
     https://git.K8s.io/community/contributors/devel/sig-architecture/api-conventions.md#metadata
   spec<Object>
     Specification of the desired behavior of the Pod. More info:
     https://git.K8s.io/community/contributors/devel/sig-architecture/api-conventions.md#spec-and-status
   status<Object>
     Most recently observed status of the Pod. This data may not be up to date.
     Populated by the system. Read-only. More info:
```

通过查看 Pod 资源的解释信息，发现它有 5 个字段需要定义，其中重要的字段有 4 个，分别是 apiVersion、kind、metadata、spec。

通过观察 **apiVersion** \<string\> 和 **kind** \<string\>，出现 apiVersion 和 kind 字段的值都是字符串。

根据最上边的 2 行 KIND: Pod 和 VERSION: v1，可以看出版本是 1，类型是 Pod。

通过观察 **metadata**\<Object\> 和 **spec** \<Object\>，发现这两个字段的值都是对象类型，说明在这两个字段下还有很多具体的内容需要定义，可以通过 explain 命令继续查询。比如想查询 metadata 字段下需要定义哪些内容，可以通过 kubectl explain pod.metadata 进行查询。以此类推，还可以继续查询下级字段的详细信息。

2．通过编写 YAML 脚本定义 Pod

首先建立一个目录 yaml（名称自己定义），然后在该目录下创建一个 Pod.yaml 文件，注意文件扩展名为.yaml，打开文件，在其中输入如下内容。

```
#定义服务版本
apiVersion: v1
#定义资源类型
kind: Pod
#定义元数据
metadata:
#定义该 Pod 的名称是 Pod1
  name: Pod1
#定义该 Pod 的标签是 app:nginx
  labels:
      app: nginx
#定义 Pod 中容器使用镜像和暴露端口
spec:
  containers:
  - name: nginx
    image: nginx:1.7.9
    ports:
    - name: port1
containerPort: 80
```

（1）语义解释

这里使用 apiVersion 定义了 API 的版本，使用 kind 定义了资源的类型为 Pod，注意 P 要大写，使用 metadata 定义 Pod 资源的名称为 Pod1，标签为 app:nginx。

使用 spec 字段下的 containers 字段定义了一个容器，名称是 nginx，使用的镜像是 nginx:1.7.9，容器暴露的端口是 80。

（2）语法解释

apiVersion、kind、metadata、spec 都是顶级的同级关键字，需要最左侧对齐，apiVersion 和 kind 的值在冒号的后边加空格，然后直接输入就可以了。

metadata 和 spec 是对象类型的数据，它们有很多下一级的字段，冒号之后需要换行。

每个字段下的同级字段需要对齐，如 metadata 下的 name 和 labels 字段要对齐。

在 spec 下一级的 containers 字段，通过 kubectl explain pod.spec 查询 containers 字段的描述，其描述如下。

```
        containers    <[]Object> -required-
```

这说明 containers 字段是对象数组，即在 containers 字段下可以定义多个容器，通过 required 描述可以知道，这个字段是 spec 下的必需字段，在 containers 下定义每个容器的名称、镜像、端口等信息。由于可以定义多个容器，所以在定义每个容器时，需要在前边加上连接符（-），加空格后，再写 name: nginx。如果还有其他容器，继续使用连接符（-）开始书写。

同理，通过 kubectl explain pod.spec.containers 可以发现 ports 也是一个对象数组类型，所以在 ports 字段下也要加上连接符（-）和空格。

3. 创建 Pod

基于 YAML 脚本创建资源的语法是"kubectl apply -f 文件名"，选项-f 指定文件名称。

```
[root@master yaml]# kubectl apply -f  pod.yaml
Pod/Pod1 created
```

创建完成后，查询 Pod1 的信息，命令如下。

```
[root@master yaml]# kubectl get pod pod1 -o wide
```

命令执行结果如图 3-2 所示。

```
[root@master yaml]# kubectl get pod pod1 -o wide
NAME   READY   STATUS    RESTARTS   AGE   IP            NODE    NOMINATED NODE   READINESS GATES
pod1   1/1     Running   0          31s   172.16.1.20   node1   <none>           <none>
```

图 3-2　查询 Pod1 信息

可以发现，Pod1 已经被调度到 node1 节点上，并成功运行了。

4．修改 Pod

修改 Pod 的方法非常简单，只需修改 pod.yaml 脚本文件的内容，然后重新使用 kubectl apply -f pod.yaml 就可以了。

5．删除 Pod

使用命令"kubectl delete -f 文件名"，可以基于 YAML 脚本删除资源。

```
[root@master yaml]# kubectl delete -f  pod.yaml
Pod "Pod1" deleted
```

3.1.3　创建 Deployment 控制器

创建单个 Pod 资源是没有实际价值的，因为它既不能实现自动扩缩容，也不能实现停止之后自动化启动，所以要通过创建控制器来控制 Pod 资源，进而控制容器应用。

3.1-2
创建 Deployment 控制器

1．使用 explain 查看 Deployment 资源字段

```
[root@master yaml]# kubectl explain deployment
KIND:     Deployment
VERSION:  apps/v1
DESCRIPTION:
     Deployment enables declarative updates for Pods and ReplicaSets.
FIELDS:
apiVersion <string>
     APIVersion defines the versioned schema of this representation of an
kind <string>
     Kind is a string value representing the REST resource this object
metadata <Object>
     Standard object metadata.
spec <Object>
     Specification of the desired behavior of the Deployment.
```

通过 Deployment 资源的描述信息，可以发现，它同样有 4 个比较重要的字段，分别是 apiVersion、kind、metadata、spec。

最上边两行提示版本是 apps/v1，资源类型为 Deployment。

在 metadata（元数据）字段中，定义名称和标签等信息。

在 spec 字段中，定义控制器的 Pod 模板等重要信息。

2. 通过编写 YAML 脚本定义 Deployment

在 yaml 的目录中创建文件 de.yaml,在其中输入以下内容。

```yaml
apiVersion: apps/v1
kind: Deployment
metadata:
  name: de1
spec:
  template:
    metadata:
      labels:
        app: nginx
    spec:
      containers:
      - name: nginx
        image: nginx:1.8.1
        ports:
        - name: p1
          containerPort: 80
  selector:
    matchLabels:
      app: nginx
  replicas: 3
```

(1)语义解释

定义 apiVersion 的版本为 apps/v1,资源类型为 Deployment,通过 metadata 中的 name 字段定义了名称为 de1。

在 spec 字段下使用 template 定义了一个 Pod 模板,这个模板的标签是 app:nginx。在这个模板中,定义了一个容器,名称是 nginx,使用的镜像是 nginx:1.8.1,容器暴露的端口是 80。

在 spec 字段下定义了 selector 字段,这个字段的作用是定义 Deployment 控制器控制哪些标签的 Pod,因为在使用 template 定义 Pod 模板时定义了 Pod 模板标签是 app:nginx,所以这里定义 matchLabels 为 app: nginx。

在 spec 字段下使用 replicas: 3 定义 Pod 的数量为 3。

(2)语法解释

顶级的 4 个字段 apiVersion、kind、metadata、spec 左侧对齐。

在 spec 下有 3 个子字段,分别是 template、selector、replicas,必须把这 3 个字段左侧对齐。

3. 创建 Deployment

使用 kubectl apply 创建 Deployment。

```
[root@master yaml]# kubectl apply -f de.yaml
deployment.apps/de1 created
```

4. 查询 de1 的信息

```
[root@master yaml]# kubectl get deployments.apps de1
NAME   READY   UP-TO-DATE   AVAILABLE   AGE
de1    3/3     3            3           93s
```

可以发现，de1 控制器有 3 个 Pod，都处于 READY（就绪）状态。

5. 查询 de1 控制器控制的 Pod

```
[root@master yaml]# kubectl get pod
```

命令执行结果如下。

```
NAME                      READY   STATUS    RESTARTS   AGE
de1-86597dd8d6-7rsgm      1/1     Running   0          2m43s
de1-86597dd8d6-g8xzw      1/1     Running   0          2m43s
de1-86597dd8d6-l6x2x      1/1     Running   0          2m43s
```

可以发现，de1 控制器控制了 3 个 Pod，都处于 Running（运行）状态。

6. 修改 YAML 脚本

进入 de.yaml 将 replicas 的值修改成 4，保存，重启基于 YAML 脚本创建的控制器。

```
[root@master yaml]# kubectl apply -f de.yaml
deployment.apps/de1 configured
```

再检查 Pod 的数量，命令如下。

```
[root@master yaml]# kubectl get pod
```

命令执行结果如下。

```
NAME                      READY   STATUS    RESTARTS   AGE
de1-86597dd8d6-7rsgm      1/1     Running   0          5m36s
de1-86597dd8d6-g8xzw      1/1     Running   0          5m36s
de1-86597dd8d6-k72mm      1/1     Running   0          7s
de1-86597dd8d6-l6x2x      1/1     Running   0          5m36s
```

可以发现已经有 4 个 Pod 了，可见，通过修改 YAML 脚本来部署资源非常方便。

3.1.4 创建 Service

在 3.1.3 小节中通过控制器创建了 4 个 Pod，每个 Pod 中都有一个 nginx 容器。那么，如何访问这 4 个 nginx 容器的服务呢？方法是通过创建 Service，构建一个前端的负载均衡，然后通过负载均衡的 IP 地址访问后端的 4 个 Pod 应用。

3.1-3 创建 Service

1. 使用 explain 查看 Service 资源字段

```
[root@master yaml]# kubectl explain service
KIND:     Service
VERSION:  v1
FIELDS:
  apiVersion <string>
  kind <string>
    Kind is a string value representing the REST resource this object
    represents. Servers may infer this from the endpoint the client submits
  metadata <Object>
    Standard object's metadata. More info:
  spec <Object>
```

```
Spec defines the behavior of a service.
```

通过描述信息,发现 Service 的重要字段也是 4 个,分别是 apiVersion、kind、metadata、spec,最上边的两行提示版本是 1,资源类型是 Service,metadata 定义元数据,重要的信息在 spec 中定义。

2. 通过编写 YAML 脚本定义 Service

在 yaml 目录中创建文件 s1.yaml,在 s1.yaml 脚本中输入以下内容。

```
apiVersion: v1
kind: Service
metadata:
  name: mynginx
spec:
  selector:
    app: nginx
  ports:
  - name: http80
    port: 80
    targetPort: 80
```

(1)语义解释

使用 apiVersion 定义版本为 v1,使用 kind 定义资源类型为 Service,在 metadata 中使用 name 定义名称为 mynginx。

在 spec 中使用了两个字段。第 1 个是 selector,这个字段特别重要,Service 就是通过这个字段找到后端 Pod 容器的。因为在定义 Deployment 的 Pod 模板时定义了 Pod 的标签是 app: nginx,所以这里 selector 的值必须写成 app: nginx,这样它就能找到后端的 Pod 容器了。

在 spec 中定义的第 2 个字段是 ports,映射的访问端口是 80,对应后端容器服务端口也是 80。

(2)语法解释

在 spec 下的 selector 字段和 ports 字段对齐。

3. 创建 Service

```
[root@master yaml]# kubectl apply -f s1.yaml
service/mynginx created
```

4. 查询 mynginx 的 Service 的详细信息

```
[root@master yaml]# kubectl describe service mynginx
```

命令执行结果如下。

```
Name:              mynginx
Namespace:         default
Labels:            <none>
Annotations:       <none>
Selector:          app=nginx
Type:              ClusterIP
IP Families:       <none>
IP:                10.107.94.159
IPs:               <none>
Port:              http80  80/TCP
```

```
TargetPort:            80/TCP
Endpoints:             172.16.0.17:80,172.16.0.18:80,172.16.0.20:80 + 4 more...
Session Affinity:      None
Events:                <none>
```

Service 的 IP 是 10.107.94.159，通过 Selector: app=nginx，对应后端的 4 个容器服务。

5．访问服务

```
[root@master yaml]# curl 10.107.94.159
<!DOCTYPE html>
<html>
<head>
<title>Welcome to nginx!</title>
```

可以在集群内部访问服务了。

6．配置在集群外部访问服务

（1）修改配置文件

打开 s1.yaml 脚本，加上 type: NodePort，注意 type 要和 ports 对齐，即类型配置为节点端口，同时在 ports 下加入 nodePort: 30000，设置外部访问的端口，这个值最小是 30000。

```
ports:
- name: http80
port: 80
targetPort: 80
nodePort: 30000
type: NodePort
```

（2）重新启动 Service

```
[root@master yaml]# kubectl apply -f s1.yaml
service/mynginx configured
```

（3）查询名称为 mynginx 的 Service

```
[root@master yaml]# kubectl get services mynginx
NAME      TYPE       CLUSTER-IP      EXTERNAL-IP   PORT(S)        AGE
mynginx   NodePort   10.107.94.159   <none>        80:30000/TCP   9m33s
```

可以发现，类型是 NodePort 了，开放的端口是 30000，这时就可以使用节点的 IP 地址加端口号访问 Pod 容器服务了。

（4）在 Windows 上访问服务

在 Windows 上使用浏览器访问 http://192.168.0.10:30000，结果如图 3-3 所示。

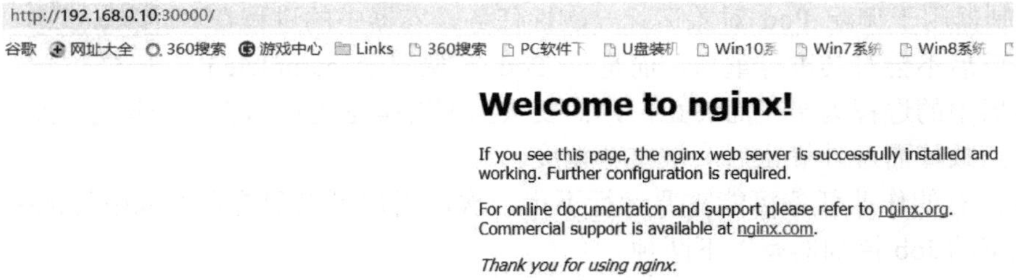

图 3-3　在 Windows 上访问服务的结果

拓展训练

使用名称为 httpd.yaml 的 YAML 脚本创建一个 Deployment 控制器，使用的镜像是 httpd，副本数是 3。通过编写 YAML 脚本创建 Service，在集群外部访问 httpd 服务。

任务 3.2　创建任务控制器

【学习情境】

Deployment 控制器创建的 Pod 服务是在 Node 节点上启动一个守护进程，等待用户的访问。有时候需要一次性或者周期性地执行一个任务，这就需要创建 Job 和 CronJob 控制器。技术主管要求你学会一次性任务和周期性任务的部署。

【学习内容】

（1）使用 Job 控制器执行一次性任务
（2）使用 CronJob 控制器执行周期性任务
（3）使用 DaemonSet 控制器部署守护型任务

【学习目标】

知识目标：
（1）掌握 Job 控制器的作用
（2）掌握 CronJob 控制器的作用
（3）掌握 DaemonSet 控制器的特点

能力目标：
（1）会通过编写 YAML 脚本创建 Job 控制器
（2）会通过编写 YAML 脚本创建 CronJob 控制器
（3）会使用 DaemonSet 控制器部署应用

3.2.1　创建 Job 控制器

3.2.1.1　Job 控制器的使用场景

Job 控制器用于调配 Pod 对象运行一次性任务，容器中的进程在正常运行结束后不会对其进行重启，而是将 Pod 对象置于 completed 状态。若容器中的进程因错误而终止，则需要依据配置确定重启与否，未运行完成的 Pod 对象因其所在节点故障而意外终止后会被重新调度。

3.2-1
创建 Job 控制器

实践中，有的作业任务可能需要运行不止一次，用户可以配置它们以串行或并行的方式运行。这种类型的 Job 控制器有以下两种。

1）单工作队列的串行式 Job 控制器。以多个一次性作业的方式串行执行多次作业，直至达到期望的次数。

2）多工作队列的并行式 Job 控制器。这种方式可以设置工作队列数，即作业数，每个队列仅负责运行一个作业。

单工作队列和多工作队列的区别是当编写 YAML 脚本时，单工作队列将 parallelism 的值设置为 1，多工作队列将 parallelism 的值设置为想要的并行数量。

3.2.1.2 通过编写 YAML 脚本创建 Job 控制器

1. 使用 explain 查看 Job 资源字段

使用 kubectl explain 检查 Job 控制器的字段，命令如下。

```
[root@master yaml]# kubectl explain job
```

命令执行结果如下。

```
KIND:     Job
VERSION:  batch/v1
DESCRIPTION:
     Job represents the configuration of a single job.
FIELDS:
   apiVersion <string>
     APIVersion defines the versioned schema of this representation of an
     object. Servers should convert recognized schemas to the latest internal
     value, and may reject unrecognized values. More info:
     https://git.K8s.io/community/contributors/devel/sig-architecture/api-conventions.md#resources
   kind <string>
     Kind is a string value representing the REST resource this object
     represents. Servers may infer this from the endpoint the client submits
     requests to. Cannot be updated. In CamelCase. More info:
     https://git.K8s.io/community/contributors/devel/sig-architecture/api-conventions.md#types-kinds
   metadata <Object>
     Standard object's metadata. More info:
     https://git.K8s.io/community/contributors/devel/sig-architecture/api-conventions.md#metadata
   spec <Object>
     Specification of the desired behavior of a job. More info:
     https://git.K8s.io/community/contributors/devel/sig-architecture/api-conventions.md#spec-and-status
   status <Object>
     Current status of a job. More info:
     https://git.K8s.io/community/contributors/devel/sig-architecture/api-conventions.md#spec-and-status
```

通过结果可以发现，Job 控制器有 apiVersion、kind、metadata、spec 4 个重要的子字段。

2. 编写 Job 控制器的 YAML 脚本

在 yaml 目录下创建 job.yaml 文件，根据 Job 资源对象的字段信息，编写 job.yaml 的脚本如下。

```
#定义版本号
apiVersion: batch/v1
```

```yaml
#定义控制器类型
kind: Job
#定义源数据信息
metadata:
  name: job1
spec:
  #定义并发量为1，执行5次
  parallelism: 1
  completions: 5
  template:
    spec:
      #定义容器信息
      containers:
      - name: busybox
        image: reqistry.cn-hangzhou.aliyuncs.com/lnstzy/busybox:latest
        #定义容器运行时执行的命令
        command: [ "/bin/sh", "-c", "echo 'date' && sleep 20s" ]
      #定义重启策略
      restartPolicy: OnFailure
```

以上定义了一个 Job 类型的控制器，parallelism 为 1 表示该任务控制器是串行 Job 控制器，completions 是每个容器运行时执行命令的次数，这里定义为 5 次。

command: ["/bin/sh", "-c", "echo 'date' && sleep 20s"]表示在容器运行时执行的命令，即输出日期并休眠 20s。

这个 Job 控制器定义了一个串行任务，需要执行 5 次，每次的任务都是输出日期并休眠 20s。

3．执行脚本并查看执行信息

（1）执行脚本

执行脚本的命令如下。

```
[root@master yaml]# kubectl apply -f job.yaml
```

命令执行结果如下。

```
job.batch/job1 created
```

（2）查看 Job 控制器

查看 Job 控制器的命令如下。

```
[root@master yaml]# kubectl get jobs
```

命令执行结果如下。

```
NAME    COMPLETIONS    DURATION    AGE
job1    4/5            2m40s       2m
```

可以发现，这个任务控制器一共需要执行 5 个任务需要执行，已经完成了 4 个。

（3）查看 Pod 状态

查看当前 Pod 状态的命令如下。

```
[root@master yaml]# kubectl get pod
```

命令执行结果如下。

```
NAME          READY    STATUS       RESTARTS    AGE
job1-77kn7    1/1      Running      0           24s
job1-gqcmf    0/1      Completed    0           2m32s
job1-j2tgc    0/1      Completed    0           2m
job1-q5g47    0/1      Completed    0           57s
job1-s427w    0/1      Completed    0           88s
```

通过以上 Pod 信息可以发现，系统当前状态是有 4 个任务已经完成了，有一个任务正在运行。系统为每个任务创建了一个 Pod，当每个任务执行完成后，状态就不是 Running 了，而是 Completed。READY 也由 1 变成了 0，表示已经没有容器运行了。

再次查看 Pod 的状态，命令如下。

```
[root@master yaml]# kubectl get pod -o wide
```

命令执行结果如图 3-4 所示。

```
[root@master yaml]# kubectl get pod -o wide
NAME          READY   STATUS      RESTARTS   AGE    IP            NODE    NOMINATED NODE   READINESS GATES
job1-77kn7    0/1     Completed   0          32m    172.16.2.20   node2   <none>           <none>
job1-gqcmf    0/1     Completed   0          34m    172.16.2.19   node2   <none>           <none>
job1-j2tgc    0/1     Completed   0          33m    172.16.1.30   node1   <none>           <none>
job1-q5g47    0/1     Completed   0          32m    172.16.1.32   node1   <none>           <none>
job1-s427w    0/1     Completed   0          33m    172.16.1.31   node1   <none>           <none>
```

图 3-4 Pod 的状态

可以发现，在 node1 和 node2 节点上的 5 个任务已经都执行完成了。

（4）查看任务执行日志

查看每个 Pod 任务执行日志的命令如下。

```
[root@master yaml]# kubectl logs job1-77kn7
```

命令执行结果如下。

```
Thu Jul 29 03:32:34 UTC 2021
```

可以发现输出的是当前日期的任务。

3.2.2 创建 CronJob 控制器

3.2.2.1 CronJob 控制器的使用场景

理解了 Job 控制器后，CronJob 控制器就很简单了，只是比 Job 控制器多了一个执行周期的概念，CronJob 通过制订周期性的计划来执行某个任务，CronJob 控制器的配置时间格式和 Linux 中的 crontab 是一样的。

3.2.2.2 编写 YAML 脚本创建 CronJob 控制器

1. 使用 explain 查看 CronJob 资源字段

使用 kubectl explain 检查 CronJob 控制器的字段，命令如下。

```
[root@master yaml]# kubectl explain cronjob
```

命令执行结果如下。

```
KIND:     CronJob
VERSION:  batch/v1beta1
DESCRIPTION:
   CronJob represents the configuration of a single cron job.
FIELDS:
   apiVersion <string>
      APIVersion defines the versioned schema of this representation of an
      object. Servers should convert recognized schemas to the latest internal
      value, and may reject unrecognized values. More info:
      https://git.K8s.io/community/contributors/devel/sig-architecture/api-conventions.md#resources
   kind     <string>
      Kind is a string value representing the REST resource this object
      represents. Servers may infer this from the endpoint the client submits
      requests to. Cannot be updated. In CamelCase. More info:
      https://git.K8s.io/community/contributors/devel/sig-architecture/api-conventions.md#types-kinds
   metadata <Object>
       Standard object's metadata. More info:
      https://git.K8s.io/community/contributors/devel/sig-architecture/api-conventions.md#metadata
   spec <Object>
      Specification of the desired behavior of a cron job, including the
      schedule. More info: https://git.K8s.io/community/contributors/devel/sig-architecture/api-conventions.md#spec-and-status
   status    <Object>
      Current status of a cron job. More info: https://git.K8s.io/community/contributors/devel/sig-architecture/api-conventions.md#spec-and-status
```

通过结果可以发现，CronJob 控制器有 apiVersion、kind、metadata、spec 等 4 个重要的子字段。

2. 编写 CronJob 控制器的 YAML 脚本

在 yaml 目录下创建 cronjob.yaml 文件，根据 CronJob 资源对象的字段信息，编写 cronjob.yaml 的脚本如下。

```
#定义 CronJob 的版本
apiVersion: batch/v1beta1
#控制器的类型
kind: CronJob
#源数据信息
metadata:
  name: job2
spec:
#定义每分钟执行一次任务
  schedule: "*/1 * * * *"
  jobTemplate:
    spec:
      template:
        spec:
```

```
            containers:
            - name: hello
              image: busybox
               #定义任务为每分钟输出日期
              command: [ "/bin/sh", "-c", "echo 'date' " ]
             # #定义重启策略
              restartPolicy: OnFailure
```

以上定义了一个 CronJob 类型的控制器，通过 schedule: "*/1 * * * *"定义了每隔 1min 执行一次任务。与定义 Job 控制器不同的是，首先要定义 jobTemplate，然后再定义 template。

3．查看 CronJob 控制器

查看 CronJob 控制器的命令如下。

```
[root@master yaml]# kubectl get cronjobs
```

命令执行结果如下。

```
NAME  SCHEDULE      SUSPEND    ACTIVE   LAST SCHEDULE   AGE
job2  */1 * * * *   False      0        <none>          9s
```

CronJob 控制器的名称，执行周期都已显示出来，SUSPEND 是延迟执行，显示是 False，即按时执行。

4．查看任务执行情况

```
[root@master yaml]# kubectl get pod - o wide
```

命令执行结果如图 3-5 所示。

```
[root@master yaml]# kubectl get pods -o wide
NAME                      READY   STATUS      RESTARTS   AGE     IP            NODE    NOMINATED NODE   READINESS GATES
job2-1625453940-226nw     0/1     Completed   0          2m38s   172.16.2.51   node2   <none>           <none>
job2-1625454000-78v7v     0/1     Completed   0          98s     172.16.2.52   node2   <none>           <none>
job2-1625454060-kwx2m     0/1     Completed   0          37s     172.16.2.53   node2   <none>           <none>
```

图 3-5　查看任务执行情况

STATUS 字段显示 Completed，说明已经按计划执行完 3 个任务了。

5．查看任务执行日志

查看每个任务的执行情况的命令如下。

```
[root@master yaml]# kubectl logs job2-1625453940-226nw
```

命令执行结果如下。

```
Thu Jul 29 05:29:28 UTC 2021
```

该结果使用 date 命令显示了当前日期。

3.2.3　创建 DaemonSet 控制器

3.2.3.1　DaemonSet 控制器的使用场景

有时候，需要在每个节点运行一个 Pod 容器，以实现在新的节点加入时自动运行该 Pod 容器，来收集每个工作节点的日志信息，监控每个节点。这时就需要构建一个 DaemonSet 控制器用于守护。

3.2-2
创建 Daemon-Set 控制器

3.2.3.2 通过编写 YAML 脚本创建 DaemonSet 控制器

1. 使用 explain 查看 DaemonSet 资源字段

使用 kubectl explain 检查 DaemonSet 控制器的字段，命令如下。

```
[root@master yaml]# kubectl explain daemonset
KIND:     DaemonSet
VERSION:  apps/v1
DESCRIPTION:
     DaemonSet represents the configuration of a daemon set.
FIELDS:
   apiVersion   <string>
     APIVersion defines the versioned schema of this representation of an
     object. Servers should convert recognized schemas to the latest internal
     value, and may reject unrecognized values. More info:
     https://git.K8s.io/community/contributors/devel/sig-architecture/api-conventions.md#resources
   kind <string>
     Kind is a string value representing the REST resource this object
     represents. Servers may infer this from the endpoint the client submits
     requests to. Cannot be updated. In CamelCase. More info:
     https://git.K8s.io/community/contributors/devel/sig-architecture/api-conventions.md#types-kinds
   metadata <Object>
     Standard object's metadata. More info:
     https://git.K8s.io/community/contributors/devel/sig-architecture/api-conventions.md#metadata
   spec <Object>
     The desired behavior of this daemon set. More info:
     https://git.K8s.io/community/contributors/devel/sig-architecture/api-conventions.md#spec-and-status
   status  <Object>
     The current status of this daemon set. This data may be out of date by some
     window of time. Populated by the system. Read-only. More info:
     https://git.K8s.io/community/contributors/devel/sig-architecture/api-conventions.md#spec-and-status
```

从结果可以发现，DaemonSet 控制器的定义和 Deployment、Job、CronJob 控制器的定义类似，需要定义 apiVersion、kind、metadata 和 spec 属性信息。

2. 编写 DaemonSet 控制器的 YAML 脚本

在 yaml 目录下创建 DaemonSet.yaml 文件，根据 DaemonSet 资源对象的字段信息，编写 DaemonSet.yaml 的脚本如下。

```
apiVersion: apps/v1            #定义 API 版本信息
kind: DaemonSet                #定义类型为 DaemonSet
metadata:                      #定义元数据信息
  name: fluentd-elasticsearch
  labels:
```

```
      K8s-app: fluentd-logging
  spec:                                       #定义 DS 模板
    selector:
      matchLabels:
        name: fluentd-elasticsearch
    template:
      metadata:
        labels:
          name: fluentd-elasticsearch
      spec:
        containers:                           #定义容器信息
        - name: fluentd-elasticsearch
          image: quay.io/fluentd_elasticsearch/fluentd:v2.5.2  #使用 fluentd 镜像
```

以上脚本定义了一个 DaemonSet 控制器，作用是在每个节点上都运行一个包含 fluentd-elasticsearch 容器的 Pod，即使有新的节点加入，也会自动运行这个 Pod，从而可以收集每个节点的日志。注意这里并不需要通过 replicas 定义 Pod 的数量。

3．创建 DaemonSet 控制器，观察结果

创建 DaemonSet 控制器使用的命令如下。

```
[root@master yaml]# kubectl apply -f DaemonSet.yaml
```

命令执行结果如下。

```
daemonset.apps/fluentd-elasticsearch created
```

查看 DaemonSet 控制器以及通过 DaemonSet 控制器创建的 Pod，结果如图 3-6 所示。

```
[root@master yaml]# kubectl get Daemonset
NAME                    DESIRED   CURRENT   READY   UP-TO-DATE   AVAILABLE   NODE SELECTOR   AGE
fluentd-elasticsearch   2         2         2       2            2           <none>          17s
[root@master yaml]# kubectl get pod -o wide
NAME                          READY   STATUS    RESTARTS   AGE   IP           NODE    NOMINATED NODE   READINESS GATES
fluentd-elasticsearch-7g2c4   1/1     Running   0          29s   172.16.2.36  node2   <none>           <none>
fluentd-elasticsearch-lgdjd   1/1     Running   0          29s   172.16.1.69  node1   <none>           <none>
```

图 3-6　DaemonSet 控制器及通过该控制器创建的 Pod 信息

从结果可以发现，每个节点都运行了由 DaemonSet 控制器创建的守护型 Pod。

拓展训练

编写 YAML 脚本，创建一个 CronJob 控制器，执行任务——每 2 小时输出"要注意休息"。

项目小结

1．在实际生产中，一般使用编写 YAML 脚本的方式创建资源对象，可以更高效地完成部署任务。

2．执行一次性任务或者周期性任务，使用任务控制器来实现；执行守护任务，使用 DaemonSet 控制器。

习题

一、选择题

1. 以下关于使用 YAML 脚本部署应用的说法中，不正确的是（   ）。
   A．使用 YAML 脚本部署应用便于审计出现的部署问题
   B．使用 YAML 脚本部署应用便于修改资源
   C．只能通过 YAML 脚本部署应用
   D．YAML 脚本方便再次部署时使用

2. 以下关于编写 YAML 脚本的说法中，不正确的是（   ）。
   A．可以使用 kubectl explain 加上资源对象查看该资源的字段信息
   B．一个字段的类型是<string>，代表该字段是一个字符串的值
   C．如果一个字段的类型是<[]Object>，代表该字段是一个对象数组
   D．无法查看一个字段的子类型信息

3. 以下关于 YAML 脚本字段的说法中，不正确的是（   ）。
   A．apiVersion 是服务的版本号
   B．kind 是资源对象的类型
   C．metadata 是资源对象的源数据信息
   D．spec 是定义一个资源对象的必需字段

4. 以下关于任务控制器的说法中，不正确的是（   ）。
   A．任务控制器有串行和并行的区别
   B．任务控制器作为容器的一个守护进程运行
   C．Job 控制器用来执行一次性任务
   D．CronJob 控制器用来执行周期性任务

二、填空题

1. 在一个字段信息的类型后出现 required，说明该字段是_____字段。
2. _____、_____、_____、_____是定义一个对象时经常使用的顶级字段。
3. 在编写 YAML 脚本时，一定要注意_____的对齐。

项目 4　探测 Pod 健康性

本项目思维导图如图 4-1 所示。

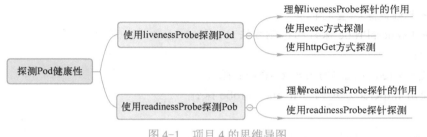

图 4-1　项目 4 的思维导图

项目 4 使用的实验环境见表 4-1。

4.1-1
探测 Pod 健康性

表 4-1　项目 4 使用的实验环境

主机名称	IP 地址	CPU 内核数	内存/GB	硬盘/GB
master	192.168.0.10/24	4	4	100
node1	192.168.0.20/24	4	2	100
node2	192.168.0.30/24	4	2	100

各节点需要安装的服务见表 4-2。

表 4-2　各节点需要安装的服务

主机名称	安装服务
master	Kube-apiserver、Kube-scheduler、Kube-controller-manager、Etcd、Kubelet、Kube-Proxy、Kubeadm、flannel、Docker
node1	Kubelet、Kube-Proxy、Kubeadm、flannel、Docker
node2	Kubelet、Kube-Proxy、Kubeadm、flannel、Docker

任务 4.1　使用 livenessProbe 探测 Pod

【学习情境】

在一个项目上线时，对项目做可用性检查是很有必要的，方法就是通过 Pod 探针对容器和服务进行检测。技术主管要求你使用 livenessProbe 探针对 Pod 容器的运行状况进行健康性检查，当 Pod 中容器出现问题时，进行重启和"自愈"。

【学习内容】

（1）健康检查的必要性

（2）livenessProbe 探针的作用
（3）使用 livenessProbe 探针

【学习目标】

知识目标：
（1）掌握 Pod 健康检查的机制
（2）掌握 livenessProbe 探针的探测方法

能力目标：
（1）会使用 exec 方式编写 livenessProbe 探针
（2）会使用 httpGet 方式编写 livenessProbe 探针

4.1.1 理解 livenessProbe 探针的作用

1. 检查 Pod 健康的必要性

现代的一些分布式系统中，用户访问的不再是单台主机，而是一个由成百上千台实例组成的集群，用户请求通过负载均衡器分发到不同的实例，负载均衡器帮助解决单台服务器的访问压力问题，同时提高了系统的高可用性。健康检查结果常常作为当前实例是否"可用"的判断标准，如果系统发现某台实例健康检查不通过，负载均衡器将不会把流量导向该实例。现在的云服务厂商一般都为负载均衡器配备了健康检查。

在 Kubernetes 中，使用 livenessProbe 探针和 readinessProbe 探针进行健康检查。这些容器探针是一些周期性运行的小进程，探针返回的结果（成功、失败或者未知）反映了容器在 Kubernetes 中的状态。基于这些结果，Kubernetes 会判断如何处理每个容器，以保证高可用性和更长的正常运行时间。

2. livenessProbe 探针

livenessProbe 探针用于存活性探测，即查看容器是否正在运行，旨在让 Kubernetes 知道某应用是否"活着"。如果该应用还"活着"，那么 Kubernetes 就让它继续存在。如果该应用已经停止运行，Kubernetes 将移除 Pod 并重新启动一个来替换它。livenessProbe 探针的探测方式有 3 种，分别是 exec（执行命令）探测、httpGet 探测、tcpSocket 探测。

4.1.2 使用 exec 方式探测

1. 查看 livenessProbe 字段

使用 kubectl explain 检查 livenessProbe 探针的字段，命令如下。

```
[root@master ~]# kubectl explain pod.spec.containers.livenessProbe
```

因为 livenessProbe 字段是用来检测 Pod 中容器的，所以该字段是 containers 字段的子字段，命令执行结果如下。

```
KIND:     Pod
VERSION:  v1
RESOURCE: livenessProbe <Object>
DESCRIPTION:
    Periodic probe of container liveness. Container will be restarted if the
```

```
        probe fails. Cannot be updated. More info:
        https://kubernetes.io/docs/concepts/workloads/Pods/Pod-
lifecycle#container-probes
        Probe describes a health check to be performed against a container to
        determine whether it is alive or ready to receive traffic.
    FIELDS:
      exec <Object>
        One and only one of the following should be specified. Exec specifies the
        action to take.
      failureThreshold <integer>
        Minimum consecutive failures for the probe to be considered failed after
        having succeeded. Defaults to 3. Minimum value is 1.
      httpGet  <Object>
        HTTPGet specifies the http request to perform.
      initialDelaySeconds <integer>
        Number of seconds after the container has started before liveness probes
        are initiated. More info:
        https://kubernetes.io/docs/concepts/workloads/Pods/Pod-
lifecycle#container-probes
       periodSeconds     <integer>
        How often (in seconds) to perform the probe. Default to 10 seconds. Minimum
        value is 1.
      successThreshold <integer>
         Minimum consecutive successes for the probe to be considered successful
         after having failed. Defaults to 1. Must be 1 for liveness and startup.
         Minimum value is 1.
      tcpSocket <Object>
         TCPSocket specifies an action involving a TCP port. TCP hooks not yet
         supported
      timeoutSeconds    <integer>
         Number of seconds after which the probe times out. Defaults to 1 second.
         Minimum value is 1. More info:
         https://kubernetes.io/docs/concepts/workloads/Pods/Pod-lifecycle#container-probes
```

通过结果可以发现，livenessProbe 的重要子字段包括 exec、failureThreshold、httpGet、initialDelaySeconds、periodSeconds、successThreshold、tcpSocket、timeoutSeconds，其中 exec、httpGet、tcpSocket 是探测容器的 3 种方式，其他字段的含义如下。

1）failureThreshold：探测成功后，最少连续探测失败多少次才被认定为失败，默认是 3。
2）initialDelaySeconds：容器启动后第一次执行探测需要等待多少秒。
3）periodSeconds：执行探测的频率，默认是 10s 探测一次。
4）successThreshold：探测失败后，最少连续探测成功多少次才被认定为成功，默认是 1。
5）timeoutSeconds：探测超时时间，默认是 1s。

2．编写 livenessProbe 探测脚本

在 yaml 目录中新建 liveness-exec.yaml 文件，在 liveness-exec.yaml 中输入以下脚本。

```
#定义 Pod 版本
apiVersion: v1
```

```yaml
#定义类型
kind: Pod
#定义源数据
metadata:
  name: exec-Pod
spec:
  containers:
  - name: exec-container
    image: busybox
    imagePullPolicy: IfNotPresent
    #容器启动时首先执行建立/tmp/test，过20s后，删除这个文件，休眠3600s
    command: ["/bin/sh","-c","touch /tmp/test ; sleep 20; rm -rf /tmp/test; sleep 3600"]
    #定义livenessProbe探针，测试/tmp/test文件是否存在
    livenessProbe:
      exec:
        command: ["test","-e","/tmp/test"]
      #容器启动后1s开始探测
      initialDelaySeconds: 1
      #执行探测的频率为每3s一次
      periodSeconds: 3
```

以上脚本定义了一个 Pod，当容器启动时，执行 Shell 脚本命令，首先建立/tmp/test，过 20s 后删除这个文件，休眠容器 3600s，目的是保持容器处于运行状态。

然后定义了一个 livenessProbe 探针。在容器启动后 1s，使用 Shell 脚本探测容器中是否存在/tmp/test 文件。因为过 20s 后才删除文件，所以最开始的探测一定是成功的，容器正常运行。因为探测的频率是 3s 一次，所以在经过 7 次探测后，/tmp/test 文件已经被删除了，探测就失败了，容器就会重启并"自愈"。

3．执行脚本并检查结果

（1）创建 Pod

创建 Pod 的命令如下。

```
[root@master yaml]# kubectl apply -f liveness-exec.yaml
```

命令执行结果如下。

```
Pod/exec-Pod created
```

（2）查看 Pod 信息

创建完 Pod 后，检查 Pod 的信息，命令如下。

```
[root@master yaml]# kubectl get pod
```

命令执行结果如下。

```
NAME         READY   STATUS    RESTARTS   AGE
exec-Pod     1/1     Running   0          8s
```

从结果中发现 Pod 处于正常运行状态，重启次数为 0。

（3）过 20s 后再次查看 Pod 信息

容器运行 20s 后，再次查看 Pod 信息，命令如下。

```
[root@master yaml]# kubectl get pod
```
命令执行结果如下。
```
NAME        READY   STATUS    RESTARTS   AGE
exec-Pod    1/1     Running   1          25s
```
可以发现，容器重启次数已经更新为 1 了。

(4) 查看重启原因

通过查看 Pod 的详细信息，可以发现 Pod 重启的原因，命令如下。
```
[root@master yaml]# kubectl describe pod exec-pod
```
事件（Events）字段的信息如图 4-2 所示。

```
Events:
  Type     Reason     Age         From                Message
  ----     ------     ----        ----                -------
  Normal   Scheduled  30s         default-scheduler   Successfully assigned default/exec-pod to node2
  Normal   Pulled     <invalid>   kubelet             Container image "busybox" already present on machine
  Normal   Created    <invalid>   kubelet             Created container exec-container
  Normal   Started    <invalid>   kubelet             Started container exec-container
  Warning  Unhealthy  <invalid>   kubelet             Liveness probe failed:
```

图 4-2　事件字段的信息 1

可以发现，最后一行出现了"Liveness probe failed"，可知存活性探测失败是容器重启的原因。

4.1.3　使用 httpGet 方式探测

1．编写探测脚本

在 yaml 目录中新建 liveness-http.yaml 文件，在 liveness-http.yaml 中输入以下脚本。

4.1-2
使用 httpGet
方式探测

```
#定义版本
apiVersion: v1
#定义资源类型
kind: Pod
#定义源数据信息
metadata:
  name: httpget-Pod
spec:
  containers:
  - name: httpget-container
    image: nginx:1.8.1
    imagePullPolicy: IfNotPresent
    ports:
    - name: http
      containerPort: 80
    #定义 livenessProbe 探针
    livenessProbe:
      httpGet:
        #这里的 http 是定义容器时指定的 ports 的名称，即探测 80 端口
        port: http
        #使用 http 方式访问根目录，确认根目录下是否存在 index.html 文件
```

```
        path: /index.html
      initialDelaySeconds: 1
      periodSeconds: 3
```

以上脚本定义了一个 Pod，使用 nginx:1.8.1 镜像启动了一个容器，定义了一个 livenessProbe 探针，在容器启动后 1s，检测网站根目录下是否存在 index.html 文件，如果不存在，探测就失败了，容器就会重启并"自愈"。

2．执行脚本并检查结果

（1）创建 Pod

创建 Pod 的命令如下。

```
[root@master yaml]# kubectl apply -f liveness-http.yaml
```

命令执行结果如下。

```
Pod/httpget-Pod created
```

（2）查看 Pod 信息

创建完 Pod 后，检查 Pod 的信息，命令如下。

```
[root@master yaml]# kubectl get pod
```

命令执行结果如下。

```
NAME              READY    STATUS      RESTARTS    AGE
httpget-Pod       1/1      Running     0           22s
```

因为容器启动后网站根目录的 index.html 文件是存在的，所以容器一直是正常运行状态，重启次数是 0。

（3）删除 index.html 文件

为了检测脚本是否发挥作用，可以删除容器内网站根目录下的 index.html 文件。

首先进入容器，命令如下。

```
[root@master yaml]# kubectl exec -it httpget-pod /bin/bash
```

进入网站根目录，命令如下。

```
root@httpget-Pod:/# cd /usr/share/nginx/html
```

删除 index.html 文件，命令如下。

```
root@httpget-Pod:/usr/share/nginx/html# rm -rf index.html
```

（4）再次查看 Pod 的运行状态

当删除了 index.html 文件后，再次查看 Pod 的运行状态，命令如下。

```
[root@master yaml]# kubectl get pod
```

命令执行结果如下。

```
NAME              READY    STATUS      RESTARTS    AGE
httpget-Pod       1/1      Running     1           109s
```

可以发现 Pod 内的容器已经重启 1 次了。

（5）查看容器重启原因

可以通过查看 Pod 的详细信息了解容器重启的原因，命令如下。

```
[root@master yaml]# kubectl describe pod httpget-pod
```

事件字段的信息如图 4-3 所示。

```
Events:
  Type     Reason     Age                         From                Message
  ----     ------     ----                        ----                -------
  Normal   Scheduled  2m13s                       default-scheduler   Successfully assigned default/httpget-pod to node1
  Warning  Unhealthy  <invalid> (x3 over <invalid>)  kubelet          Liveness probe failed: HTTP probe failed with statuscode: 404
  Normal   Killing    <invalid>                   kubelet             Container httpget-container failed liveness probe, will be restarted
```

图 4-3　事件字段的信息 2

在 Message 消息子字段中，发现"Liveness probe failed"，表明存活性探测已经失败了，容器进行了重启。

拓展训练

创建一个 Pod 对象，使用 nginx 镜像创建一个容器，在容器启动后 30s，删除网站根目录下的 index.html 文件，使用 livenessProbe 探针的 httpGet 方式，在容器启动后 1s，探测 index.html 文件是否存在，查看 Pod 运行结果。

任务 4.2　使用 readinessProbe 探测 Pod

【学习情境】

当一个 Pod 中的容器启动时，运行容器内的服务和应用是需要时间的。如果容器内的服务和应用没有启动成功，就不能加入服务列表，这就需要使用 readinessProbe 探针完成就绪探测的任务。技术主管要求你配置 readinessProbe 探针并验证结果。

【学习内容】

（1）readinessProbe 探针的作用
（2）readinessProbe 探针的使用

【学习目标】

知识目标：
（1）掌握 readinessProbe 探针的作用
（2）掌握创建 readinessProbe 探针的方法
能力目标：
（1）会使用 httpGet 方式编写 readinessProbe 探针
（2）会检查 readinessProbe 探针的使用结果

4.2.1　理解 readinessProbe 探针的作用

1. readinessProbe 探针简介

readinessProbe 探针用于就绪性探测，即查看容器是否准备好接受 HTTP 请求，旨在让

Kubernetes 知道某应用是否准备好为请求提供服务。Kubernetes 只有在就绪性探测通过才会把流量转发到 Pod。如果就绪性探测失败，Kubernetes 将停止向该容器发送流量，直到它通过。

2. livenessProbe 探针和 readinessProbe 探针的区别

两种探针的对比见表 4-3。

表 4-3 两种探针的对比

对比项目	livenessProbe	readinessProbe
配置和参数	相同	相同
探测失败后的行为	重启容器	把容器标记为 Unready，不接受请求
作用	判断是否需要重启以实现"自愈"	判断容器是否准备好对外提供服务
初始值	成功，防止应用在成功启动前被误杀	失败，防止应用还没准备好时就有请求进来
返回值	返回值在[200,400)则认为成功，返回值为 5××认为失败	同 livenessProbe

readinessProbe 探针的配置方式和 livenessProbe 探针是一样的，区别在于它们对于 Kubernetes 的意义不一样。在就绪性探测失败之后，Pod 和容器并不会被删除，而是会被标记成特殊状态，进入特殊状态之后，如果这个 Pod 在某个 Service 的 Endpoints 列表中，则这个 Pod 会被从这个列表里面清除，以保证外部请求不会被转发到这个 Pod 上。在一段时间之后如果容器恢复正常，Pod 也会恢复成正常状态，且会被加回 Endpoints 列表中，继续对外服务。

两种探针不能相互替代，可以根据实际情况配合使用。只配置了 readinessProbe 探针是无法触发容器重启的；只配置了 livenessProbe 探针，则可能应用还没准备好，导致请求失败。

4.2.2 使用 readinessProbe 探针探测

1. 查看 readinessProbe 字段

使用 kubectl explain 检测 readinessProbe 字段，命令如下。

```
[root@master yaml]# kubectl explain pod.spec.containers.readinessprobe
```

命令执行结果如下。

4.2 使用 readiness-Probe 探针探测

```
KIND:     Pod
VERSION:  v1
RESOURCE: readinessProbe <Object>
DESCRIPTION:
     Periodic probe of container service readiness. Container will be removed
     from service endpoints if the probe fails. Cannot be updated. More info:
     https://kubernetes.io/docs/concepts/workloads/Pods/Pod-lifecycle#container-
probes
     Probe describes a health check to be performed against a container to
     determine whether it is alive or ready to receive traffic.
FIELDS:
   exec <Object>
     One and only one of the following should be specified. Exec specifies the
     action to take.
   failureThreshold <integer>
     Minimum consecutive failures for the probe to be considered failed after
```

```
        having succeeded. Defaults to 3. Minimum value is 1.
     httpGet    <Object>
        HTTPGet specifies the http request to perform.
     initialDelaySeconds    <integer>
        Number of seconds after the container has started before liveness probes
        are initiated. More info:
     https://kubernetes.io/docs/concepts/workloads/Pods/Pod-lifecycle#container-probes
     periodSeconds <integer>
        How often (in seconds) to perform the probe. Default to 10 seconds. Minimum
        value is 1.
     successThreshold    <integer>
        Minimum consecutive successes for the probe to be considered successful
        after having failed. Defaults to 1. Must be 1 for liveness and startup.
        Minimum value is 1.
     tcpSocket <Object>
        TCPSocket specifies an action involving a TCP port. TCP hooks not yet
        supported
     timeoutSeconds    <integer>
        Number of seconds after which the probe times out. Defaults to 1 second.
        Minimum value is 1. More info:
     https://kubernetes.io/docs/concepts/workloads/Pods/Pod-lifecycle#container-probes
```

从结果发现，readinessProbe 探针和 livenessProbe 探针的定义字段是一致的，主要包括 exec、failureThreshold、httpGet、initialDelaySeconds、periodSeconds、successThreshold、tcpSocket、timeoutSeconds 等字段。

2．编写探测脚本

在 yaml 目录中新建 readiness.yaml 文件，在 readiness.yaml 中，输入以下脚本。

```
#定义版本
apiVersion: apps/v1
#定义资源类型
kind: Deployment
#定义源数据信息
metadata:
  name: readiness-deployment
spec:
  template:
    metadata:
      labels:
        app: nginx
    spec:
      containers:
      - name: nginx
        image: nginx:1.8.1
        ports:
        - name: http
```

```
        containerPort: 80
      readinessProbe:
        httpGet:
          #这里的 http 是定义容器时指定的 ports 的名称,即探测 80 端口
          port: http
          #使用 http 方式访问根目录,确认根目录下是否存在 index.html 文件
          path: /index.html
        initialDelaySeconds: 1
        periodSeconds: 3
  #定义控制器匹配的 Pod
  selector:
    matchLabels:
      app: nginx
  #创建 3 个 Pod 副本
  replicas: 3
```

以上脚本创建了一个名称为 readiness-deployment 的控制器,使用 httpGet 的方式探测每个容器根目录下是否存在 index.html 主页文件。如果存在,即进入就绪状态;如果不存在,则将该 Pod 设置成未就绪状态。就绪状态时可以通过 Service 访问该 Pod;未就绪状态时,从服务列表中删除该 Pod。

3. 创建控制器

创建控制器的命令如下。

```
[root@master yaml]# kubectl apply -f readiness.yaml
```

命令执行结果如下。

```
deployment.apps/readiness-deployment created
```

查看通过控制器生成的 Pod 信息,命令如下。

```
[root@master yaml]# kubectl get pod -o wide
```

命令执行结果如图 4-4 所示。

```
[root@master yaml]# kubectl get pod -o wide
NAME                                      READY   STATUS    RESTARTS   AGE    IP             NODE    NOMINATED NODE   READINESS GATES
readiness-deployment-7477697bc4-777zq     1/1     Running   0          6m51s  172.16.2.143   node2   <none>           <none>
readiness-deployment-7477697bc4-jb5w2     1/1     Running   0          6m51s  172.16.2.144   node2   <none>           <none>
readiness-deployment-7477697bc4-vbdzv     1/1     Running   0          6m51s  172.16.1.125   node1   <none>           <none>
```

图 4-4 通过控制器生成的 Pod 信息

可以发现,3 个 Pod 都已经创建成功并处于运行状态了,这说明 readinessProbe 探针检测到了每个 Pod 容器中的 index.html 文件,容器正常进入就绪状态了。

4. 验证就绪失败状态

(1) 创建 Service

使用 kubectl expose 命令为 readiness-deployment 控制器创建 Service,命令如下。

```
[root@master yaml]# kubectl expose deployment readiness-deployment --port=80
```

命令执行结果如下。

```
service/readiness-deployment exposed
```

查看创建的 Service,命令如下。

```
[root@master yaml]# kubectl get service readiness-deployment
```

命令执行结果如图 4-5 所示。

```
NAME                   TYPE        CLUSTER-IP       EXTERNAL-IP   PORT(S)   AGE
readiness-deployment   ClusterIP   10.96.174.217    <none>        80/TCP    50s
```

图 4-5　为 readiness-deployment 控制器创建的 Service

从结果发现，Service 创建成功了。

检查 Service 的详细信息，命令如下。

```
[root@master yaml]# kubectl describe service readiness-deployment
```

命令执行结果如下。

```
Name:              readiness-deployment
Namespace:         default
Labels:            <none>
Annotations:       <none>
Selector:          app=nginx
Type:              ClusterIP
IP Families:       <none>
IP:                10.96.174.217
IPs:               10.96.174.217
Port:              <unset>  80/TCP
TargetPort:        80/TCP
Endpoints:         172.16.1.125:80,172.16.2.143:80,172.16.2.144:80
Session Affinity:  None
Events:            <none>
```

从结果发现，3 个 Pod 的 IP 地址都已经在 Endpoints 列表中了，这说明 Pod 中的容器都是就绪状态。

（2）删除一个 Pod 容器的主页文件

进入 Pod 对象 readiness-deployment-7477697bc4-777zq 中，删除默认的主页文件。

首先进入容器，命令如下。

```
[root@master yaml]# kubectl exec -it readiness-deployment-7477697bc4-777zq /bin/bash
```

进入默认根目录，命令如下。

```
root@readiness-deployment-7477697bc4-777zq:/# cd /usr/share/nginx/html/
```

删除主页文件，命令如下。

```
root@readiness-deployment-7477697bc4-777zq:/usr/share/nginx/html# rm -rf index.html
```

（3）检查 Pod 状态

再次检查 Pod 状态，命令如下。

```
[root@master yaml]# kubectl get pod -o wide
```

命令执行结果如图 4-6 所示。

```
NAME                                          READY   STATUS    RESTARTS   AGE   IP             NODE    NOMINATED NODE   READINESS GATES
readiness-deployment-7477697bc4-777zq         0/1     Running   0          18m   172.16.2.143   node2   <none>           <none>
readiness-deployment-7477697bc4-jb5w2         1/1     Running   0          18m   172.16.2.144   node2   <none>           <none>
readiness-deployment-7477697bc4-vbdzv         1/1     Running   0          18m   172.16.1.125   node1   <none>           <none>
```

图 4-6　检查 Pod 状态

从结果发现：调度到 node2 的 readiness-deployment-7477697bc4-777zq 的 READY 字段是 0/1，表示这个容器没有就绪；但是 RESTARTS 还是 0，说明容器并没有重启。这是 readinessProbe 探针和 livenessProbe 探针的重要区别。

（4）检查 Service

检查 Service 的命令如下。

```
[root@master yaml]# kubectl describe service readiness-deployment
```

命令执行结果如下。

```
Name:              readiness-deployment
Namespace:         default
Labels:            <none>
Annotations:       <none>
Selector:          app=nginx
Type:              ClusterIP
IP Families:       <none>
IP:                10.96.174.217
IPs:               10.96.174.217
Port:              <unset> 80/TCP
TargetPort:        80/TCP
Endpoints:         172.16.1.125:80,172.16.2.144:80
Session Affinity:  None
Events:            <none>
```

从结果发现，名称为 readiness-deployment-7477697bc4-777zq 的 Pod 地址 172.16.2.143:80 已经从 Endpoints 列表中移除了。

5．修复验证

（1）再次创建 index.html

readinessProbe 探针探测失败后只是将容器标记为未就绪，并将其从 Endpoints 列表中移除，并不重启容器，需要管理员进行修复。修复 readiness-deployment-7477697bc4-777zq 这个 Pod 的方法很简单，在进入容器后，在网站根目录下再创建一个 index.html 就可以了，命令如下。

```
root@readiness-deployment-7477697bc4-777zq:/usr/share/nginx/html#touch index.html
```

（2）查看 Pod 信息

查看 Pod 信息的命令如下。

```
[root@master yaml]# kubectl get pod -o wide
```

命令执行结果如图 4-7 所示。

```
NAME                                          READY   STATUS    RESTARTS   AGE   IP             NODE    NOMINATED NODE   READINESS GATES
readiness-deployment-7477697bc4-777zq         1/1     Running   0          31m   172.16.2.143   node2   <none>           <none>
readiness-deployment-7477697bc4-jb5w2         1/1     Running   0          31m   172.16.2.144   node2   <none>           <none>
readiness-deployment-7477697bc4-vbdzv         1/1     Running   0          31m   172.16.1.125   node1   <none>           <none>
```

图 4-7　修复后查看 Pod 信息

从结果中发现，readiness-deployment-7477697bc4-777zq 的 READY 是 1/1，这说明容器已经处于就绪状态了。

（3）查看 Service

查看 Service 命令如下。

```
[root@master yaml]# kubectl describe service readiness-deployment
```

命令执行结果如下。

```
Name:              readiness-deployment
Namespace:         default
Labels:            <none>
Annotations:       <none>
Selector:          app=nginx
Type:              ClusterIP
IP Families:       <none>
IP:                10.96.174.217
IPs:               10.96.174.217
Port:              <unset>  80/TCP
TargetPort:        80/TCP
Endpoints:         172.16.1.125:80,172.16.2.143:80,172.16.2.144:80
Session Affinity:  None
Events:            <none>
```

从结果发现，IP 地址 172.16.2.143:80 又被加入 Endpoints 列表了，这说明修复成功了。

拓展训练

创建一个控制器，使用 nginx 镜像创建容器，在容器启动后 30s，删除网站根目录下的 index.html 文件，使用 readinessProbe 探针的 httpGet 方式，在容器启动后 1s，探测 index.html 文件是否存在。观察 Pod 启动后的状态，说出 readinessProbe 探针与 livenessProbe 探针在初始值设定上的区别。

项目小结

1. 在项目上线时，使用 livenessProbe 探针和 readinessProbe 探针可以提高项目的高可用性和用户体验。

2. livenessProbe 探针探测失败后自动重启容器，readinessProbe 探针探测失败后需要管理员进行修复。

习题

一、选择题

1. 以下关于 Pod 健康性检查的说法中，不正确的是（　　）。

A．检查 Pod 健康性是项目上线时的必要操作
B．可以使用 livenessProbe 探针进行容器的健康检查
C．可以使用 readinessProbe 探针进行容器的健康检查
D．livenessProbe 探针和 readinessProbe 探针没有区别

2．以下关于 livenessProbe 探针的说法中，不正确的是（　　）。
A．livenessProbe 探针可以使用多种方式探测容器的健康性
B．livenessProbe 探针在探测容器失败后，容器不进行重启操作
C．livenessProbe 探针的初始值是成功
D．livenessProbe 探针判断容器是否需要重启以实现自愈

3．以下关于 readinessProbe 探针的说法中，正确的是（　　）。
A．readinessProbe 探针探测失败后对容器进行重启
B．readinessProbe 探针的作用是判断容器是否准备好对外提供服务
C．readinessProbe 探针的初始值是失败
D．readinessProbe 探针探测失败后服务访问地址会从 Endpoints 列表中删除

4．以下关于 livenessProbe 探针和 readinessProbe 探针的配置的说法中，正确的是（　　）。
A．两种探针的配置没有相同点
B．两种探针都可以使用 exec、httpGet、tcpSocket 方式进行探测
C．initialDelaySeconds 表示容器启动后第一次执行探测需要等待多少秒
D．periodSeconds 是执行探测的频率，默认是 10s 探测一次

二、填空题

1．readinessProbe 探针探测失败后，容器_____重启，livenessProbe 探针探测失败后，容器_____重启。

2．_____字段定义探测超时时间，默认为 1s。

项目 5　调度 Pod

本项目思维导图如图 5-1 所示。

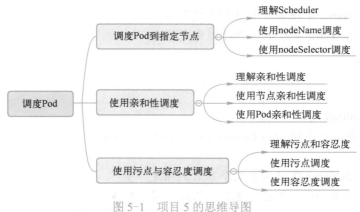

图 5-1　项目 5 的思维导图

项目 5 使用的实验环境见表 5-1。

5.1-1
调度 Pod

表 5-1　项目 5 使用的实验环境

主机名称	IP 地址	CPU 内核数	内存/GB	硬盘/GB
master	192.168.0.10/24	4	4	100
node1	192.168.0.20/24	4	2	100
node2	192.168.0.30/24	4	2	100

各节点需要安装的服务见表 5-2。

表 5-2　各节点需要安装的服务

主机名称	安装服务
master	Kube-apiserver、Kube-scheduler、Kube-controller-manager、Etcd、Kubelet、Kube-Proxy、Kubeadm、flannel、Docker
node1	Kubelet、Kube-Proxy、Kubeadm、flannel、Docker
node2	Kubelet、Kube-Proxy、Kubeadm、flannel、Docker

任务 5.1　调度 Pod 到指定节点

【学习情境】

构建 Pod 容器应用时，Kubernetes 中的调度器首先将 Pod 调度到某个工作节点上，然后在该节点上创建 Pod，启动容器。在实际工作场景中，某些工作节点的性能高于普通节点，比如有更强的计算能力或者存储能力。技术主管要求你掌握将某个 Pod 调度到特定的工作节点上的技能。

【学习内容】

（1）Scheduler 的作用
（2）使用 nodeName 字段调度 Pod 到固定节点
（3）使用 nodeSelector 字段调度 Pod 到固定节点

【学习目标】

知识目标：
（1）掌握 Scheduler 的工作过程
（2）掌握 nodeName 字段和 nodeSelector 字段的使用方法

能力目标：
（1）会使用 nodeName 字段调度某个 Pod 到固定节点
（2）会使用 nodeSelector 字段调度某个 Pod 到固定节点

5.1.1 理解 Scheduler

5.1.1.1 Scheduler 的作用

Scheduler 是 Kubernetes 的调度器，主要任务是把定义的 Pod 分配到集群的节点上，保证 Pod 在某个节点上能够高效运行，Scheduler 在调度 Pod 时需要考虑以下几个方面。

1. 公平

保证 Pod 资源被公平地分配到每个节点上。

2. 资源高效利用

集群所有资源能够被最大化使用。

3. 效率

调度的性能要好，能够尽快地完成大批量 Pod 的调度。

4. 灵活

允许用户根据自己的需求控制调度。

5.1.1.2 Scheduler 的调度过程

1. 过滤

在 Scheduler 调度 Pod 时，首先过滤掉不满足条件的节点，这个过程叫作 predicate。这个过程中使用以下算法进行过滤。

（1）PodFitsResources

节点上剩余的资源是否大于 Pod 请求的资源。

（2）PodFitHost

如果在 Pod 中指定了 nodeName，检查集群中是否有与 nodeName 相符合的工作节点。

（3）PodFitsHostPorts

节点上已经使用的端口是否和 Pod 申请的端口冲突。

（4）PodSelectorMatches

过滤掉和 Pod 指定的标签不匹配的节点。

（5）noDiskConflict

通过只读方式，多个 Pod 可以挂载同一个 volume 存储卷。当一个 Pod 以可写方式挂载 volume 存储卷后，其他 Pod 就不能再挂载该 volume 存储卷了。

如果在 predicate 的过程中没有合适的节点，Pod 会一直在 Pending 状态，不断重试调度，直到有节点满足条件。如果有多个节点满足条件，就进行下一个过程，按优先级排序。

2. 按优先级排序

按优先级排序称为 priorities，优先级由一系列键值对组成，键是该优先级的名称，值是它的权重，即该项的重要性。优先级包括：

（1）LeastRequestedPriority

通过计算 CPU（中央处理器）和 Memory（内存）的使用率来决定权重，使用率越低，权重越高，即查看哪些节点有充足的计算资源。

（2）BalancedResourceAllocation

节点上 CPU 和 Memory 的使用率越接近，权重越高，就是说，CPU 和 Memory 使用的比例越相近，调度 Pod 时的权重越高。

（3）ImageLocalityPriority

已经存在要使用的镜像的节点，则权重高。因为当创建 Pod 并启动容器时，如果没有启动容器的镜像，就需要上网下载镜像，所以如果某个节点拥有了该镜像，自然权重就高。

Scheduler 通过算法对所有的优先级和权重进行计算，得出权重最高的工作节点，然后调度 Pod 到该节点上。

5.1.2 使用 nodeName 调度

每个节点都有自己的名称，在定义 Pod 时，可以使用 nodeName 字段将一个 Pod 调度到某个固定的节点上，方法就是定义 Pod 的 nodeName 为某个节点的名称。

1. 获取当前的节点信息

获取当前节点的信息，命令如下。

```
[root@master ~]# kubectl get nodes
```

命令执行结果如下。

```
NAME      STATUS   ROLES                  AGE   VERSION
master    Ready    control-plane,master   36h   v1.20.2
node1     Ready    <none>                 36h   v1.20.2
node2     Ready    <none>                 36h   v1.20.2
```

从结果发现，当前的 Kubernetes 集群中共有 3 个工作节点，名称分别是 master、node1、node2。

2. 使用 nodeName 指定工作节点

在 yaml 目录下创建一个文件，名称为 nodeName.yaml，在 nodeName.yaml 文件中输入以下脚本。

```yaml
#定义控制器版本
apiVersion: apps/v1
#定义资源类型
kind: Deployment
#定义源数据
metadata:
  name: nodename
#定义容器模板
spec:
  template:
    metadata:
      labels:
        app: nginx
    spec:
      containers:
      - name: nginx
        image: nginx:1.8.1
        ports:
        - name: http
          containerPort: 80
#nodeName 字段和 containers 字段对齐，将 Pod 调度到 node2 节点
      nodeName: node2
#定义匹配的标签是 app:nginx
  selector:
    matchLabels:
      app: nginx
#定义生成 3 个 Pod
  replicas: 3
```

以上脚本定义了一个 Deployment 控制器，创建了 3 个 Pod，每个 Pod 使用 image:1.8.1 镜像创建了一个容器，使用 nodeName 将这 3 个 Pod 都调度到 node2 节点上。

3．创建控制器

创建控制器的命令如下。

```
[root@master yaml]# kubectl apply -f nodeName.yaml
```

命令执行结果如下。

```
deployment.apps/nodename created
```

4．查看 Pod 调度信息

查看控制器创建的 Pod 的调度信息，命令如下。

```
[root@master yaml]# kubectl get pods -o wide
```

命令执行结果如图 5-2 所示。

```
NAME                        READY   STATUS    RESTARTS   AGE   IP             NODE    NOMINATED NODE   READINESS GATES
nodename-64c55c97b7-fgrzq   1/1     Running   0          26s   172.16.2.145   node2   <none>           <none>
nodename-64c55c97b7-xgxw7   1/1     Running   0          26s   172.16.2.146   node2   <none>           <none>
nodename-64c55c97b7-z5tv9   1/1     Running   0          26s   172.16.2.147   node2   <none>           <none>
```

图 5-2　查看 Pod 调度信息 1

从图 5-2 可以发现，3 个 Pod 都已经按照 nodeName 的安排调度到 node2 节点了。

5．nodeName 对应的调度节点不存在的情况

当 nodeName 对应的调度节点不存在时，Scheduler 会不会将 Pod 调度到其他工作节点呢？通过以下实验来观察。

首先将 nodeName.yaml 文件中 nodeName: node2 的行修改为 nodeName: node8，然后再次运行 nodeName.yaml 文件，创建控制器，命令如下。

```
[root@master yaml]# kubectl delete -f nodeName.yaml
```

命令执行结果如下。

```
deployment.apps "nodename" deleted
```

再次运行 nodeName.yaml，命令如下。

```
[root@master yaml]# kubectl apply -f nodeName.yaml
```

命令执行结果如下。

```
deployment.apps/nodename created
```

再次查看 Pod 调度信息，命令如下。

```
[root@master yaml]# kubectl get pod -o wide
```

命令执行结果如图 5-3 所示。

```
NAME                        READY   STATUS    RESTARTS   AGE   IP       NODE    NOMINATED NODE   READINESS GATES
nodename-56df6fbcd9-285dg   0/1     Pending   0          2s    <none>   node8   <none>           <none>
nodename-56df6fbcd9-8g9l2   0/1     Pending   0          2s    <none>   node8   <none>           <none>
nodename-56df6fbcd9-9bczq   0/1     Pending   0          2s    <none>   node8   <none>           <none>
```

图 5-3　查看 Pod 调度信息 2

从图 5-3 可以发现，当调度的节点名称 node8 不存在时，所有 Pod 都处于 Pending 状态，即调度器没有把 Pod 调度到其他节点。

5.1.3　使用 nodeSelector 调度

在定义 Pod 时，同样可以使用 nodeSelector 字段将 Pod 调度到固定的工作节点上，方法是首先给某个节点打上标记，然后在定义 Pod 时指定 nodeSelector 字段为节点的标签即可。标签的值为 key=value，其中 key 和 value 都是自己设定的，假如 node1 节点的磁盘类型为 SSD，那么添加 disk-type=ssd；node2 的 CPU 核数高，那么添加 cpu-type=high；如果 node3 节点指定运行 Web 服务，那么添加 service-type=web，如何添加标签要根据实际规划情况而定。

5.1-2 使用 nodeSelector 调度

1．为 node1 节点添加标签 disk-type=ssd

首先获取节点的名称信息，命令如下。

```
[root@master yaml]# kubectl get nodes
```

命令执行结果如下。

```
NAME     STATUS   ROLES                  AGE   VERSION
master   Ready    control-plane,master   38h   v1.20.2
node1    Ready    <none>                 38h   v1.20.2
node2    Ready    <none>                 38h   v1.20.2
```

当前集群中有 3 个节点，名称分别是 master、node1、node2。
然后为 node1 节点添加标签 disk-type=ssd，命令如下。

```
[root@master yaml]# kubectl label nodes node1 disk-type=ssd
```

命令执行结果如下。

```
node/node1 labeled
```

查看添加的标签，命令如下。

```
[root@master yaml]# kubectl get nodes --show-labels
```

命令执行结果如图 5-4 所示。

```
NAME     STATUS   ROLES                  AGE   VERSION   LABELS
master   Ready    control-plane,master   38h   v1.20.2   beta.kubernetes.io/arch=amd64,beta.kubernetes.io/os=linux,kubernetes.io/arch=amd64,
kubernetes.io/hostname=master,kubernetes.io/os=linux,node-role.kubernetes.io/control-plane=,node-role.kubernetes.io/master=
node1    Ready    <none>                 38h   v1.20.2   beta.kubernetes.io/arch=amd64,beta.kubernetes.io/os=linux,disk-type=ssd,kubernetes.
io/arch=amd64,kubernetes.io/hostname=node1,kubernetes.io/os=linux
node2    Ready    <none>                 38h   v1.20.2   beta.kubernetes.io/arch=amd64,beta.kubernetes.io/os=linux,kubernetes.io/arch=amd64,
kubernetes.io/hostname=node2,kubernetes.io/os=linux
```

图 5-4　查看节点标签

在图 5-4 中可以发现 node1 节点已经添加了 disk-type=ssd 标签，这里的 disk-type 和 ssd 是任意定义的，但要注意有实际意义。

2. 使用 nodeSelector 调度

在 yaml 目录下创建一个文件，名称为 nodeSelector.yaml，在 nodeSelector.yaml 文件中输入以下脚本。

```
#定义控制器版本
apiVersion: apps/v1
#定义资源类型
kind: Deployment
#定义源数据
metadata:
  name: nodeselector
#定义容器模板
spec:
  template:
    metadata:
      labels:
        app: nginx
    spec:
      containers:
      - name: nginx
        image: nginx:1.8.1
        ports:
        - name: http
          containerPort: 80
      #和 containers 字段对齐，使用 nodeSelector 调度到 disk-type=ssd 的节点
      nodeSelector:
        disk-type: ssd
  #定义匹配的标签为 app: nginx
  selector:
```

```
        matchLabels:
            app: nginx
    #定义生成 3 个 Pod
    replicas: 3
```

以上定义了一个 Deployment 控制器,名称为 nodeselector,生成了 4 个 Pod 副本,在调度时,使用 nodeSelector 字段,将值设置为 disk-type: ssd,即调度 Pod 到标记为 disk-type=ssd 的节点上。

3．创建控制器

创建控制器的命令如下。

```
[root@master yaml]# kubectl apply -f nodeSelector.yaml
```

命令执行结果如下。

```
deployment.apps/nodeselector created
```

4．查看 Pod 调度信息

查看 Pod 调度信息的命令如下。

```
[root@master yaml]# kubectl get pod -o wide
```

命令执行结果如图 5-5 所示。

```
[root@master yaml]# kubectl get pod -o wide
NAME                          READY   STATUS    RESTARTS   AGE     IP             NODE    NOMINATED NODE   READINESS GATES
nodeselector-647564c4-4qn2g   1/1     Running   0          7m20s   172.16.1.128   node1   <none>           <none>
nodeselector-647564c4-fpxxc   1/1     Running   0          7m20s   172.16.1.127   node1   <none>           <none>
nodeselector-647564c4-zx9cz   1/1     Running   0          7m20s   172.16.1.126   node1   <none>           <none>
```

图 5-5　查看 Pod 调度信息 3

从图 5-5 发现,3 个 Pod 都已经调度到 node1 节点上了。

5．删除 node 标签

删除 node1 节点标签的命令如下。

```
[root@master yaml]# kubectl label nodes node1 disk-type-
```

也就是在设置标签时,将 key 的值后边加上连接符,就可以去掉该节点的标签了。

再次查看 node1 节点的标签,命令如下。

```
[root@master yaml]# kubectl get nodes node1 --show-labels
```

命令执行结果如图 5-6 所示。

```
[root@master yaml]# kubectl get nodes node1 --show-labels
NAME    STATUS   ROLES    AGE   VERSION   LABELS
node1   Ready    <none>   39h   v1.20.2   beta.kubernetes.io/arch=amd64,beta.kubernetes.io/os=linux,kubernetes.io/arch=amd64,kubernetes.io/hostname=node1,kubernetes.io/os=linux
```

图 5-6　查看 node1 节点的标签信息

可以发现 node1 节点只剩下系统默认的标签了,disk-type=ssd 的标签已经被删掉了。

拓展训练

使用 httpd 镜像创建一个 Pod,当使用 nodeSelector 调度 Pod 时,如果不存在调度节点,查看 Pod 的状态信息。

任务 5.2 使用亲和性调度

【学习情境】

在实际的生产环境中，当必须或尽量将某个 Pod 调度到某个节点，或必须或尽量把某个 Pod 与其他 Pod 调度在一起，这就需要使用亲和性调度。技术主管要求你配置节点亲和性和 Pod 亲和性并验证结果。

【学习内容】

（1）节点亲和性调度
（2）Pod 亲和性调度

【学习目标】

知识目标：
（1）掌握节点硬亲和性和软亲和性的区别
（2）掌握 Pod 硬亲和性和软亲和性的区别
能力目标：
（1）会使用节点硬亲和性调度 Pod
（2）会使用节点软亲和性调度 Pod
（3）会使用 Pod 硬亲和性调度 Pod
（4）会使用 Pod 软亲和性调度 Pod

5.2.1 理解亲和性调度

亲和性调度使用的字段是 affinity，与 nodeName 和 nodeSelector 相比，它扩展了调度约束的条件，主要的扩展有：
1）亲和性调度提供了更多的匹配条件。
2）可以指示匹配规则是优选项而不是硬要求，因此即便调度器不能满足，Pod 仍将被调度，这种亲和性称为软亲和性。
3）可以针对节点上运行的 Pod 的标签进行约束，控制 Pod 之间是否共存。

5.2.2 使用节点亲和性调度

5.2.2.1 节点亲和性调度策略

定义节点亲和性的字段是 nodeAffinity，节点亲和性指的是 Pod 与某个工作节点的亲和性关系，支持以下两种调度策略。
1）requiredDuringSchedulingIgnoredDuringExecution。
2）preferredDuringSchedulingIgnoredDuringExecution。

5.2-1
使用节点亲和性调度

前者叫作硬策略，表示 Pod 要调度到的节点必须满足匹配条件，若不满足，则不会调度且 Pod 会一直处于 Pending 状态；后者叫作软策略，表示优先调度到满足匹配条件的节点，如果不能满足，再调度到其他节点。

策略名称中的 IgnoredDuringExecution 意味着与 nodeSelector 的工作方式类似，如果节点上的标签在 Pod 运行时发生更改，使得 Pod 上的亲和性匹配条件不再被满足，那么 Pod 仍将继续在该节点上运行。

Pod 亲和性匹配的是 Node 的 label，常用的运算符如下。

1）In：label 的值在某个列表中。
2）NotIn：label 的值不在某个列表中。
3）Gt：label 的值大于某个值。
4）Lt：label 的值小于某个值。
5）Exists：某个 label 存在。
6）DoesNotExist：某个 label 不存在。

可以使用 NotIn 和 DoesNotExist 实现节点的反亲和行为。

5.2.2.2 配置节点硬亲和性调度

节点硬亲和性是指调度时必须满足匹配条件的要求，如果不能满足匹配条件，则 Pod 一直处于 Pending 状态。

1. 给节点添加标签

（1）给 node1 节点添加 label 标签

首先给 node1 节点添加 label 标签，关键字是 disk，值是 ssd。命令如下。

```
[root@master ~]# kubectl label nodes node1 disk=ssd --overwrite
```

以上命令给 node1 节点添加了 disk=ssd 的标签，--overwrite 的作用是当 disk 作为关键字有值时，使用 ssd 覆盖掉这个值。

再给 node1 节点添加 label 标签，关键字是 cpu，值是 20。命令如下。

```
[root@master ~]# kubectl label nodes node1 cpu=20 --overwrite
```

查看 node1 节点的标签，命令如下。

```
[root@master ~]# kubectl get nodes node1 --show-labels
```

命令执行结果如图 5-7 所示。

```
NAME   STATUS  ROLES   AGE  VERSION  LABELS
node1  Ready   <none>  47h  v1.20.2  beta.kubernetes.io/arch=amd64,beta.kubernetes.io/os=linux,cpu=20,disk=ssd,kubernetes.io/arch=amd64
,kubernetes.io/hostname=node1,kubernetes.io/os=linux
```

图 5-7 查看 node1 节点的标签

从图 5-7 发现，node1 节点已经包含了 cpu=20、disk=ssd 的标签。

（2）给 node2 节点打上 label 标签

首先给 node2 节点打上 label 标签，关键字是 disk，值是 sata。命令如下。

```
[root@master ~]# kubectl label nodes node2 disk=sata --overwrite
```

再给 node2 节点打上 label 标签，关键字是 cpu，值是 30，命令如下。

```
[root@master ~]# kubectl label nodes node2 cpu=30 --overwrite
```

查看 node2 节点的 label 标签，命令如下。

```
[root@master ~]# kubectl get nodes node2 --show-labels
```

命令执行结果如图 5-8 所示。

```
[root@master ~]# kubectl get nodes node2 --show-labels
NAME    STATUS   ROLES    AGE   VERSION   LABELS
node2   Ready    <none>   47h   v1.20.2   beta.kubernetes.io/arch=amd64,beta.kubernetes.io/os=linux,cpu=30,disk=sata,kubernetes.io/arch=amd6
4,kubernetes.io/hostname=node2,kubernetes.io/os=linux
```

图 5-8 查看 node2 节点的标签

从图 5-8 发现，node2 节点已经包含了 cpu=30、disk=sata 的标签。

2．编写节点硬亲和性脚本

在 yaml 目录下创建文件 node_required.yaml，在文件中输入以下脚本。

```yaml
#定义版本
apiVersion: apps/v1
#定义资源类型
kind: Deployment
#定义源数据
metadata:
  name: node-require
  labels:
    app: node-require
spec:
  #定义副本数
  replicas: 5
  selector:
    #定义匹配的 Pod 标签
    matchLabels:
      app: Pod1
  template:
    metadata:
      labels:
        app: Pod1
    spec:
      containers:
      - name: myPod
        image: nginx:1.8.1
        imagePullPolicy: IfNotPresent
        ports:
        - name: http
          containerPort: 80
      #定义亲和性
      affinity:
        #定义节点亲和性
        nodeAffinity:
          #定义硬亲和性
          requiredDuringSchedulingIgnoredDuringExecution:
            #定义节点选择方法
```

```
nodeSelectorTerms:
#匹配表达式
- matchExpressions:
  # 定义 node 节点标签存在 disk=ssd 或 disk=scsi
  - key: disk
    operator: In
    values:
    - ssd
    - scsi
  # 定义 node 节点标签存在 cpu 值且大于 10
  - key: cpu
    operator: Gt
    values:
    - "10"
```

以上脚本定义了一个包含 5 个 Pod 的 Deployment 控制器，使用 affinity 定义了亲和性，使用 nodeAffinity 定义节点亲和性，在 nodeAffinity 之下使用了 requiredDuringScheduling-IgnoredDuringExecution 表示使用节点硬亲和性策略，使用 nodeSelectorTerms 定义了节点选择方法，使用 matchExpressions 定义匹配条件，其中第一个匹配条件是关键字在 ssd 或者 scsi 中，第二个匹配条件是关键字 cpu 大于 10。对于第二个匹配条件 cpu 大于 10，node1 和 node2 节点都是满足的，但是对于第一个匹配条件 disk 在 ssd 或者 scsi 之中，显然只有 node1 节点满足条件，由于定义的是节点硬亲和性，因此 5 个 Pod 都将被调度到 node1 节点。

3. 查看 Pod 调度信息

首先使用 YAML 文件创建控制器，命令如下。

```
[root@master yaml]# kubectl apply -f node_required.yaml
```

然后查看 Pod 调度信息，命令如下。

```
[root@master yaml]# kubectl get Pod -o wide
```

命令执行结果如图 5-9 所示。

```
NAME                            READY   STATUS    RESTARTS   AGE     IP             NODE    NOMINATED NODE   READINESS GATES
node-require-577c6b8c6f-4vfjw   1/1     Running   0          3m49s   172.16.1.130   node1   <none>           <none>
node-require-577c6b8c6f-6tjp7   1/1     Running   0          3m49s   172.16.1.129   node1   <none>           <none>
node-require-577c6b8c6f-7qstk   1/1     Running   0          3m49s   172.16.1.132   node1   <none>           <none>
node-require-577c6b8c6f-h4w5z   1/1     Running   0          3m49s   172.16.1.133   node1   <none>           <none>
node-require-577c6b8c6f-jt7nk   1/1     Running   0          3m49s   172.16.1.131   node1   <none>           <none>
```

图 5-9 查看 Pod 调度信息 4

从图 5-9 发现，5 个 Pod 都已经调度到 node1 节点上了。

5.2.2.3 配置节点软亲和性调度

节点软亲和性是指调度时并非必须满足匹配条件的要求，如果满足条件，则调度到满足条件的节点，如果不满足条件，也会调度到其他节点上。

1. 编写节点软亲和性脚本

在进行节点软亲和性配置时，仍然使用硬亲和性时两个节点的标签，在 yaml 目录下，创建文件 node_prefer.yaml，在文件中输入以下脚本。

```
#定义版本号
apiVersion: apps/v1
```

```yaml
#定义资源类型
kind: Deployment
#定义源数据
metadata:
  name: node-prefer
  labels:
    app: prefer
spec:
  #定义副本数
  replicas: 5
  #定义匹配的Pod
  selector:
    matchLabels:
      app: Pod1
  template:
    metadata:
      labels:
        app: Pod1
    spec:
      containers:
      - name: myapp-Pod
        image: nginx:1.8.1
        imagePullPolicy: IfNotPresent
        ports:
        - name: http
          containerPort: 80
      #定义亲和性
      affinity:
        #定义节点亲和性
        nodeAffinity:
          #定义节点软亲和性
          preferredDuringSchedulingIgnoredDuringExecution:
          #定义匹配的权重是1
          - weight: 1
            preference:
              #定义匹配条件
              matchExpressions:
              # 定义node标签存在disk=ssd或disk=scsi
              - key: disk
                operator: In
                values:
                - ssd
                - scsi
          #定义匹配的权重是100
          - weight: 100
            preference:
              #定义匹配条件
              matchExpressions:
```

```
        # 定义 node 标签 cpu 值大于 25
        - key: cpu
          operator: Gt
          values:
          - "25"
```

以上脚本定义了一个包含 5 个 Pod 的 Deployment 控制器，使用 affinity 定义了亲和性，使用 nodeAffinity 定义节点亲和性，在 nodeAffinity 之下使用了 preferredDuringScheduling-IgnoredDuringExecution 表示使用节点软亲和性策略，通过 weight 字段指定第一个匹配条件的权重是 1，第二个匹配条件的权重是 100，通过 matchExpressions 匹配条件可以看出，node1 节点满足第一个匹配条件，node2 节点满足第二个匹配条件。也就是说，两个条件都满足的节点是不存在的，由于定义的是节点软亲和性，因此 Pod 仍然会被调度，又由于第二个条件（即 cpu 值大于 25）的权重是第一个条件的 100 倍，因此 5 个 Pod 都将被调度到 node2 节点。

2．检查 Pod 调度信息

首先使用 YAML 文件创建控制器，命令如下。

```
[root@master yaml]# kubectl apply -f node_prefer.yaml
```

然后查看 Pod 调度信息，命令如下。

```
[root@master yaml]# kubectl get pod -o wide
```

命令运行结果如图 5-10 所示。

```
[root@master yaml]# kubectl get pod -o wide
NAME                         READY   STATUS    RESTARTS   AGE   IP             NODE    NOMINATED NODE   READINESS GATES
node-prefer-ff8b989c4-4d6t9  1/1     Running   0          11m   172.16.2.161   node2   <none>           <none>
node-prefer-ff8b989c4-hgpw4  1/1     Running   0          11m   172.16.2.160   node2   <none>           <none>
node-prefer-ff8b989c4-nvkjg  1/1     Running   0          11m   172.16.2.159   node2   <none>           <none>
node-prefer-ff8b989c4-q9mqv  1/1     Running   0          11m   172.16.2.158   node2   <none>           <none>
node-prefer-ff8b989c4-zvfts  1/1     Running   0          11m   172.16.2.162   node2   <none>           <none>
```

图 5-10　查看 Pod 调度信息 5

从图 5-10 可以发现，5 个 Pod 都已经调度到 node2 节点上了。

5.2.3　使用 Pod 亲和性调度

5.2.3.1　Pod 亲和性调度策略

Pod 亲和性调度是 Kubernetes 中的一种调度机制，用于指定与节点上正在运行的 Pod 之间的关系，从而影响 Pod 的调度决策。定义 Pod 亲和性使用的字段是 PodAffinity。Pod 亲和性调度和节点亲和性调度一样，支持以下两种调度策略。

1）requiredDuringSchedulingIgnoredDuringExecution。

2）preferredDuringSchedulingIgnoredDuringExecution。

对于第一种硬亲和性调度策略来说，如果不满足匹配条件，Pod 会一直处于 Pending 状态；对于第二种软亲和性调度策略来说，不满足匹配条件时也会将 Pod 调度到某个工作节点上。

Pod 的亲和性调度是根据拓扑域来界定调度的，拓扑域是指多个工作节点拥有相同的标签，即节点拥有相同标签键值对，那么这些节点就处于同一个拓扑域，如 3 个节点都拥有 disk 的键，第一个节点的标签为 disk=ssd，第二个节点的标签为 disk=sata，第 3 个节点的标签为

disk=ssd，那么第一个节点和第三个节点在同一个拓扑域。

Pod 亲和性匹配的是 Pod 的 label，常用的运算符如下。

1）In：label 的值在某个列表中。

2）NotIn：label 的值不在某个列表中。

3）Exists：某个 label 存在。

4）DoesNotExist：某个 label 不存在。

5.2.3.2 配置 Pod 硬亲和性调度

1. 给工作节点添加标签

首先给 node1 节点添加标签 disk=ssd，命令如下。

```
[root@master ~]# kubectl label nodes node1 disk=ssd --overwrite
```

然后再给 node2 节点添加标签 disk=ssd，命令如下。

```
[root@master ~]# kubectl label nodes node2 disk=ssd --overwrite
```

由于 node1 和 node2 的 disk 的值都是 ssd，因此当以 disk 为拓扑关键字调度时，node1 和 node2 就处在同一拓扑域，在后面编写脚本的时候会使用到这个拓扑域。

2. 在节点上运行一个 Pod

由于 Pod 亲和性调度是根据节点上运行的 Pod 来进行调度的，因此首先在节点上运行一个 Pod，在 yaml 目录下创建 testPod.yaml，输入以下脚本。

```
#定义服务版本
apiVersion: v1
#定义资源类型
kind: Pod
#定义元数据
metadata:
    #定义该 Pod 的名称是 Pod1
    name: Pod1
    #定义该 Pod 的标签是 app:nginx
    labels:
        app: nginx
#定义 Pod 中容器使用的镜像和暴露的端口
spec:
    containers:
    - name: nginx
      image: nginx:1.8.1
      ports:
      - name: port1
        containerPort: 80
```

运行 YAML 文件，创建 Pod，命令如下。

```
[root@master yaml]# kubectl apply -f testpod.yaml
```

然后查看 Pod 的调度信息，命令如下。

```
[root@master yaml]# kubectl get pod -o wide
```

命令运行结果如图 5-11 所示。

```
[root@master yaml]# kubectl get pod -o wide
NAME   READY   STATUS    RESTARTS   AGE   IP             NODE    NOMINATED NODE   READINESS GATES
pod1   1/1     Running   0          6s    172.16.2.163   node2   <none>           <none>
```

图 5-11 查看 Pod 调度信息 6

从图 5-11 发现，当前运行的标签为 app: nginx 的 Pod 运行在 node2 节点。

3．编写 Pod 硬亲和性脚本

在编写 Pod 亲和性脚本时，注意两点：一是调度的 Pod 匹配的是在节点上运行的 Pod，二是 Pod 亲和性调度不是以节点为单位，而是以拓扑域为单位的，即可以将创建的 Pod 和正在运行的 Pod 调度到同一拓扑域。

在 yaml 目录下创建文件 Pod_required.yaml，在文件中输入以下脚本。

```yaml
apiVersion: apps/v1
kind: Deployment
metadata:
  name: Podaffinity
  labels:
    app: Podrequire
spec:
  replicas: 6
  selector:
    matchLabels:
      app: affinity
  template:
    metadata:
      labels:
        app: affinity
    spec:
      containers:
      - name: myPod
        image: nginx:1.8.1
        imagePullPolicy: IfNotPresent
        ports:
        - name: http
          containerPort: 80
    #定义亲和性
      affinity:
        #定义 Pod 亲和性
        PodAffinity:
          #定义 Pod 硬亲和性
          requiredDuringSchedulingIgnoredDuringExecution:
          #匹配标签
          - labelSelector:
              # 由于是 Pod 亲和性，这里的匹配条件写的是运行在 node2 上的 Pod 标签信息
              matchExpressions:
              - key: app
                operator: In
```

```
        values:
        - nginx
    # 在 disk 拓扑域中进行调度
    topologyKey: disk
```

以上脚本定义了一个包含 6 个 Pod 的 Deployment 控制器，使用 affinity 定义了亲和性，使用 PodAffinity 定义了 Pod 亲和性，在 PodAffinity 之下使用了 requiredDuringScheduling-IgnoredDuringExecution 来表示使用 Pod 硬亲和性策略，通过 matchExpressions 匹配节点上标签为 app:nginx 的 Pod，通过 topologyKey:disk 指定在 disk 拓扑域中调度。

4. 查看 Pod 调度信息

首先创建 Pod，命令如下。

```
[root@master yaml]# kubectl apply -f pod_required.yaml
```

然后查看 Pod 调度信息，如图 5-12 所示。

```
[root@master yaml]# kubectl get pod -o wide
NAME                          READY   STATUS    RESTARTS   AGE   IP             NODE    NOMINATED NODE   READINESS GATES
pod1                          1/1     Running   0          17m   172.16.2.163   node2   <none>           <none>
podaffinity-6fdc5b95ff-2l896  1/1     Running   0          6s    172.16.1.135   node1   <none>           <none>
podaffinity-6fdc5b95ff-5gcln  1/1     Running   0          6s    172.16.1.136   node1   <none>           <none>
podaffinity-6fdc5b95ff-822kw  1/1     Running   0          6s    172.16.2.165   node2   <none>           <none>
podaffinity-6fdc5b95ff-8ws78  1/1     Running   0          6s    172.16.1.134   node1   <none>           <none>
podaffinity-6fdc5b95ff-dnz4g  1/1     Running   0          6s    172.16.1.137   node1   <none>           <none>
podaffinity-6fdc5b95ff-zm2c7  1/1     Running   0          6s    172.16.2.164   node2   <none>           <none>
```

图 5-12　查看 Pod 调度信息 7

从结果发现，6 个 Pod 被调度在 node1 和 node2 上。因为调度时匹配的是标签为 app:nginx 的 Pod，在 node2 上运行的 Pod 的标签是 app: nginx，所以调度到 node2 上，又因为调度的拓扑域 key 的值是 disk，node1 和 node2 的 disk 的 label 值都是 ssd，所以 Pod 就可以调度到 node1 节点上。

5. 修改配置并查看 Pod 调度信息

（1）修改 node1 的标签

修改 node1 节点的标签为 disk=sata，命令如下。

```
[root@master yaml]# kubectl label nodes node1 disk=sata --overwrite
```

删除正在运行的 Pod，命令如下。

```
[root@master yaml]# kubectl delete -f Pod_required.yaml
```

再次运行 Pod，命令如下。

```
[root@master yaml]# kubectl apply -f Pod_required.yaml
```

查看 Pod 调度信息，命令如下。

```
[root@master yaml]# kubectl get pod -o wide
```

命令运行结果如图 5-13 所示。

```
[root@master yaml]# kubectl get pod -o wide
NAME                          READY   STATUS    RESTARTS   AGE   IP             NODE    NOMINATED NODE   READINESS GATES
pod1                          1/1     Running   0          59m   172.16.2.163   node2   <none>           <none>
podaffinity-6fdc5b95ff-67tbr  1/1     Running   0          8s    172.16.2.175   node2   <none>           <none>
podaffinity-6fdc5b95ff-cj4wt  1/1     Running   0          8s    172.16.2.174   node2   <none>           <none>
podaffinity-6fdc5b95ff-cxqx8  1/1     Running   0          8s    172.16.2.177   node2   <none>           <none>
podaffinity-6fdc5b95ff-gm2qn  1/1     Running   0          8s    172.16.2.173   node2   <none>           <none>
podaffinity-6fdc5b95ff-pfw6h  1/1     Running   0          8s    172.16.2.176   node2   <none>           <none>
podaffinity-6fdc5b95ff-wd6tk  1/1     Running   0          8s    172.16.2.172   node2   <none>           <none>
```

图 5-13　修改 node1 标签后查看 Pod 调度信息

可以发现，Pod 不能调度到 node1 节点了，这是因为调度的正在运行的 Pod 在 node2 节点，在配置文件中使用 topologyKey: disk 拓扑域进行调度，这时没有和 node2 相同的拓扑域，所以只能调度到 node2 节点上。

（2）修改拓扑域

将配置文件中的 topologyKey: disk 修改为 topologyKey: abc，删除所有 Pod 后，再使用 YAML 文件创建 Pod，此时发现 6 个 Pod 都已经处于 Pending 状态了，如图 5-14 所示。因为是 Pod 硬亲和性调度，当前系统中不存在 abc 这个拓扑域，所以就无法正常调度运行了。

```
[root@master yaml]# kubectl get pod -o wide
NAME                            READY   STATUS    RESTARTS   AGE   IP            NODE     NOMINATED NODE   READINESS GATES
pod1                            1/1     Running   0          34m   172.16.2.163  node2    <none>           <none>
podaffinity-756cf468b4-6xw6g    0/1     Pending   0          60s   <none>        <none>   <none>           <none>
podaffinity-756cf468b4-8rzq8    0/1     Pending   0          60s   <none>        <none>   <none>           <none>
podaffinity-756cf468b4-cmhm6    0/1     Pending   0          60s   <none>        <none>   <none>           <none>
podaffinity-756cf468b4-l5j5c    0/1     Pending   0          60s   <none>        <none>   <none>           <none>
podaffinity-756cf468b4-p6fvx    0/1     Pending   0          60s   <none>        <none>   <none>           <none>
podaffinity-756cf468b4-pc2c8    0/1     Pending   0          60s   <none>        <none>   <none>           <none>
```

图 5-14 修改配置后查看 Pod 调度信息

（3）修改 Pod 匹配信息

将配置文件中的 matchExpressions 中 app 的值改为 nginxK8s（只要不是 nginx 即可），即没有运行的 Pod 标签相匹配，修改如下。

```
matchExpressions:
      - key: app
        operator: In
        values:
        - nginxK8s
```

删除所有 Pod 后，再使用 YAML 文件创建 Pod，此时发现 6 个 Pod 都已经处于 Pending 状态了，这是因为配置的是 Pod 硬亲和性匹配策略，匹配不成功则无法正常调度运行。

5.2.3.3 配置 Pod 软亲和性调度

1. 给工作节点添加标签

首先给 node1 节点添加标签 disk=sata，命令如下。

```
[root@master ~]# kubectl label nodes node1 disk=sata --overwrite
```

然后再给 node2 节点添加标签 disk=ssd，命令如下。

```
[root@master ~]# kubectl label nodes node2 disk=ssd --overwrite
```

由于 node1 和 node2 的 disk 的值相同，因此它们处于同一拓扑域，在后面编写脚本的时候会使用到这个拓扑域。

2. 编写 Pod 软亲和性脚本

在 yaml 目录里创建文件 Pod_prefer.yaml，输入以下脚本。

```
apiVersion: apps/v1
kind: Deployment
metadata:
  name: Pod-prefer
  labels:
    app: Podprefer
spec:
```

```yaml
    replicas: 6
    selector:
      matchLabels:
        app: myPod
    template:
      metadata:
        labels:
          app: myPod
      spec:
        containers:
        - name: myapp-Pod
          image: nginx:1.8.1
          imagePullPolicy: IfNotPresent
          ports:
          - name: http
            containerPort: 80
          affinity:
          #定义 Pod 亲和性
            PodAffinity:
              #使用 Pod 软亲和性
              preferredDuringSchedulingIgnoredDuringExecution:
                #定义 Pod 亲和性描述
                PodAffinityTerm:
                  labelSelector:
                    # 由于是 Pod 亲和性，因此这里的匹配条件写的是 Pod 的标签信息
                    matchExpressions:
                    - key: app
                      operator: In
                      values:
                      - nginx
                  # 调度到 disk 作为 label 关键字的相同拓扑域
                  topologyKey: disk
```

以上脚本定义了一个包含 6 个 Pod 的 Deployment 控制器，使用 Pod 的 preferredDuringSchedulingIgnoredDuringExecution 定义了软亲和性，使用 matchExpressions 定义了匹配条件是正在运行的 label 为 app: nginx 的容器，调度的拓扑域是关键字为 disk 的相同拓扑域。

调度应注意两点：一是拓扑域要相同，二是 Pod 软亲和性不是强制约束条件。由于当前运行的 label 为 app: nginx 的 Pod 运行在 node2 节点，因此 Pod 会被调度到 node2 节点。由于 node1 节点的拓扑域和 node2 相同，因此 Pod 也会被调度到 node1 上——这里是 Pod 软亲和性。

3. 查看 Pod 调度信息

创建 Pod，命令如下。

```
[root@master yaml]# kubectl apply -f Pod_prefer.yaml
```

查看 Pod 调度信息，命令如下。

```
[root@master yaml]# kubectl get pod -o wide
```

Pod 调度信息如图 5-15 所示。

```
[root@master yaml]# kubectl get pod -o wide
NAME                          READY   STATUS    RESTARTS   AGE     IP             NODE    NOMINATED NODE   READINESS GATES
pod-prefer-6756945896-5fc8l   1/1     Running   0          7s      172.16.2.237   node2   <none>           <none>
pod-prefer-6756945896-b4vml   1/1     Running   0          7s      172.16.1.183   node1   <none>           <none>
pod-prefer-6756945896-d5dg7   1/1     Running   0          7s      172.16.2.236   node2   <none>           <none>
pod-prefer-6756945896-g5dvt   1/1     Running   0          7s      172.16.1.182   node1   <none>           <none>
pod-prefer-6756945896-m8bht   1/1     Running   0          7s      172.16.1.184   node1   <none>           <none>
pod-prefer-6756945896-v92jf   1/1     Running   0          7s      172.16.1.181   node1   <none>           <none>
pod1                          1/1     Running   0          3h47m   172.16.2.163   node2   <none>           <none>
```

图 5-15 Pod 软亲和性调度信息

从调度结果发现，Pod 被调度到 node1 和 node2 节点。

4．修改配置

将 node1 的 label 修改为 disk=scsi，命令如下。

```
[root@master yaml]# kubectl label nodes node1 disk=scsi --overwrite
```

然后再删除创建的 Pod，重新创建 Pod，命令如下。

```
[root@master yaml]# kubectl delete -f Pod_prefer.yaml
[root@master yaml]# kubectl apply -f Pod_prefer.yaml
```

查看 Pod 调度情况，命令如下。

```
[root@master yaml]# kubectl get pod -o wide
```

命令运行结果如图 5-16 所示。

```
[root@master yaml]# kubectl get pod -o wide
NAME                          READY   STATUS    RESTARTS   AGE     IP             NODE    NOMINATED NODE   READINESS GATES
pod-prefer-6756945896-247ng   1/1     Running   0          7s      172.16.2.241   node2   <none>           <none>
pod-prefer-6756945896-5nbht   1/1     Running   0          7s      172.16.2.243   node2   <none>           <none>
pod-prefer-6756945896-6fwz4   1/1     Running   0          7s      172.16.2.238   node2   <none>           <none>
pod-prefer-6756945896-8dm4w   1/1     Running   0          7s      172.16.2.239   node2   <none>           <none>
pod-prefer-6756945896-92z5d   1/1     Running   0          7s      172.16.2.242   node2   <none>           <none>
pod-prefer-6756945896-ldflr   1/1     Running   0          7s      172.16.2.240   node2   <none>           <none>
pod1                          1/1     Running   0          3h55m   172.16.2.163   node2   <none>           <none>
```

图 5-16 修改配置后的 Pod 调度情况

从结果中发现，Pod 只被调度到 node2 节点，因为当前的 node1 和 node2 节点的拓扑域已经不一致了。

拓展训练

修改 Pod 软亲和性，将匹配条件定义为非正在运行的容器，配置 node1 和 node2 不在同一拓扑域，再次查看 Pod 的调度情况。

任务 5.3 使用污点与容忍度调度

【学习情境】

在实际生产环境中，有些节点有特定功能的软硬件配置以实现一些专门用途，不能随意调度 Pod 到该节点上。给该节点配置污点能够满足这个需求。当集群资源不够充分时，也需要调度 Pod 到该节点上，就需要配置容忍度来满足这个需要。技术主管要求你掌握污点和容忍度调度的配置。

【学习内容】

（1）污点和容忍度的作用
（2）污点的种类
（3）污点和容忍度的配置

【学习目标】

知识目标：
（1）掌握污点和容忍度的作用和种类
（2）掌握污点和容忍度的配置方法
能力目标：
（1）会配置污点，以防止 Pod 被调度到某节点上
（2）会配置容忍度，以调度 Pod 到有污点的节点上

5.3.1 理解污点和容忍度

节点亲和性，使 Pod 被吸引到一类特定的节点上。污点（Taint）则相反，它使节点能够排斥 Pod 调度到某节点上；当节点配置了污点后，配置了容忍度（Toleration）的 Pod 仍然可以调度到该污点的节点上。

污点是定义在节点上的键值对数据；容忍度定义在 Pod 上，可以定义能容忍哪些污点。

5.3.2 使用污点调度

5.3.2.1 污点的组成

使用 kubectl taint 命令可以给某个工作节点（Node）设置污点，节点被设置污点之后就和 Pod 之间存在一种相斥的关系，拒绝 Pod 的调度执行，甚至将节点上已经存在的 Pod 驱逐出去。污点的组成如下。

5.3-1
使用污点调度

```
key=value:effect
```

每个污点有一个 key 和 value 作为污点的标签，effect 描述污点的作用。effect 支持以下 3 个选项：NoSchedule、PreferNoSchedule、NoExecute。

1. NoSchedule
该选项表示 Kubernetes 不会把 Pod 调度到具有该污点的节点上。
2. PreferNoSchedule
该选项表示 Kubernetes 将尽量避免把 Pod 调度到具有该污点的节点上。
3. NoExecute
该选项表示 Kubernetes 将不会把 Pod 调度到具有该污点的节点上，它不但会影响 Pod 的调度，还会影响已经在节点上运行的 Pod。正在该节点运行的 Pod 分为以下 3 种情况。
1）如果 Pod 不能容忍 effect 值为 NoExecute 的污点，那么 Pod 将马上被驱逐

2）如果 Pod 能够容忍 effect 值为 NoExecute 的污点，且在容忍度定义中没有指定 tolerationSeconds，则 Pod 会一直在这个节点上运行。

3）如果 Pod 能够容忍 effect 值为 NoExecute 的污点，且在容忍度定义中指定了 tolerationSeconds，则表示 Pod 还能在这个节点上继续运行的时间长度（即 tolerationSeconds）。

5.3.2.2 配置污点调度

1．分析 Pod 不调度到控制节点（Master）的原因

之前创建的 Pod 每次都被调度到集群的 node1 和 node2 节点上，从来没有被调度到 master 节点上，这是因为安装集群时，为保证控制节点的可用性，给它配置了污点，所以一般的 Pod 不会被调度到控制节点。查看控制节点污点的命令如下。

```
[root@master ~]# kubectl describe node master | grep Taints
```

命令运行结果如下。

```
Taints:     node-role.kubernetes.io/master:NoSchedule
```

可以发现 master 节点污点的键值对中的键是 node-role.kubernetes.io/master，值为空，effect 的选项是 NoSchedule，所以在创建 Pod 时就不能将 Pod 调度到设置了污点的 master 节点了。

2．给 node1 节点设置 NoSchedule 污点

给节点设置污点的方法很简单，给 node1 节点设置污点的命令如下。

```
[root@master ~]# kubectl taint nodes node1 web=no:NoSchedule
```

使用以上命令给 node1 设置了键值对为 web=no、effect 选项是 NoSchedule 的污点。

查看 node1 污点的命令如下。

```
[root@master ~]# kubectl describe node node1 | grep Taints
```

命令运行结果如下。

```
Taints:         web=no:NoSchedule
```

3．创建 Pod 并查看调度信息

创建一个 Deployment 控制器，构建多个 Pod 副本，在 master 和 node1 都存在污点的情况下，观察调度情况。在 yaml 目录下创建 taint.yaml 文件，在文件中输入以下脚本。

```yaml
apiVersion: apps/v1
kind: Deployment
metadata:
  name: notaint
spec:
  template:
    metadata:
      labels:
        app: nginx
    spec:
      containers:
      - name: nginx
        image: nginx:1.8.1
        ports:
        - name: p1
```

```
        containerPort: 80
  selector:
    matchLabels:
      app: nginx
  replicas: 10
```

以上脚本定义了一个拥有 10 个 Pod 的 Deployment 控制器，使用 nginx:1.8.1 镜像运行容器。运行 Deployment 控制器，创建 Pod，命令如下。

```
[root@master ~]# kubectl apply -f taint.yaml
```

在创建控制器后，查看 Pod 调度信息，命令运行结果如图 5-17 所示。

```
NAME                        READY   STATUS    RESTARTS   AGE   IP            NODE    NOMINATED NODE   READINESS GATES
notaint-746bc96976-9xs6z    1/1     Running   0          45s   172.16.2.19   node2   <none>           <none>
notaint-746bc96976-dfvfn    1/1     Running   0          45s   172.16.2.21   node2   <none>           <none>
notaint-746bc96976-fwg4j    1/1     Running   0          45s   172.16.2.18   node2   <none>           <none>
notaint-746bc96976-h9q6l    1/1     Running   0          45s   172.16.2.24   node2   <none>           <none>
notaint-746bc96976-lj9wk    1/1     Running   0          45s   172.16.2.23   node2   <none>           <none>
notaint-746bc96976-p9jzr    1/1     Running   0          45s   172.16.2.26   node2   <none>           <none>
notaint-746bc96976-t2hd6    1/1     Running   0          45s   172.16.2.25   node2   <none>           <none>
notaint-746bc96976-v2q7c    1/1     Running   0          45s   172.16.2.20   node2   <none>           <none>
notaint-746bc96976-wnkjv    1/1     Running   0          45s   172.16.2.27   node2   <none>           <none>
notaint-746bc96976-zs25b    1/1     Running   0          45s   172.16.2.22   node2   <none>           <none>
```

图 5-17　node1 节点上配置污点后的 Pod 调度信息

从图 5-17 中发现，10 个 Pod 都已经调度到了 node2 节点。由于 master 和 node1 都存在污点，且 effect 都是 NoSchedule，因此 Pod 只能调度到 node2 节点。

4. 给 node2 节点设置 NoSchedule 污点

10 个运行的 Pod 都被调度到 node2 节点上，这时，将 node2 配置污点，effect 设置为 NoSchedule，命令如下。

```
[root@master ~]# kubectl taint nodes node2 webservice=no:NoSchedule
```

以上命令设置 node2 节点的污点键值对是 webservice=no，effect 的选项是 NoSchedule，即不调度 Pod 到此节点。再查看 10 个 Pod 的运行状态，发现 10 个 Pod 仍然运行在 node2 节点上，这说明设置 node2 的 NoSchedule 污点对已经运行在该节点上的 Pod 没有影响。

5. 给 node2 节点设置 NoExecute 污点

将 node2 节点设置 effect 选项为 NoExecute 的污点，命令如下。

```
[root@master ~]# kubectl taint nodes node2 webservice=no:NoExecute
```

再次查看 10 个 Pod 的调度信息，结果如图 5-18 所示。

```
[root@master ~]# kubectl get pod -o wide
NAME                        READY   STATUS    RESTARTS   AGE   IP       NODE     NOMINATED NODE   READINESS GATES
notaint-746bc96976-4r28h    0/1     Pending   0          59s   <none>   <none>   <none>           <none>
notaint-746bc96976-5fdzg    0/1     Pending   0          59s   <none>   <none>   <none>           <none>
notaint-746bc96976-7zhrq    0/1     Pending   0          59s   <none>   <none>   <none>           <none>
notaint-746bc96976-cqk4w    0/1     Pending   0          59s   <none>   <none>   <none>           <none>
notaint-746bc96976-gqcmf    0/1     Pending   0          59s   <none>   <none>   <none>           <none>
notaint-746bc96976-j2tgc    0/1     Pending   0          59s   <none>   <none>   <none>           <none>
notaint-746bc96976-p5j2r    0/1     Pending   0          59s   <none>   <none>   <none>           <none>
notaint-746bc96976-pqlxn    0/1     Pending   0          59s   <none>   <none>   <none>           <none>
notaint-746bc96976-qgkjp    0/1     Pending   0          59s   <none>   <none>   <none>           <none>
notaint-746bc96976-rz7zw    0/1     Pending   0          59s   <none>   <none>   <none>           <none>
```

图 5-18　将 node2 配置 NoExecute 污点后的 Pod 调度信息

从图 5-18 可以发现，node2 配置了 NoExecute 污点，驱逐了所有运行在该节点上的 Pod，而且 master 节点和 node1 节点都设置了 NoSchedule 污点，所以 10 个 Pod 没有节点可以调度，一直处于 Pending 状态。

6．删除 node1 的污点

删除 node1 的污点，使 10 个 Pod 可以调度到该节点下。删除污点的操作很简单，只需要在加污点的命令后加一个连接符（中横线）即可。删除 node1 污点的命令如下。

```
[root@master ~]# kubectl taint nodes node1 web=no:NoSchedule-
```

查看 node1 的污点，命令如下。

```
[root@master ~]# kubectl describe node node1 | grep Taints
```

命令执行结果如下。

```
Taints:            <none>
```

从结果发现污点已经被删掉了。

再次查看 10 个 Pod 的调度信息，结果如图 5-19 所示。

```
[root@master ~]# kubectl get pod -o wide
NAME                         READY   STATUS    RESTARTS   AGE    IP             NODE    NOMINATED NODE   READINESS GATES
notaint-746bc96976-4r28h     1/1     Running   0          10m    172.16.1.11    node1   <none>           <none>
notaint-746bc96976-5fdzg     1/1     Running   0          10m    172.16.1.13    node1   <none>           <none>
notaint-746bc96976-7zhrq     1/1     Running   0          10m    172.16.1.14    node1   <none>           <none>
notaint-746bc96976-cqk4w     1/1     Running   0          10m    172.16.1.9     node1   <none>           <none>
notaint-746bc96976-gqcmf     1/1     Running   0          10m    172.16.1.10    node1   <none>           <none>
notaint-746bc96976-j2tgc     1/1     Running   0          10m    172.16.1.17    node1   <none>           <none>
notaint-746bc96976-p5j2r     1/1     Running   0          10m    172.16.1.8     node1   <none>           <none>
notaint-746bc96976-pqlxn     1/1     Running   0          10m    172.16.1.12    node1   <none>           <none>
notaint-746bc96976-qgkjp     1/1     Running   0          10m    172.16.1.15    node1   <none>           <none>
notaint-746bc96976-rz7zw     1/1     Running   0          10m    172.16.1.16    node1   <none>           <none>
```

图 5-19　删除 node1 节点上污点后的 Pod 调度信息

从图 5-19 发现，10 个 Pod 又调度到了 node1 节点上，这是因为现在只有 node1 节点是没有污点的。

5.3.3　使用容忍度调度

5.3.3.1　容忍度的用法

5.3-2
使用容忍度调度

配置容忍度的前提是节点上已经配置了污点，因为污点不允许 Pod 调度。容忍度则指明在定义 Pod 时容忍节点上的污点，这样，Pod 就可以调度到有污点的节点了。容忍度包括以下两种：基本容忍度，特殊容忍度。

1．基本容忍度

基本容忍度的用法有以下两种。

（1）operator 的值为 Equal

在定义 Pod 时，容忍度部分的配置如下。

```
tolerations:
- key: "key"
  operator: "Equal"
  value: "value"
  effect: "NoSchedule"
```

在配置容忍度时，operator 的值使用 Equal，即表示相等，那么 key 和 value 要使用污点的键值对相对应的值，effect 使用配置污点时使用的 effect 选项。

（2）operator 的值为 Exists

在定义 Pod 时，容忍度部分的配置如下。

```
tolerations:
- key: "key"
  operator: "Exists"
  effect: "NoSchedule"
```

这里 operator 的值是 Exists，则只需要指定 key（即污点的键值），无须指定 value 的值，effect 要使用配置污点时使用的 effect 选项。

2．特殊容忍度

（1）key 为空并且 operator 等于 Exists

```
tolerations:
- operator: "Exists"
```

这表示匹配所有的 key、value 和 effect，也就是容忍所有污点。

（2）effect 为空

```
tolerations:
- key: "key"
  operator: "Exists"
```

这表示匹配所有 effect 类型（NoSchedule、PreferNoSchedule、NoExecute）。

（3）多污点与多容忍度配置

如果某个工作节点配置了 effect 为 NoSchedule 的污点，在定义 Pod 时没有容忍该污点，那么 Pod 不会被调度到该工作节点上。

如果所有 effect 为 NoSchedule 的污点都被 Pod 设置了容忍度，但是至少有一个 effect 为 PreferNoSchedule 的节点没有被 Pod 设置容忍度，那么 Kubernetes 将努力不把 Pod 调度到该节点上。

如果至少有一个 effect 为 NoExecute 的污点没有被 Pod 设置容忍度，那么不仅这个 Pod 不会被调度到该节点上，甚至这个节点上已经运行但没有设置容忍该污点的 Pod，都将被驱逐。

5.3.3.2 使用基本容忍度

1．查看 node1 和 node2 上的污点

查看 node1 节点上污点的命令如下。

```
[root@master ~]# kubectl describe node node1 | grep Taints
```

命令执行结果如下。

```
Taints:            <none>
```

查看 node2 节点上污点的命令如下。

```
[root@master ~]# kubectl describe node node2 | grep Taints
```

命令执行结果如下。

```
Taints:            webservice=no:NoExecute
```

2. 给 node1 设置污点

给 node1 节点设置键值对为 web=no、effect 为 NoSchedule 的污点，命令如下。

```
[root@master ~]# kubectl taint nodes node1 web=no:NoSchedule
```

3. 编写基础容忍度脚本

在 yaml 目录下创建 toleration1.yaml 文件，在文件中输入以下脚本。

```yaml
apiVersion: apps/v1
kind: Deployment
metadata:
  name: toleration-basic
spec:
  template:
    metadata:
      labels:
        app: nginx
    spec:
      containers:
      - name: nginx
        image: nginx:1.8.1
        ports:
        - name: p1
          containerPort: 80
        #定义容忍度
        tolerations:
          #容忍度的键
        - key: "web"
          #Equal 代表相等
          operator: "Equal"
          #值为 no
          value: "no"
          #effect 为 NoSchedule
          effect: "NoSchedule"
  selector:
    matchLabels:
      app: nginx
  replicas: 10
```

以上脚本定义了拥有 10 个 Pod 的 Deployment 控制器，在容忍度的配置中，配置了 key 为 web、value 为 no、effect 为 NoSchedule 的污点，即 Pod 能够容忍节点上具有 web=no: NoSchedule 的污点。

4. 创建 Pod，查看调度信息

创建 Pod 的命令如下。

```
[root@master yaml]# kubectl apply -f toleration1.yaml
```

创建 Pod 后，查看 10 个 Pod 的调度信息，结果如图 5-20 所示。

```
[root@master yaml]# kubectl get pod -o wide
NAME                                READY   STATUS    RESTARTS   AGE   IP            NODE    NOMINATED NODE   READINESS GATES
toleration-basic-868cbd47c8-2czkv   1/1     Running   0          39s   172.16.1.53   node1   <none>           <none>
toleration-basic-868cbd47c8-4nb9b   1/1     Running   0          39s   172.16.1.48   node1   <none>           <none>
toleration-basic-868cbd47c8-7fccb   1/1     Running   0          39s   172.16.1.54   node1   <none>           <none>
toleration-basic-868cbd47c8-bjqlv   1/1     Running   0          39s   172.16.1.52   node1   <none>           <none>
toleration-basic-868cbd47c8-jtkvp   1/1     Running   0          39s   172.16.1.50   node1   <none>           <none>
toleration-basic-868cbd47c8-kxdt9   1/1     Running   0          39s   172.16.1.55   node1   <none>           <none>
toleration-basic-868cbd47c8-mcc6s   1/1     Running   0          39s   172.16.1.57   node1   <none>           <none>
toleration-basic-868cbd47c8-ntcq5   1/1     Running   0          39s   172.16.1.49   node1   <none>           <none>
toleration-basic-868cbd47c8-rz8zr   1/1     Running   0          39s   172.16.1.56   node1   <none>           <none>
toleration-basic-868cbd47c8-tht5c   1/1     Running   0          39s   172.16.1.51   node1   <none>           <none>
```

图 5-20　配置基本容忍度后的 Pod 调度信息

从图 5-20 可以发现，配置了和 node1 相同污点的容忍度后，10 个 Pod 都调度到 node1 节点上，实现了预期的调度目标。

5.3.3.3　使用特殊容忍度

1．编写特殊容忍度脚本

在 yaml 目录中创建 toleration2.yaml 文件，在文件中输入以下脚本。

```yaml
apiVersion: apps/v1
kind: Deployment
metadata:
  name: toleration-special
spec:
  template:
    metadata:
      labels:
        app: nginx
    spec:
      containers:
      - name: nginx
        image: nginx:1.8.1
        ports:
        - name: p1
          containerPort: 80
      #定义容忍度
      tolerations:
          #容忍所有的污点
        - operator: Exists
  selector:
    matchLabels:
      app: nginx
  replicas: 10
```

以上脚本创建了拥有 10 个 Pod 的 Deployment 控制器，在定义容忍度时，只设置了 operator 为 Exists，表示容忍节点上的所有污点。

2．创建 Pod，查看调度信息

使用脚本创建 Pod，命令如下。

```
[root@master yaml]# kubectl apply -f toleration2.yaml
```

创建完成后，查看 Pod 调度信息，结果如图 5-21 所示。

```
[root@master yaml]# kubectl get pod -o wide
NAME                             READY   STATUS    RESTARTS   AGE   IP            NODE    NOMINATED NODE   READINESS GATES
toleration-special-7bd4c87c89-4mmsc   1/1   Running   0          6s    172.16.1.60   node1   <none>           <none>
toleration-special-7bd4c87c89-5xwfz   1/1   Running   0          6s    172.16.2.33   node2   <none>           <none>
toleration-special-7bd4c87c89-6rnjv   1/1   Running   0          6s    172.16.2.31   node2   <none>           <none>
toleration-special-7bd4c87c89-77bxh   1/1   Running   0          6s    172.16.2.28   node2   <none>           <none>
toleration-special-7bd4c87c89-bl8l4   1/1   Running   0          6s    172.16.2.30   node2   <none>           <none>
toleration-special-7bd4c87c89-fmkw5   1/1   Running   0          6s    172.16.1.59   node1   <none>           <none>
toleration-special-7bd4c87c89-g6s69   1/1   Running   0          6s    172.16.2.32   node2   <none>           <none>
toleration-special-7bd4c87c89-ncrxb   1/1   Running   0          6s    172.16.1.58   node1   <none>           <none>
toleration-special-7bd4c87c89-t8wgk   1/1   Running   0          6s    172.16.2.29   node2   <none>           <none>
toleration-special-7bd4c87c89-wldhr   1/1   Running   0          6s    172.16.1.61   node1   <none>           <none>
```

图 5-21　配置特殊容忍度后的 Pod 调度信息

从图 5-21 可以发现，配置了容忍所有污点的 Pod 已经被调度到具有污点的 node1 和 node2 节点上。

拓展训练

配置 node1 节点的污点为 db=no:NoSchedule，配置 node2 节点的污点为 web=no:PreferNoSchedule，创建一个拥有 6 个 Pod 的 Deployment 控制器，观察 Pod 在 Kubernetes 集群中的调度信息。

项目小结

1．可以使用 nodeName 和 nodeSelector 调度、节点和 Pod 亲和性调度、污点和容忍度调度多种方法在集群中调度 Pod。

2．节点亲和性是指 Pod 和节点之间的亲密性关系；Pod 亲和性是指某 Pod 和其他运行的 Pod 之间的亲密性关系。

习题

一、选择题

1．以下关于调度到固定节点的说法中，不正确的是（　　）。
　A．可以通过定义 nodeName 字段将 Pod 调度到指定节点上
　B．可以通过定义 nodeSelector 字段将 Pod 调度到指定节点上
　C．可用通过命令给节点添加标签
　D．使用 nodeSelector 字段调度即使用节点的名字进行调度

2．以下关于亲和性调度的说法中，不正确的是（　　）。
　A．亲和性调度包括节点亲和性和 Pod 亲和性两种调度策略
　B．节点亲和性指创建的 Pod 与运行节点之间的亲和性关系
　C．节点硬亲和性如果匹配失败，Pod 仍可以正常调度
　D．Pod 亲和性分为 Pod 硬亲和性和 Pod 软亲和性

3. 以下关于污点和容忍度的说法中，不正确的是（　　）。
   A．控制节点本身存在污点
   B．可以通过命令给集群中的节点配置污点
   C．不能将 Pod 调度到有污点的节点上
   D．容忍度是指在调度 Pod 时可以容忍配置了污点的节点

二、填空题

1．亲和性和污点是两种相反的调度策略，亲和性指 Pod 与_____的亲密关系，污点指 Pod 与节点的拒绝关系。

2．effect 为_____的污点会影响该节点正在运行的 Pod。

项目 6　使用存储卷

本项目思维导图如图 6-1 所示。

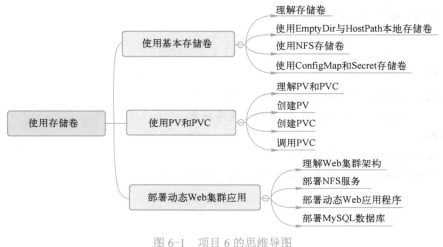

图 6-1　项目 6 的思维导图

项目 6 使用的实验环境见表 6-1。

表 6-1　项目 6 使用的实验环境

主机名称	IP 地址	CPU 内核数	内存/GB	硬盘/GB
master	192.168.0.10/24	4	4	100
node1	192.168.0.20/24	4	2	100
node2	192.168.0.30/24	4	2	100

各节点需要安装的服务见表 6-2。

表 6-2　各节点需要安装的服务

主机名称	安装服务
master	Kube-apiserver、Kube-scheduler、Kube-controller-manager、Etcd、Kubelet、Kube-Proxy、Kubeadm、flannel、Docker
node1	Kubelet、Kube-Proxy、Kubeadm、flannel、Docker
node2	Kubelet、Kube-Proxy、Kubeadm、flannel、Docker

任务 6.1　使用基本存储卷

【学习情境】

在节点上运行的 Pod 容器一旦出现故障或者重启，容器内的数据就消失了，所以很有必要将重要业务的数据进行持久化存储。技术主管要求你使用基本的存储卷实现容器数据的持久化存储。

【学习内容】

（1）存储卷的分类
（2）EmptyDir 与 HostPath 存储卷的使用
（3）NFS 存储卷的使用
（4）ConfigMap 与 Secret 存储卷的使用

【学习目标】

知识目标：
（1）掌握 EmptyDir 与 HostPath 存储卷的使用场景
（2）掌握 ConfigMap 与 Secret 存储卷的使用场景
能力目标：
（1）会使用 HostPath 存储卷持久化数据
（2）会使用 ConfigMap 与 Secret 存储卷动态更新容器配置

6.1.1 理解存储卷

6.1.1.1 存储卷的作用

在 Kubernetes 中，由于 Pod 分布在各个不同的节点之上，在节点故障时，数据可能永久性丢失，同时不能实现不同节点之间持久性数据的共享，为此，Kubernetes 引入了外部存储卷的功能。

6.1.1.2 存储卷的种类

Kubernetes 提供了多种类型的存储卷，以满足不同的需求和使用场景，包括空目录卷（EmptyDir Volume）、本地存储卷（HostPath Volume）、网络存储卷（Network Storage Volume）、持久卷（Persistent Volume）。

6.1.2 使用 EmptyDir 与 HostPath 本地存储卷

6.1.2.1 使用 EmptyDir 存储卷

1．EmptyDir 存储卷的作用

EmptyDir 是在工作节点（Node）上创建 Pod 时被指定的，并且

6.1-1
使用 EmptyDir 与 HostPath 本地存储卷

会一直存在于 Pod 的生命周期当中，Kubernetes 会在 Node 上自动分配一个目录，因此无须指定宿主机 Node 上对应的目录文件。这个目录的初始内容为空，当把 Pod 从 Node 上移除时，EmptyDir 中的数据会被永久删除。在需要一个临时存储空间或做单节点的 Kubernetes 环境功能测试等一些特殊场景下使用 EmptyDir 存储卷。

对于容器来说，EmptyDir 是持久的，容器被销毁时 EmptyDir 不会被影响。但对于 Pod 来说，EmptyDir 是短暂的，Pod 被销毁时 EmptyDir 也会被销毁，Pod 与 EmptyDir 的生命周期相同。

2. 创建和使用 EmptyDir 存储卷

在 yaml 目录下创建一个 emptydir.yaml 文件，在文件中输入以下脚本。

```yaml
apiVersion: v1
kind: Pod
metadata:
  name: emptydir
  labels:
     app: myapp
spec:
  containers:
  - name: nginx
    image: nginx:1.8.1
    imagePullPolicy: IfNotPresent
    ports:
    - name: http
      containerPort: 80
    volumeMounts:              #在容器内定义挂载存储名称和挂载路径
    - name: html
     mountPath: /usr/share/nginx/html/
  - name: busybox
    image: busybox:latest
    imagePullPolicy: IfNotPresent
    volumeMounts:
    - name: html
      mountPath: /data/          #在容器内定义挂载存储名称和挂载路径
      command: ['/bin/sh','-c','while true;do echo $(date) >> /data/index.html;sleep 20;done']
  volumes:    #定义存储卷
  - name: html       #定义存储卷名称
    emptyDir: {}    #定义存储卷类型
```

以上脚本定义了一个名称为 emptydir 的 Pod，包含两个容器。使用 volumes 定义了存储卷的名称为 html，存储卷的类型为 emptyDir:{}。

在定义 nginx 容器时，使用 volumeMounts 将名称为 html 的存储卷挂载到/usr/share/nginx/html 目录下。在定义 busybox 容器时，使用 volumeMounts 将名称为 html 的存储卷挂载到/data 目录下，并向 data 目录的 index.html 文件中写入当前日期。由于两个容器挂载了同一个 EmptyDir 目录，这样/usr/share/nginx/html 目录就包含 index.html 文件。

3. 验证配置

（1）容器共享 EmptyDir 目录

创建 Pod 运行两个容器，命令如下。

```
[root@master yaml]# kubectl apply -f emptydir.yaml
```

查看运行的 Pod 和调度的节点，结果如图 6-2 所示。

```
[root@master yaml]# kubectl get pod -o wide
NAME       READY   STATUS    RESTARTS   AGE   IP            NODE    NOMINATED NODE   READINESS GATES
emptydir   2/2     Running   0          7s    172.16.1.63   node1   <none>           <none>
```

图 6-2　查看运行的 Pod 和调度的节点

可以发现，Pod 中的两个容器调度到了 node1 节点，查看 nginx 容器的内容，命令如下。

```
[root@master yaml]# curl 172.16.1.63
```

命令执行结果如下。

```
Sat Aug 7 00:22:03 UTC 2021
Sat Aug 7 00:22:13 UTC 2021
```

这说明两个容器共享 EmptyDir 存储卷定义的目录。

（2）Pod 重启后数据消失

首先删除当前运行的 Pod，命令如下。

```
[root@master yaml]# kubectl delete -f emptydir.yaml
pod "emptydir" deleted
```

然后重新创建 Pod，命令如下。

```
[root@master yaml]# kubectl apply -f emptydir.yaml
pod/emptydir created
```

重启 Pod 后查看 EmptyDir 调度信息，结果如图 6-3 所示。

```
[root@master yaml]# kubectl get pod -o wide
NAME       READY   STATUS    RESTARTS   AGE   IP            NODE    NOMINATED NODE   READINESS GATES
emptydir   2/2     Running   0          9s    172.16.1.64   node1   <none>           <none>
```

图 6-3　重启 Pod 后查看 EmptyDir 调度信息

查看 nginx 容器的首页内容，命令如下。

```
[root@master yaml]# curl 172.16.1.64
Sat Aug 7 08:23:25 UTC 2021
```

通过首页显示的时间发现，之前的两条时间记录已经不存在了，这说明数据已经丢失了。

6.1.2.2　使用 HostPath 存储卷

使用 HostPath 存储卷，可以将 Pod 目录或文件挂载到宿主机目录或文件。其优点是在 Pod 被删除时，宿主机上存储的数据不会丢失；缺点是在 Kubernetes 中，Pod 都是在各 Node 节点上动态调度的，当一个 Pod 在当前节点上启动并通过 HostPath 将文件存储到本地以后，下次调度到另一个节点上启动时，就无法使用在之前节点上存储的文件了。

1. 创建使用 HostPath 存储卷

在 yaml 目录下创建一个 hostpath.yaml 文件，在文件中输入以下脚本。

```
apiVersion: v1
kind: Pod
metadata:
  name: hostpath
spec:
  containers:
  - name: nginx
    image: nginx:1.8.1
    volumeMounts:                                #定义挂载数据卷
    - name: html                                 #数据卷的名称为 html
      mountPath: /usr/share/nginx/html           #定义数据卷的目录
```

```
volumes:              #使用 volumes 定义数据卷
  - name: html        #定义数据卷的名称
    hostPath:         #使用 hostPath 数据卷
      path: /html     #定义宿主机的目录
      type: DirectoryOrCreate  #定义类型为宿主机中不存在该目录时创建目录
```

以上脚本定义了一个名称为 hostpath 的 Pod，包含一个容器。使用 volumes 定义了存储卷的名称为 html，使用 hostPath 定义存储卷，使用 path 定义宿主机的路径是/html，使用 type 为 DirectoryOrCreate 定义了如果目录不存在则创建该目录。type 类型还有以下两种：①FileOrCreate，宿主机上不存在挂载文件则创建；②File，必须存在文件。

在创建 nginx 容器时，使用 volumeMounts 定义了挂载的数据卷名称为 html，使用 mountPath 定义了容器挂载的目录是网站主页目录。

2．验证配置

（1）查看 Pod 调度信息

首先运行 Pod，命令如下。

```
[root@master yaml]# kubectl apply -f hostpath.yaml
```

启动 Pod 后查看 HostPath 调度信息，结果如图 6-4 所示。

```
[root@master yaml]# kubectl get pod -o wide
NAME      READY  STATUS   RESTARTS  AGE  IP           NODE   NOMINATED NODE  READINESS GATES
hostpath  1/1    Running  0         8s   172.16.1.65  node1  <none>          <none>
```

图 6-4　启动 Pod 后查看 HostPath 调度信息

（2）检查配置 node1 节点

在 node1 节点，查看 node1 节点根目录下是否存在 html 目录，命令如下。

```
[root@node1 ~]# ls /
```

命令执行结果如下。

```
bin  boot  dev  etc  home  html  lib  lib64  media  mnt  opt  proc  root  run  sbin  srv  sys  tmp  usr  var
```

可以发现已经存在 html 目录了，这说明 HostPath 在调度的节点上自动创建了挂载目录。

（3）创建首页文件

在 node1 节点，进入 html 目录，创建 index.html 文件，输入内容 "hello,hostPath"，命令如下。

```
[root@node1 ~]# cd /html
[root@node1 html]# echo hello,hostPath > index.html
```

然后在 master 节点检查 nginx 容器的首页内容，命令如下。

```
[root@master yaml]# curl 172.16.1.65
```

命令执行结果如下。

```
hello,hostPath
```

从结果发现，node1 上的 index.html 文件已经挂载到了 nginx 容器的主页文件上。

（4）删除 Pod

首先删除名为 hostpath 的 Pod，命令如下。

```
[root@master yaml]# kubectl delete -f hostpath.yaml
```

然后在 node1 节点检查 index.html 中的内容是否还在，命令如下。

```
[root@node1 html]# cat index.html
```

命令执行结果如下。

```
hello,hostPath
```

通过检查发现，删除 Pod 后，数据没有丢失，因为进行了持久化操作。

（5）重新启动 Pod

重新启动名为 hostpath 的 Pod，命令如下。

```
[root@master yaml]# kubectl apply -f hostpath.yaml
```

启动 Pod 后查看 HostPath 调度信息，结果如图 6-5 所示。

```
[root@master yaml]# kubectl get pod -o wide
NAME       READY   STATUS    RESTARTS   AGE   IP            NODE    NOMINATED NODE   READINESS GATES
hostpath   1/1     Running   0          7s    172.16.1.66   node1   <none>           <none>
```

图 6-5 重启 Pod 后查看 HostPath 调度信息

可以发现 Pod 再次被调度到 node1 节点上，查看容器的主页内容，命令如下。

```
[root@master yaml]# curl 172.16.1.66
```

命令执行结果如下。

```
hello,hostPath
```

从结果发现，之前的主页内容再次被显示。这里需要注意的是：因为 Pod 被调度到 node1 节点上，所以内容不变；如果 Pod 被调度到其他节点上，内容就不会存在了，这是因为第一次启动 Pod 时 HostPath 将数据持久化到 node1 的 html 目录下了。

6.1.3 使用 NFS 存储卷

6.1.3.1 NFS 存储卷概述

EmptyDir 存储卷在重启容器后数据会消失，HostPath 存储卷可以在每个节点上持久化数据，但是当 Pod 重启后调度到其他工作节点时，数据也就不存在了。这就需要使用一种能持久化数据并且和节点无关的数据卷。符合要求的方式比较多，NFS 存储卷是一种常用的方式。

6.1-2
使用 NFS
存储卷

6.1.3.2 创建 NFS 存储卷

1. 安装配置 NFS 服务

（1）安装 NFS 服务

在 master、node1、node2 节点，使用 yum 工具安装 NFS 服务，命令如下。

```
[root@master yaml]# yum install nfs-utils -y
```

（2）配置 NFS 服务

在根目录下创建 web 目录，命令如下。

```
[root@master yaml]# mkdir /web
```
配置/etc/exports 文件，输入以下内容。
```
/web    192.168.0.0/24(rw,no_root_squash)
```
配置完成后，启动 NFS 服务，命令如下。
```
[root@master yaml]# systemctl start nfs
```
查看 NFS 服务信息，命令如下。
```
[root@master yaml]# showmount -e
```
命令执行结果如下。
```
Export list for master:
/web 192.168.0.0/24
```

2. 创建使用 NFS 存储卷

在 yaml 目录下创建 nfs.yaml 文件，在文件中输入以下脚本。

```yaml
apiVersion: v1
kind: Pod
metadata:
  name: nfs
spec:
  containers:
  - name: myapp
    image: nginx:1.8.1
    volumeMounts:
    - name: html
      mountPath: /usr/share/nginx/html
  volumes:                             #定义存储卷
  - name: html                         #存储卷名称是 html
    nfs:                               #存储卷类型为 NFS 存储卷
      path: /web                       #定义存储卷的路径为/web
      server: 192.168.0.10             #定义存储卷的路径为 192.168.0.10
  nodeName: node1                      #调度 Pod 到 node1 节点
```

3. 创建 Pod

使用命令创建 Pod 后，查看名称为 nfs 的 Pod 的调度信息如图 6-6 所示。

```
[root@master yaml]# kubectl get pod -o wide
NAME   READY   STATUS    RESTARTS   AGE    IP            NODE    NOMINATED NODE   READINESS GATES
nfs    1/1     Running   0          117s   172.16.1.75   node1   <none>           <none>
```

图 6-6　查看名称为 nfs 的 Pod 的调度信息

从图 6-6 中可以发现，Pod 被调度到了 node1 节点上。

4. 配置首页文件

在/web 目录下创建 index.html，输入内容"hello,nfs"。

```
[root@master yaml]# echo hello,nfs>/web/index.html
```

查看容器的主页内容，命令如下。

```
[root@master yaml]# curl 172.16.1.75
```
命令执行结果如下。
```
hello,nfs
```
可以发现/web 目录已经挂载到了容器的主页目录下了。

5．调度 Pod 到 node2 节点

修改 nfs.yaml 文件，将 nodeName:node1 修改为 nodeName:node2。删除 Pod，命令如下。
```
[root@master yaml]# kubectl delete -f nfs.yaml
```
再次启动 Pod，命令如下。
```
[root@master yaml]# kubectl apply -f nfs.yaml
```
调度 Pod 到 node2 节点的结果如图 6-7 所示。

```
[root@master yaml]# kubectl get pod -o wide
NAME   READY   STATUS    RESTARTS   AGE   IP            NODE    NOMINATED NODE   READINESS GATES
nfs    1/1     Running   0          6s    172.16.2.39   node2   <none>           <none>
```
图 6-7　调度 Pod 到 node2 节点的结果

查看主页，命令如下。
```
[root@master yaml]# curl 172.16.2.39
```
命令执行结果如下。
```
hello,nfs
```
这说明 NFS 存储卷持久化了数据，Pod 无论被调度到哪个节点，都能通过 NFS 存储卷读取到 NFS 服务共享的数据。

6.1.4　使用 ConfigMap 与 Secret 存储卷

6.1.4.1　创建 ConfigMap 存储卷

许多应用程序会从配置文件、命令行参数或环境变量中读取配置信息。这些配置信息需要与 Docker 镜像解耦，否则修改一个配置就需要重新制作一次 Docker 镜像。ConfigMap API 提供了向容器中注入配置信息的机制，可以用来保存单个属性，也可以用来保存整个配置文件或者 JSON 二进制大对象。使用时，用户将数据直接存储在 ConfigMap 对象当中，然后 Pod 通过使用 ConfigMap 存储卷进行引用，实现容器的配置文件集中定义和管理。

可以通过 kubectl 命令和 YAML 配置文件两种方式创建 ConfigMap 资源。

1．使用 kubectl 命令创建 ConfigMap

可以通过--from-literal、--from-file、--from-env-file 等方式创建 ConfigMap，通过 kubectl create configmap -h 查看创建 ConfigMap 资源的详细命令。

（1）使用--from-literal 创建 ConfigMap

使用--from-literal 可以创建一个 ConfigMap 资源，命令如下。
```
[root@master ~]# kubectl create configmap person --from-literal=name=zs --from-literal=age=20
```
以上命令创建了一个名称为 person，键值对配置为 name=zs、age=20 的 ConfigMap 资源。

创建完成后,可以查看 ConfigMap 资源,命令如下。

```
[root@master ~]# kubectl get configmap person
```

命令执行结果如下。

```
NAME        DATA    AGE
person      2       92s
```

从结果发现,名称为 person 的 ConfigMap 包含两个数据。可以查看 person 的详细信息,命令如下。

```
[root@master ~]# kubectl describe configmap person
```

命令执行结果如下。

```
Name:         person
Namespace:    default
Labels:       <none>
Annotations:  <none>
Data
====
age:
----
20
name:
----
zs
Events:  <none>
```

可以发现,名称为 person 的 ConfigMap 数据有两个明文数据:一个的键是 age,值是 20;另一个的键是 name,值是 zs。

(2)使用--from-file 创建 ConfigMap

首先创建两个文件,在 name 文件中输入 ls,在 age 文件中输入 30,命令如下。

```
[root@master ~]# echo ls > name
[root@master ~]# echo 30 > age
```

然后使用这两个文件创建 ConfigMap,名称为 person1,命令如下。

```
[root@master ~]# kubectl create configmap person1 --from-file=name --from-file=age
```

查看创建的 ConfigMap,命令如下。

```
[root@master ~]# kubectl get cm person1
```

命令执行结果如下。

```
NAME        DATA    AGE
person1     2       8s
```

这里的 cm 是 ConfigMap 的简写,从结果发现 person1 的 ConfigMap 包含两个数据。通过 describe 查看 person1 的详细信息,命令如下。

```
[root@master ~]# kubectl describe cm person1
```

命令执行结果如下。

```
name:          person1
Namespace:     default
Labels:        <none>
Annotations:   <none>
Data
====
age:
----
30
name:
----
ls
Events: <none>
```

从结果发现，有两个明文数据：一个的键是 age，值是 30；另一个的键是 name，值是 ls。显然，ConfigMap 指定 key 的值为文件内容，也可以在创建时通过 "--from-file=key=文件" 指定 key 的值。

（3）使用--from-env-file 创建 ConfigMap

首先在当前目录下创建一个文件 config.txt，在文件中输入以下内容。

```
name=ww
age=40
```

创建 ConfigMap，命令如下。

```
[root@master ~]# kubectl create configmap person3 --from-env-file=config.txt
```

查看 ConfigMap，命令如下。

```
[root@master ~]# kubectl get cm person3
NAME        DATA    AGE
person3     2       8s
```

查看 ConfigMap 的详细信息，命令如下。

```
[root@master ~]# kubectl describe cm person3
```

命令执行结果如下。

```
Name:          person3
Namespace:     default
Labels:        <none>
Annotations:   <none>
Data
====
age:
----
40
name:
----
ww
```

```
Events: <none>
```

从结果发现，有两个明文数据：一个的键是 age，值是 40；另一个的键是 name，值是 ww。

2. 使用 YAML 配置文件创建 ConfigMap

在 yaml 目录下创建 configmap.yaml 文件，在文件中输入以下脚本。

```
apiVersion: v1
kind: ConfigMap
metadata:
  name: mysqlserver              #名称为mysqlserver
data:
  db_host: "192.168.0.10"        #注意值要用""引用
  db_port: "3306"                #注意值要用""引用
```

6.1-3 使用 YAML 配置文件创建 ConfigMap

以上脚本定义了名称为 mysqlserver 的 ConfigMap，定义了两个数据：一个的键是 db_host，值是 192.168.0.10；另一个的键是 db_port，值是 3306。

使用脚本创建 ConfigMap 类型资源，命令如下。

```
[root@master yaml]# kubectl apply -f configmap.yaml
```

查看名称为 mysqlserver 的 ConfigMap，命令如下。

```
[root@master yaml]# kubectl get cm mysqlserver
```

命令执行结果如下。

```
NAME          DATA    AGE
mysqlserver   2       10s
```

查看名称为 mysqlserver 的 ConfigMap 的详细信息，命令如下。

```
[root@master yaml]# kubectl describe configmap mysqlserver
```

命令执行结果如下。

```
Name:           mysqlserver
Namespace:      default
Labels:         <none>
Annotations:    <none>
Data
====
db_host:
----
192.168.0.10
db_port:
----
3306
Events: <none>
```

从结果发现，有两个数据：一个的键是 db_host，值是 192.168.0.10；另一个的键是 db_port，值是 3306。

6.1.4.2 使用 ConfigMap 存储卷

在 Kubernetes 中创建好 ConfigMap 后，容器可以通过环境变量或者 Volume 挂载的方式使用 ConfigMap 中的内容。

1. 通过环境变量的方式获取 ConfigMap 的内容

（1）编写通过环境变量引用 ConfigMap 的 Pod 的脚本

在 yaml 目录中，创建 env_configmap.yaml 文件，在文件中输入如下脚本。

```yaml
apiVersion: v1
kind: Pod
metadata:
  name: test-mysqlserver        #定义名称为test-mysqlserver
spec:
  containers:
    - name: web
      image: nginx:1.8.1
      envFrom:                  #使用 envFrom 定义环境变量来源
        - configMapRef:         #定义来源于 ConfigMap
            name: mysqlserver   #使用的 ConfigMap 名称为 mysqlserver
```

以上脚本定义了一个 Pod。在容器中，使用 envFrom 定义了通过环境变量的方式使用 ConfigMap 资源。然后定义了 configMapRef 下的 name 为上文中使用 YAML 配置文件创建的名称为 mysqlserver 的 ConfigMap，在容器中就能够在环境变量中保存 ConfigMap 资源存储的配置了。

（2）创建 Pod，检查结果

通过 env_configmap.yaml 创建 Pod，命令如下。

```
[root@master yaml]# kubectl apply -f env_configmap.yaml
```

查看 Pod 运行状态，命令如下。

```
[root@master yaml]# kubectl get pod test-mysqlserver
```

命令执行结果如下。

```
NAME                READY   STATUS    RESTARTS   AGE
test-mysqlserver    1/1     Running   0          26s
```

从结果发现，名称为 test-mysqlserver 的 Pod 已经正常运行了。

进入 test-mysqlserver 后，查看环境变量的值。首先进入容器，命令如下。

```
[root@master yaml]# kubectl exec -it test-mysqlserver /bin/bash
```

查看环境变量的值，命令如下。

```
root@test-mysqlserver:/# env
```

命令执行结果如下。

```
db_host=192.168.0.10
db_port=3306
```

可以发现，在 mysqlserver 这个 ConfigMap 中的配置数据已经被注入容器的环境变量中了。

2. 通过 Volume 挂载的方式将 ConfigMap 的内容挂载为容器内部的文件或目录

（1）编写 Volume 方式挂载的脚本

在 yaml 目录中创建 volume-configmap.yaml 文件，在文件中输入如下脚本。

```yaml
apiVersion: v1
```

```
kind: Pod
metadata:
  name: volume-configmap
spec:
  containers:
    - name: web
      image: nginx:1.8.1
      ports:
      - name: http
        containerPort: 80
      volumeMounts:              #定义使用卷挂载的方式
      - name: testvolume         #定义的名称和存储卷一致
        mountPath: /usr/share/nginx/html   #定义host.txt和port.txt的存放路径
  volumes:                       #定义存储卷
    - name: testvolume           #定义存储卷的名称
      configMap:                 #定义存储卷的类型
        name: mysqlserver        #ConfigMap资源的名称
        items:                   #定义项目列表
          - key: db_host         #定义键为key、值为db_host的数据
            path: host.txt       #定义将这个数据存放到host.txt中
          - key: db_port         #定义键为key、值为db_port的数据
            path: port.txt       #定义将这个数据存放到port.txt中
```

以上脚本定义了一个 Pod，在容器中，使用 ConfigMap 定义了使用存储卷类型；通过 name: mysqlserver 指定了上文中使用 YAML 文件创建的 ConfigMap 资源；通过 items 中的 key 和 mysqlserver 中的 key 一致获取到两个 value 值，然后存到 host.txt 和 port.txt 中；在 volumeMounts 中，使用 mountPath 将这两个文件挂载到/usr/share/nginx/html 目录中。

（2）创建 Pod，检查结果

使用脚本创建 Pod 后，查看 Pod 运行状态，命令如下。

```
[root@master yaml]# kubectl get pod volume-configmap
```

命令执行结果如下。

```
NAME                READY   STATUS    RESTARTS   AGE
volume-configmap    1/1     Running   0          12m
```

进入容器后，查看/usr/share/nginx/html 中挂载的文件内容。首先进入容器，命令如下。

```
[root@master yaml]# kubectl exec -it volume-configmap /bin/bash
```

进入目录，查看两个文件内容，命令如下。

```
root@volume-configmap:/# cd /usr/share/nginx/html/
root@volume-configmap:/usr/share/nginx/html# ls
host.txt  port.txt
root@volume-configmap:/usr/share/nginx/html# cat host.txt
192.168.0.10
root@volume-configmap:/usr/share/nginx/html# cat port.txt
3306
```

从结果发现，mysqlserver 存储卷的内容已经挂载到容器中的两个文件上了。

（3）修改 ConfigMap 的值，查看挂载结果

将 volume-configmap.yaml 中的数据修改为如下的值。

```
data:
  db_host: "192.168.0.20"
  db_port: "33066"
```

再次运行 volume-configmap.yaml 文件，创建 ConfigMap，然后检查 Pod 中两个文件的值，命令如下。

```
root@volume-configmap:/usr/share/nginx/html# cat host.txt
192.168.0.20
root@volume-configmap:/usr/share/nginx/html# cat port.txt
33066
```

可以发现，Pod 中两个文件的值已经自动更新了，这就是使用 Volume 挂载的优势所在。通过环境变量方式获取 ConfigMap 中的值无法实现热更新，更新时需要重启 Pod。

使用 ConfigMap 时要注意以下几点。

1）ConfigMap 必须在 Pod 之前创建。

2）ConfigMap 受 Namespace 限制，只有处于相同 Namespace 中的 Pod 才可以引用它。

3）在 Pod 对 ConfigMap 进行挂载（volumeMount）操作时，在容器内部只能挂载为"目录"，无法挂载为"文件"。

4）在挂载到容器内部后，在目录下将包含 ConfigMap 定义的每个项（item）。如果在该目录下原来还有其他文件，则容器内的该目录将被挂载的 ConfigMap 覆盖。

6.1.4.3 创建 Secret 存储卷

6.1-4 创建 Secret 存储卷

Secret 存储卷用于存储和管理一些敏感数据，比如密码、令牌（Token）、密钥等。它把 Pod 想要访问的加密数据存放到 Etcd 中，用户就可以通过在 Pod 的容器里挂载 Volume 的方式或者环境变量的方式访问 Secret 存储卷里保存的信息。

Secret 存储卷有 3 种类型。

（1）Opaque

base64 编码方式的 Secret 存储卷，用来存储密码、密钥等，但也可以通过 base64 解码得到原始数据，所以加密性很弱。

（2）Service Account

Service Account 用来访问 Kubernetes API，由 Kubernetes 自动创建，并且会自动挂载到 Pod 的/run/secrets/kubernetes.io/serviceaccount 目录中。Service Account 对象的作用，就是 Kubernetes 系统内置的一种"服务账户"，它是 Kubernetes 进行权限分配的对象。比如，Service Account A，可以只被允许对 Kubernetes API 进行 GET 操作，而 Service Account B 则可以有 Kubernetes API 的所有操作权限。

（3）kubernetes.io/dockerconfigjson

kubernetes.io/dockerconfigjson 用来存储私有 Docker Registry 的认证信息。创建 Secret 资源的过程如下：

1．获取需要加密的数据值

Secret 存储卷中存储的数据是加密的，在 Pod 容器中解密。它是用 base64 编码方式进行加

密的，如想存储用户名为 admin、密码是 123456 的值，首先通过以下命令获取 admin 和 123456 的加密值。

```
[root@master ~]# echo -n "admin" | base64
YWRtaW4=
[root@master ~]# echo -n "123456"| base64
MTIzNDU2
```

通过 base64 加密可知，admin 的加密值是 YWRtaW4=，123456 的加密值是 MTIzNDU2。

2．创建 Secret 存储资源

在 yaml 目录下创建 secret.yaml 文件，在文件中输入以下脚本。

```
apiVersion: v1
kind: Secret              #定义类型为 secret
metadata:
  name: testsecret
type: Opaque              #定义 secret 的类型为 Opaque
data:
  username: YWRtaW4=      #定义 username 的值是 admin 的 base64 加密值
  password: MTIzNDU2      #定义 password 的值是 123456 的 base64 加密值
```

以上脚本定义了 Secret 存储资源，类型为 Opaque，存储数据的 key 分别是 username 和 password，存储的值是 admin 和 123456 的 base64 加密值。

3．检查结果

使用脚本，创建名称为 testsecret 的 Secret 资源，命令如下。

```
[root@master yaml]# kubectl apply -f secret.yaml
```

创建完成后，查看创建的 Secret，命令如下。

```
[root@master yaml]# kubectl get secrets testsecret
```

命令执行结果如下。

```
NAME            TYPE      DATA    AGE
testsecret      Opaque    2       31s
```

查看详细信息，命令如下。

```
[root@master yaml]# kubectl describe secrets testsecret
Name:         testsecret
Namespace:    default
Labels:       <none>
Annotations:  <none>
Type: Opaque
Data
====
password: 6 bytes
username: 5 bytes
```

从结果发现，在 Data 数据中 username 和 password 的内容都已经加密了。

6.1.4.4 使用 Secret 存储卷

1. 以环境变量方式使用 Secret 存储卷

（1）编写使用环境变量的控制器脚本

可以将名称为 testsecret 的存储资源导入 Pod 容器的环境变量中。首先在 yaml 目录下，创建文件 env_secret.yaml，在文件中输入以下脚本。

```yaml
apiVersion: apps/v1
kind: Deployment
metadata:
  name: env-secret
spec:
  replicas: 2
  selector:
    matchLabels:
      app: myweb
  template:
    metadata:
      labels:
        app: myweb
    spec:
      containers:
      - name: web
        image: nginx:1.8.1
        ports:
        - name: http
          containerPort: 80
        env:                            #定义环境变量获取方式
        - name: MYSQL_USER              #在环境变量中的 key 值
          valueFrom:                    #定义 value 的来源
            secretKeyRef:               #来源于 secret 资源
              name: testsecret          #来源于 testsecret
              key: username             #使用 key 为 username 的 value
        - name: MYSQL_PASSWORD
          valueFrom:
            secretKeyRef:
              name: testsecret          #来源于 testsecret
              key: password             #使用 key 为 password 的 value
```

以上脚本定义了一个有两个副本的控制器，通过 env 定义了 MYSQL_USER 的值来自 testsecret 中 username 的 value，定义了 MYSQL_PASSWORD 的值来自 testsecret 中 password 的 value。

（2）检查结果

首先使用 YAML 文件创建 Pod，然后检查 Pod 调度信息，结果如图 6-8 所示。

```
[root@master yaml]# kubectl get pod -o wide
NAME                         READY   STATUS    RESTARTS   AGE   IP            NODE    NOMINATED NODE   READINESS GATES
env-secret-7784bd9f69-cqrfd  1/1     Running   0          4s    172.16.1.85   node1   <none>           <none>
env-secret-7784bd9f69-r8tx8  1/1     Running   0          4s    172.16.2.49   node2   <none>           <none>
```

图 6-8 env-secret 控制器 Pod 调度信息

通过命令进入其中一个 Pod 容器，命令如下。

```
[root@master yaml]# kubectl exec -it env-secret-7784bd9f69-cqrfd /bin/bash
```

查看环境变量，命令如下。

```
root@env-secret-7784bd9f69-cqrfd:/# env
MYSQL_PASSWORD=123456
MYSQL_USER=admin
```

在环境变量结果中发现，已经存在 key 为 MYSQL_USER、MYSQL_PASSWORD，value 为 admin 和 123456 的环境变量了。在程序中，可以使用这个环境变量做相关配置，修改时只需要改变 Secret 存储资源就可以了。

2．以 Volume 挂载方式使用 Secret 存储卷

（1）编写使用 Volume 挂载方式的 Pod 脚本

可以将名称为 testsecret 的存储资源导入 Pod 容器的目录中。首先在 yaml 目录下创建 volume_secret.yaml 文件，在文件中输入以下脚本。

```
apiVersion: v1
kind: Pod
metadata:
  name: volume-secret
spec:
  containers:
    - name: web
      image: nginx:1.8.1
      ports:
      - name: http
        containerPort: 80
      volumeMounts:
      - name: ssl                       #存储卷名称
        mountPath: /home/nginx/nginx/conf/cert/    #定义挂载目录
  volumes:                              #定义所使用的 Volumes
  - name: ssl                           #定义存储卷的名称
    secret:                             #定义存储卷的类型为 secret
      secretName: testsecret            #定义 secret 的名称
```

以上脚本使用 Volume 挂载方式将 testsecret 资源挂载到了/home/nginx/nginx/conf/cert 目录。

（2）检查 Volume 配置结果

创建 Pod 后，查看 Pod 调度信息，结果如图 6-9 所示。

```
[root@master yaml]# kubectl get pod volume-secret
NAME            READY   STATUS    RESTARTS   AGE
volume-secret   1/1     Running   0          14m
```

图 6-9　volume-secret 控制器 Pod 调度信息

进入 Pod 容器，命令如下。

```
[root@master yaml]# kubectl exec -it volume-secret /bin/bash
```

进入挂载目录，命令如下。

```
root@volume-secret:/# cd /home/nginx/nginx/conf/cert/
```

查看目录下资源，命令如下。

```
root@volume-secret:/home/nginx/nginx/conf/cert# ls
password  username
```

查看 username 的内容，命令及结果如下。

```
root@volume-secret:/home/nginx/nginx/conf/cert# cat username
Admin
```

查看 password 的内容，命令及结果如下。

```
root@volume-secret:/home/nginx/nginx/conf/cert# cat password
123456
```

可以发现，两个文件的名称是 secret 的 key，值是 key 的 value，这样就可以通过更新 testsecret 来动态更新容器中配置文件的内容了。

拓展训练

创建名称为 mysecret 的 Secret 存储资源，使用的 key 分别是 name 和 age，value 分别是 zs 和 80。定义 Pod 使用 mysecret，通过环境变量的方式，将 mysecret 存储资源的配置导入容器环境变量中。

任务 6.2　使用 PV 和 PVC

【学习情境】

使用网络存储技术可以将数据持久化，但问题是每次构建 Pod 容器或者程序员在编写程序以存放数据时，都需要记住后端的各个存储地址。解决方法是使用 PV 定义后端的存储，再使用 PVC 申请 PV 资源。这样创建 Pod 时只需要使用 PVC 资源就可以了。技术主管要求你学会 PV 和 PVC 的使用。

6.2
使用 PV 和 PVC

【学习内容】

（1）PV 的作用和定义
（2）PVC 的作用和定义
（3）使用 PVC 创建 Pod

【学习目标】

知识目标：
（1）掌握 PV 和 PVC 的作用
（2）掌握定义 PV 和 PVC 的方法
能力目标：
（1）会使用 PV 定义存储资源

（2）会使用 PVC 申请 PV 资源
（3）会使用 PVC 创建 Pod

6.2.1 理解 PV 和 PVC

6.2.1.1 PV 的作用

PV 即 PersistentVolume（持久化卷），是对底层的共享存储的一种抽象。PV 由管理员进行创建和配置。它屏蔽掉 Ceph、GlusterFS、NFS 等底层共享存储技术实现方式，在定义存储资源后提供给上层的 PVC 使用。

6.2.1.2 PVC 的作用

PVC 即 PersistentVolumeClaim（持久化卷声明），是用户存储的一种声明。PVC 和 Pod 比较类似：Pod 消耗的是节点，PVC 消耗的是 PV 资源；Pod 可以请求 CPU 和内存，PVC 则可以请求特定的存储空间和访问模式。真正使用存储资源的用户无须关心底层存储实现的细节，直接使用 PVC 即可。Pod、PVC、PV、后端存储（即实际存储空间）的关系如图 6-10 所示。

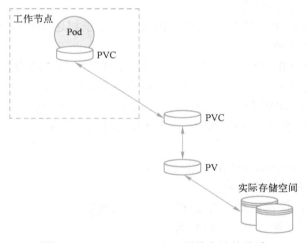

图 6-10　Pod、PVC、PV、后端存储的关系

6.2.2 创建 PV

6.2.2.1 配置 NFS 存储

1. 安装 NFS 服务

在 master、node1、node2 节点，使用 yum 工具安装 NFS 服务，命令如下。

```
[root@master yaml]# yum install nfs-utils -y
```

2. 配置 NFS 服务

在根目录下创建 data 目录，命令如下。

```
[root@master yaml]# mkdir /data
```

配置/etc/exports 文件，输入以下内容。

```
    /data    192.168.0.0/24(rw,no_root_squash)
```

配置完成后，启动 NFS 服务，命令如下。

```
[root@master yaml]# systemctl start nfs
```

查看 NFS 服务信息，命令如下。

```
[root@master yaml]# showmount -e
```

命令执行结果如下。

```
Export list for master:
/data 192.168.0.0/24
```

6.2.2.2　编写创建 PV 的 YAML 文件

1．PV 的主要概念

（1）capacity（存储能力）

一般来说，一个 PV 对象，都要指定其存储能力，可以通过 PV 的 capacity 属性来设置。目前只支持存储空间的设置，就是 storage=1Gi，不过未来可能会加入 IOPS、吞吐量等指标的配置。

（2）accessModes（访问模式）

accessModes 用来对 PV 进行访问模式的设置，用于描述用户应用对存储资源的访问权限。访问权限包括下面几种。

1）ReadWriteOnce（RWO）：读写权限，但是只能被单个节点挂载。

2）ReadOnlyMany（ROX）：只读权限，可以被多个节点挂载。

3）ReadWriteMany（RWX）：读写权限，可以被多个节点挂载。

一些 PV 可能支持多种访问模式，但是在挂载的时候只能使用一种访问模式，多种访问模式是不会生效的。

（3）persistentVolumeReclaimPolicy（回收策略）

目前 PV 支持的策略有如下 3 种。

1）Retain（保留）：保留数据，需要管理员手工清理数据。

2）Recycle（回收）：清除 PV 中的数据。

3）Delete（删除）：与 PV 相连的后端存储完成 Volume 的删除操作。这常见于云服务商的存储服务，比如 ASW EBS。

不过需要注意的是，目前只有 NFS 和 HostPath 两种类型支持此策略。一般设置为 Retain，数据安全性更高。

（4）状态

一个 PV 的生命周期包括 4 个不同的阶段。

1）Available（可用）：表示可用状态，还未被任何 PVC 绑定。

2）Bound（已绑定）：表示 PV 已经被 PVC 绑定。

3）Released（已释放）：PVC 被删除，但是资源还未被集群重新声明。

4）Failed（失败）：表示该 PV 的自动回收失败。

2．创建 PV 的操作

（1）编写 YAML 脚本

PV 作为存储资源，主要包括存储能力、访问模式、存储类型、回收策略等关键信息。下面新建一个 PV 对象，使用以上配置的 NFS 服务作为后端存储，2GB 的存储空间，访问模式为 ReadWriteOnce，回收策略为 Retain。

在 yaml 目录下创建 pv.yaml 文件，在文件中输入以下脚本。

```yaml
apiVersion: v1                            #定义版本
kind: PersistentVolume                    #定义资源类型为 PV
metadata:
  name: pv1
spec:
  capacity:                               #定义存储能力
    storage: 2Gi                          #大小为 2GB
  accessModes:                            #定义访问模式
  - ReadWriteOnce                         #定义只能被单个节点挂载读写
  persistentVolumeReclaimPolicy: Retain   #定义回收策略
  nfs:                                    #定义后端存储
    path: /data                           #后端存储的目录
    server: 192.168.0.10                  #后端存储地址
```

以上脚本定义了一个 PV，使用的是后端 NFS 存储，设置的存储大小是 2GB，访问模式是单点挂载读写，回收策略是 Retain。可以使用 storageClassName 为 PV 定义存储类名称，如果使用了该名称，则在使用 PVC 申请时也要注意匹配该名称。

（2）查看 PV 状态

使用 yaml 脚本创建 PV，命令如下。

```
[root@master yaml]# kubectl apply -f pv.yaml
```

查看创建的 pv1，命令如下。

```
[root@master yaml]# kubectl get pv pv1
```

命令执行结果如图 6-11 所示。

```
[root@master yaml]# kubectl get pv pv1
NAME   CAPACITY   ACCESS MODES   RECLAIM POLICY   STATUS      CLAIM   STORAGECLASS   REASON   AGE
pv1    2Gi        RWO            Retain           Available                                   7m9s
```

图 6-11　查看 pv1

从结果发现，pv1 存储资源已经按照要求创建成功了，STATUS 是 Available，即处在可用状态。

6.2.3　创建 PVC

在创建了 pv1 存储资源后，就可以创建 PVC 来申请存储资源了。

1．编写创建 PVC 的脚本

在 yaml 目录下创建 pvc.yaml 文件，在文件中输入以下脚本。

```yaml
apiVersion: v1                            #定义版本
kind: PersistentVolumeClaim               #定义类型
metadata:
  name: pvc1
```

```
    spec:
      accessModes:            #定义访问模式
        - ReadWriteOnce
      resources:              #定义资源要求
        requests:
          storage: 2Gi        #定义资源大小
```

以上脚本创建了名称为 pvc1 的 PVC，访问模式是 ReadWriteOnce，要求的资源大小是 2GB。

2．检查创建结果

使用 YAML 脚本创建 PVC，命令如下。

```
[root@master yaml]# kubectl apply -f pvc.yaml
```

创建完成后查看 pvc1 的状态，命令如下。

```
[root@master yaml]# kubectl get pvc pvc1
```

命令执行结果如图 6-12 所示。

```
[root@master yaml]# kubectl get pvc pvc1
NAME   STATUS   VOLUME   CAPACITY   ACCESS MODES   STORAGECLASS   AGE
pvc1   Bound    pv1      2Gi        RWO                           10s
```

图 6-12 查看 pvc1

从结果发现，按照 YAML 脚本定义，名称为 pvc1 的 PVC 创建成功了，STATUS 为 Bound，即处于绑定状态，这说明它已经成功地和某个 PV 进行绑定，能够申请存储资源了。

再次查看 pv1 的状态，结果如图 6-13 所示。

```
[root@master yaml]# kubectl get pv
NAME   CAPACITY   ACCESS MODES   RECLAIM POLICY   STATUS   CLAIM          STORAGECLASS   REASON   AGE
pv1    2Gi        RWO            Retain           Bound    default/pvc1                           27m
```

图 6-13 查看绑定后的 pv1

从结果发现，pv1 当前的 STATUS 为 Bound，即处于绑定状态了，而且多了一个字段 CLAIM，表明被哪个 PVC 申请，可以发现是 default 默认命名空间下的 pvc1 申请的。

6.2.4 调用 PVC

pvc1 被创建后，就可以在构建 Pod 时调用了。

1．编写调用 PVC 的 Pod 脚本

在 yaml 目录下创建 pvc-pod.yaml 文件，在文件中输入以下脚本。

```
apiVersion: v1
kind: Pod
metadata:
  name: pvc-pod
spec:
  containers:
  - name: web
    image: nginx:1.8.1
    ports:
```

```
        - name: http
          containerPort: 80
      volumeMounts:
        - name: www                                    #使用 www 的存储卷
          subPath: nginx1                              #在存储目录下创建 nginx1 目录
          mountPath: /usr/share/nginx/html             #挂载的容器目录
      volumes:                                         #定义挂载存储卷
        - name: www                                    #名称为 www
          persistentVolumeClaim:                       #使用 PVC 存储
            claimName: pvc1                            #PVC 的名称为 pvc1
```

以上脚本创建了一个 Pod，使用 pvc1 申请存储资源，在挂载目录时，使用 subPath 在实际挂载目录下再创建一个目录，目的是当有其他 Pod 也使用此存储资源时，将持久化的目录区别开来。

2．检查结果

（1）检查 Pod 的运行状态

使用 YAML 脚本创建 Pod 后，查看 Pod 的运行状态，结果如图 6-14 所示。

```
[root@master yaml]# kubectl get pod pvc-pod -o wide
NAME      READY   STATUS    RESTARTS   AGE   IP            NODE    NOMINATED NODE   READINESS GATES
pvc-pod   1/1     Running   0          19s   172.16.2.50   node2   <none>           <none>
```

图 6-14　查看 pvc-Pod 信息

可以发现，该 Pod 已经调度到 node2 节点上了。

（2）配置 NFS 共享目录

查看 NFS 在 master 节点的/data 目录，命令如下。

```
[root@master yaml]# ls /data
```

命令执行结果如下。

```
nginx1
```

可以发现，在/data 共享目录下已经创建了一个子目录 nginx1。这说明在创建 Pod 时，使用的 subPath: nginx1 已经发挥了作用，在 nginx1 目录下创建一个文件，输入 web1，命令如下。

```
[root@master yaml]# echo web1 > /data/nginx1/index.html
```

检查 Pod 容器的首页内容，命令如下。

```
[root@master yaml]# curl 172.16.2.50
```

命令执行结果如下。

```
web1
```

结果说明/data/nginx1 目录已经是运行 Pod 容器的持久化目录了。

拓展训练

在 master 节点配置 NFS 服务，共享目录为/web 和/data。创建 PV，定义/web 的资源大小为 1GB，/data 大小为 3GB。创建 PVC，申请一个 2GB 的 PVC。查看绑定 PV 的情况。

任务 6.3　部署动态 Web 集群应用

【学习情境】

在掌握持久化存储部署之后，技术主管要求你在 Kubernetes 集群上部署一个动态 Web 应用程序，要求 Web 容器可以动态伸缩，还要实现 Web 应用程序的数据一致性，同时持久化数据库的数据。

6.3-1 部署动态 Web 集群应用

【学习内容】

（1）搭建配置 NFS 服务
（2）通过编写 YAML 文件创建 Web 服务
（3）通过编写 YAML 文件创建数据库服务

【学习目标】

知识目标：
（1）掌握保持程序数据一致性的方法
（2）掌握持久化数据库数据的方法

能力目标：
（1）会通过编写 YAML 文件部署 Web 集群
（2）会通过编写 YAML 文件部署数据库

6.3.1　理解 Web 集群架构

本任务要部署的 Web 集群架构如图 6-15 所示。

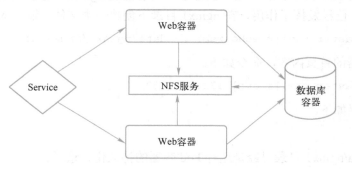

图 6-15　Web 集群架构

集群通过部署 Pod 服务来部署多个 Web 容器，这些 Web 容器要共享网络上共同的 Web 应用程序，因为只有这样才能保证所有 Web 容器中的数据都是一致的，同时，数据库容器的数据需要持久化到 NFS 服务中，这样数据库容器出现问题的数据也不会丢失。

6.3.2 部署 NFS 服务

把 NFS 服务部署在控制节点上，为控制节点和工作节点提供数据存储服务。

1．安装 NFS 服务

首先在控制节点安装 NFS 服务，命令如下。

```
[root@master ~]# yum install nfs-utils -y
```

在安装结束后显示如下内容，就说明安装成功了。

```
nfs-utils.x86_64 1:1.3.0-0.68.el7
```

2．配置 NFS 服务

（1）创建共享目录

在根目录下创建 web 目录，命令如下。

```
[root@master ~]# mkdir /web
[root@master ~]# mkdir /mysql
```

（2）上传 Web 应用源程序，并修改权限

在/web 目录下上传一个内容管理系统 dami 源程序，命令如下。

```
[root@master web]# ls
dami
```

设置可写权限，命令如下。

```
[root@master web]# chmod -R 777 dami
```

设置权限的目的是让用户可以写入内容。

（3）修改/etc/exports 配置文件

输入如下命令。

```
[root@master ~]# vi /etc/exports
```

打开/etc/exports 配置文件后，输入以下内容。

```
/web/dami    192.168.0.0/24(rw,no_root_squash)
/mysql       192.168.0.0/24(rw,no_root_squash)
```

把两个共享目录配置给 192.168.0.0/24 网络上的主机，设置读写和 root 用户访问权限。
配置完成后，启动 NFS 服务，命令如下。

```
[root@master ~]# systemctl start nfs
```

然后查看 NFS 的共享目录，命令如下。

```
[root@master ~]# showmount -e 192.168.0.10
Export list for 192.168.0.10:
/mysql  (everyone)
/web    (everyone)
```

6.3.3 部署动态 Web 应用程序

1. 构建支持 PHP 应用程序镜像

（1）编写 Dockerfile

在 /root 目录下创建 php 子目录，进入 php 子目录，创建 Dockerfile 文件，打开 Dockerfile，输入以下内容。

```
#指定基础镜像
FROM reqistry.cn-hangzhou.aliyuncs.com/lnstzy/centos:7
#安装 httpd php 和 php 的支持组件
RUN  yum install httpd php php-mysql php-gd -y
#暴露 80 服务端口
EXPOSE 80
#启动容器时在前台运行 httpd
CMD ["/usr/sbin/httpd","-DFOREGROUND"]
```

这个 Dockerfile 用来制作一个支持 PHP 应用程序的镜像。在 Dockerfile 中，不要复制具体的程序到指定目录，这是因为需要通过这个镜像部署多个容器，具体的程序则要通过挂载 NFS 中的数据而获得。

（2）构建镜像

构建一个 php:v1 的 Docker 镜像，命令如下。

```
[root@master php]# docker build -t php:v1 .
```

命令执行结果如下。

```
Step 1/4 : FROM centos:7
 ---> 8652b9f0cb4c
Step 2/4 : RUN  yum install httpd php php-mysql php-gd -y
Step 3/4 : EXPOSE 80
 ---> Running in bd5479f406be
Removing intermediate container bd5479f406be
 ---> 4d075f291fa2
Step 4/4 : CMD ["/usr/sbin/httpd","-DFOREGROUND"]
 ---> Running in 5d77ee95973d
Removing intermediate container 5d77ee95973d
 ---> 83cc6c3ff514
Successfully built 83cc6c3ff514
Successfully tagged php:v1
```

经过 Step 1/4、Step 2/4、Step 3/4、Step 4/4 成功地构建了 php:v1 镜像。

2. 编写 YAML 文件

在 yaml 目录中，创建 dami.yaml 文件，命令如下。

```
[root@master yaml]# vi dami.yaml
```

在打开的文件中，输入以下内容。

```
apiVersion: apps/v1
kind: Deployment
metadata:
```

```
        name: de2
    spec:
      template:
        metadata:
          labels:
            app: dami
        spec:
          containers:
          - name: dami
            image: php:v1
            ports:
            - name: p1
              containerPort: 80
            volumeMounts:
            - name: nfs1
              mountPath: /var/www/html
          volumes:
          - name: nfs1
            nfs:
              path: /web/dami
              server: 192.168.0.10
      selector:
        matchLabels:
          app: dami
      replicas: 3
```

（1）语义解释

定义 apiVersion 的版本号是 apps/v1，资源类型是 Deployment，通过 metadata 中的 name 字段定义了名称是 de2。

在 spec 字段下使用 template 定义了一个 Pod 模板，这个模板的标签是 app:dami，在这个模板中定义了一个容器，名称是 dami，使用的镜像是 php:v1，容器暴露的端口是 80。

在 spec 字段下定义了 selector 字段，这个字段的作用是定义 Deployment 控制器控制哪些标签的 Pod，因为在使用 template 定义 Pod 模板时，定义了 Pod 模板标签是 app:dami，所以这里定义了 matchLabels 是 app: dami。

在与 containers 字段对齐的 volumes 字段中，指定了容器挂载的服务器和目录，在与 name、image、ports 对齐的 volumeMounts 字段中，定义了挂载到容器中的具体目录，这样就实现了把 NFS 服务的/web/dami 目录挂载到容器 Web 服务的根目录/var/www/html 上。

在 spec 字段下使用 replicas: 3 定义了 Pod 的数量是 3。

（2）语法解释

最顶级的 4 个字段是 apiVersion、kind、metadata、spec，在最左侧对齐。

在 spec 下有 3 个子字段，分别是 template、selector、replicas，必须把这 3 个字段对齐。

volumes 要与 containers 字段对齐，volumeMounts 要与 name、image、ports 对齐。

3．基于 YAML 文件构建 Web 容器应用集群

（1）在工作节点上构建 php:v1 镜像

因为在创建 Pod 时需要镜像的支持，所以工作节点也应该包含该镜像。可以通过配置镜像

仓库，从控制节点上传，然后在工作节点下载，这里直接用 Dockerfile 构建。

将在 master 节点的文件复制到 node1 和 node2 节点上，命令如下。

```
[root@master php]# scp Dockerfile root@node1:/root/php
[root@master php]# scp Dockerfile root@node2:/root/php
```

使用 docker build -t 进行构建，命令如下。

```
[root@node1 php]# docker build -t php:v1 .
Successfully tagged php:v1
[root@node2 php]# docker build -t php:v1 .
Successfully tagged php:v1
```

（2）创建 Deployment

```
[root@master yaml]# kubectl apply -f dami.yaml
deployment.apps/de2 created
```

（3）查看 Pod 数量

使用命令查看 Pod 调度信息，结果如图 6-16 所示。

```
NAME                     READY   STATUS    RESTARTS   AGE   IP             NODE    NOMINATED NODE   READINESS GATES
de2-6bdf7c6dfd-hz8qv     1/1     Running   0          13m   172.16.1.159   node1   <none>           <none>
de2-6bdf7c6dfd-jqthr     1/1     Running   0          13m   172.16.1.158   node1   <none>           <none>
de2-6bdf7c6dfd-r7vks     1/1     Running   0          13m   172.16.1.160   node1   <none>           <none>
```

图 6-16　查看 Pod 调度信息

（4）创建 NodePort 类型 Service

1）编写 YAML 文件。在 yaml 目录下创建 s2-dami.yaml 文件，在其中输入如下内容。

```
apiVersion: v1
kind: Service
metadata:
  name: s2
spec:
  selector:
    app: dami
  ports:
  - name: http80
    port: 80
    targetPort: 80
    nodePort: 30001
  type: NodePort
```

这里创建了 NodePort 类型的 Service 资源，开放的节点端口是 30001，其中最重要的是 selector 字段的值是 app: dami，这是因为在定义控制时，Pod 模板的标签是 app: dami。这样就可以在 Windows 系统中使用浏览器访问 Pod 内的容器应用了。

2）创建 Service。使用 kubectl apply -f 创建 Service，命令如下。

```
[root@master yaml]# kubectl apply -f s2-dami.yaml
service/s2 created
```

然后查看 s2 的具体信息，命令如下。

```
[root@master yaml]# kubectl describe service s2
```
命令执行结果如下。
```
Name:                   s2
Namespace:              default
Labels:                 <none>
Annotations:            <none>
Selector:               app=dami
Type:                   NodePort
IP Families:            <none>
IP:                     10.109.187.98
IPs:                    <none>
Port:                   http80  80/TCP
TargetPort:             80/TCP
NodePort:               http80  30001/TCP
Endpoints:              172.16.0.48:80,172.16.1.21:80,172.16.1.22:80
Session Affinity:       None
External Traffic Policy: Cluster
Events:                 <none>
```

可以发现，s2 的 Service 已经可以负载均衡到后端的 3 个容器应用了。

3）在 Windows 系统中访问。在 Windows 系统中，使用浏览器访问http://192.168.0.10:30001，结果如图 6-17 所示。

图 6-17　在 Windows 系统中访问动态 Web 应用的结果

能访问到这个界面，说明容器已经挂载到 NFS 服务器的程序目录了。

6.3.4　部署 MySQL 数据库

6.3-2
部署 MySQL
数据库

安装容器应用时需要连接到数据库，所以需要把数据库容器也部署上。连接数据库的配置如图 6-18 所示。

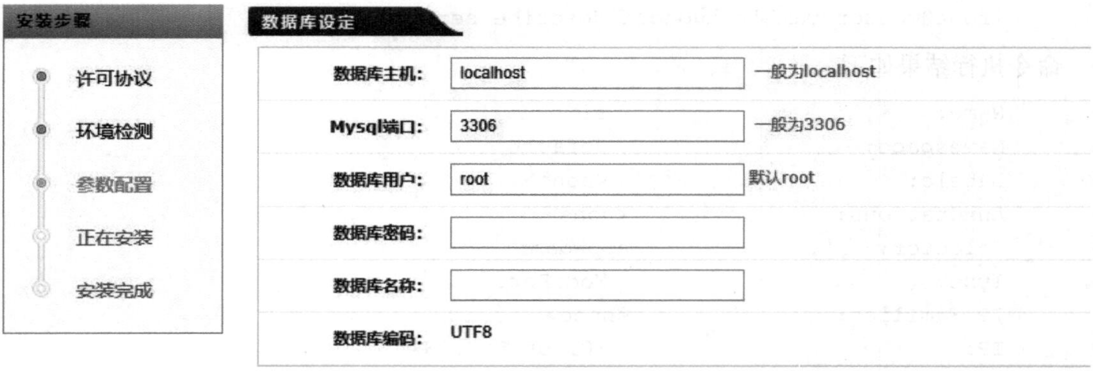

图 6-18 连接数据库的配置

1. 编写构建数据库容器的 YAML 文件

在 yaml 目录中创建 mysql.yaml 文件，打开文件，输入如下内容。

```yaml
apiVersion: apps/v1
kind: Deployment
metadata:
  name: de3
spec:
  template:
    metadata:
      labels:
        app: mysql
    spec:
      containers:
      - name: mysql
        image: mysql:5.7
        env:
        - name: MYSQL_ROOT_PASSWORD
          value: "1"
        ports:
        - containerPort: 3306
        volumeMounts:
        - name: nfs1
          mountPath: /var/lib/mysql
      volumes:
      - name: nfs1
        nfs:
          path: /mysql
          server: 192.168.0.10
  selector:
    matchLabels:
      app: mysql
```

（1）语义解释

定义 apiVersion 的版本号是 apps/v1，资源类型是 Deployment，通过 metadata 中的 name 字

段定义了名称是 de3。

在 spec 字段下使用 template 定义了一个 Pod 模板，这个模板的标签是 app:mysql。在这个模板中定义了一个容器，名称是 mysql，使用的镜像是 mysql:5.7，容器暴露的端口是 3306。通过 env 字段定义了 root 用户的密码是 1。

在 spec 字段下定义了 selector 字段，这个字段的作用是定义 Deployment 控制器控制哪些标签的 Pod，因为在使用 template 定义 Pod 模板时，定义了 Pod 模板的标签是 app: mysql，所以这里定义了 matchLabels 是 app: mysql。

在与 containers 字段对齐的 volumes 字段中，指定了容器挂载的服务器和目录。在与 name、image、ports 对齐的 volumeMounts 字段，定义了挂载到容器的具体目录，这样就实现了把 NFS 服务的/mysql 目录挂载到容器（Web 服务）的根目录/var/lib/mysql，实现了数据库数据持久化。

（2）语法解释

顶级的 4 个字段是 apiVersion、kind、metadata、spec，在最左侧对齐。

在 spec 下有两个子字段，分别是 template、selector，必须把这两个字段对齐。

volumes 要与 containers 字段对齐，volumeMounts 要与 name、image、ports 对齐。

在使用 env 定义环境变量时，一定要在 value 后边的数值上加上双引号。

2．基于 YAML 文件创建 de3 控制器

```
[root@master yaml]# kubectl apply -f mysql.yaml
deployment.apps/de3 created
```

3．查看 de3 控制器控制的 Pod 服务

通过 kubectl get pod 命令查看当前 Pod 信息，结果如图 6-19 所示。

```
[root@master yaml]# kubectl get pod -o wide
NAME                   READY   STATUS    RESTARTS   AGE   IP            NODE     NOMINATED NODE   READINESS GATES
de2-876487cc-6nnbx     1/1     Running   0          68m   172.16.0.57   master   <none>           <none>
de2-876487cc-lxtbz     1/1     Running   0          68m   172.16.1.28   node1    <none>           <none>
de2-876487cc-rztdt     1/1     Running   0          68m   172.16.0.56   master   <none>           <none>
de3-8499b9b5bd-grg4r   1/1     Running   0          56s   172.16.0.61   master   <none>           <none>
```

图 6-19　查看当前 Pod 信息

可以发现，de3 控制器控制的 Pod 已经运行在 master 上了，IP 地址是 172.16.0.61。

4．创建 Service

在 yaml 目录下创建 s3-mysql.yaml 文件，在文件中输入如下内容。

```
apiVersion: v1
kind: Service
metadata:
  name: s3
spec:
  selector:
    app: mysql
  ports:
  - name: http80
    port: 3306
    targetPort: 3306
```

由于 mysql 服务只需要对内部提供服务，因此不需要创建 NodePort 服务类型。这里需要注

意：selector 字段的值是 app: mysql，是数据库 Pod 的标识；开放的端口是 3306，映射到后端服务的 3306 端口。

5. 查看 Service 的 IP 地址

```
[root@master yaml]# kubectl get service s3
NAME    TYPE        CLUSTER-IP      EXTERNAL-IP   PORT(S)    AGE
s3      ClusterIP   10.107.189.18   <none>        3306/TCP   30m
```

通过查询发现，可以使用 10.107.189.18 访问后端容器服务。

6. 安装 Web 集群

在安装 Web 集群的数据库配置中，输入 Service 的 IP 地址和数据库密码"1"，可以发现能够成功连接了，如图 6-20 所示。

图 6-20　成功连接数据库

输入数据库名称和网站管理员密码，单击"继续"按钮，就安装成功了，如图 6-21 所示。

图 6-21　Web 集群安装成功

拓展训练

使用 PV 和 PVC 的方式定义 MySQL 的持久化存储。

项目小结

1. EmptyDir 和 HostPath 是本地存储，无法提供持久化数据存储服务。
2. 使用 PV 和 PVC 可以动态地为容器提供持久化存储。

习题

一、选择题

1. 以下关于 EmptyDir 存储卷的说法中，不正确的是（　　）。
   A．EmptyDir 是创建 Pod 时在工作节点生成的
   B．EmptyDir 在容器销毁时还存在
   C．EmptyDir 在 Pod 销毁时还存在
   D．EmptyDir 不能提供持久化存储
2. 以下关于 HostPath 的说法中，不正确的是（　　）。
   A．HostPath 在容器和 Pod 销毁时都存在
   B．HostPath 能够提供持久化存储
   C．HostPath 和 EmptyDir 一样，同样工作在某一个节点上
   D．HostPath 不能提供持久化存储
3. 以下关于 PV 和 PVC 的说法中，不正确的是（　　）。
   A．PV 负责定义后端的实际存储资源，本身不负责存储数据
   B．PVC 负责申请 PV 定义的后端存储资源
   C．PV 和 PVC 屏蔽了存储的细节，简化了用户的存储操作
   D．PV 和 PVC 不能提供持久化存储

二、填空题

1. EmptyDir 的生命周期同节点上运行的_____一致。
2. 当部署的应用需要存储数据时，考虑最多的就是存储的_____。

项目 7 部署 StatefulSet 有状态服务

本项目思维导图如图 7-1 所示。

图 7-1 项目 7 的思维导图

项目 7 使用的实验环境见表 7-1。

表 7-1 项目 7 使用的实验环境

主机名称	IP 地址	CPU 内核数	内存/GB	硬盘/GB
master	192.168.0.10/24	4	4	100
node1	192.168.0.20/24	4	2	100
node2	192.168.0.30/24	4	2	100

各节点需要安装的服务见表 7-2。

表 7-2 各节点需要安装的服务

主机名称	安装服务
master	Kube-apiserver、Kube-scheduler、Kube-controller-manager、Etcd、Kubelet、Kube-Proxy、Kubeadm、flannel、Docker
node1	Kubelet、Kube-Proxy、Kubeadm、flannel、Docker
node2	Kubelet、Kube-Proxy、Kubeadm、flannel、Docker

任务 7.1 部署 Web 有状态服务

【学习情境】

在实际生产部署容器业务时,有些业务与其他业务有严格区别,要求单独的访问名称和持久化存储,这就需要在集群上部署 StatefulSet 有状态控制器。技术主管要求你在集群上部署有状态的 Web 服务。

【学习内容】

(1) StatefulSet 有状态服务的特征

（2）部署持久化存储
（3）部署 Headless Service
（4）部署有状态的 Web 服务

【学习目标】

知识目标：
（1）掌握有状态服务和无状态服务的区别
（2）掌握 Headless Service 的作用
能力目标：
（1）会部署持久化存储
（2）会部署 Headless Service
（3）会部署有状态的 Web 服务

7.1.1 理解有状态服务

7.1.1.1 有状态服务和无状态服务的区别

使用 Deployment 无状态控制器来定义无状态服务，使用 StatefulSet 控制器来定义有状态服务。

无状态服务是指无论在集群中启动多少个 Pod，每个 Pod 中提供的服务都是完全一致的。一致性体现在两个方面：一是在使用 Service 访问服务时，访问哪个容器服务都是一致的；二是所有服务使用的都是同一数据。有状态服务和无状态服务正好相反，有状态服务提供的容器服务具有个别性，即每个服务和其他服务都是有区别的。这就需要解决两个问题，一是每个服务都要有自己的访问方式，二是每个服务都有自己的存储。

7.1.1.2 有状态服务的特点

StatefulSet 有状态服务具有以下特点。

1）StatefulSet 是用来管理有状态应用的工作负载 API 对象。使用 StatefulSet 部署的 Pod 拥有独一无二的身份标识，这个标识基于 StatefulSet 控制器分配给每个 Pod 的唯一顺序索引。Pod 名称的形式为<statefulset name>-<ordinal index>。

2）每个 Pod 都拥有稳定的、唯一的网络域名，无论 Pod 调度到哪个节点，它的访问域名都不变，需要创建 Headless Service 为 Pod 提供唯一网络标识。

3）每个 Pod 都拥有稳定的、持久的存储，即 Pod 重新调度后仍能访问相同的持久化数据。

4）有序的、优雅的部署和缩放。

对于包含 N 个副本的 StatefulSet，当部署 Pod 时，副本是依次创建的，顺序为从 0 到 $N-1$；当删除 Pod 时，它们是逆序终止的，顺序为从 $N-1$ 到 0。在将缩放操作应用到某 Pod 之前，它前面的所有 Pod 必须是 Running 或 Ready 状态。

在某 Pod 终止之前，所有的继任者必须完全关闭。

7.1.2 部署有状态的 Web 服务

7.1.2.1 部署持久化存储

在集群中需要部署多个 Web 服务，每个 Web 服务都是一个公司的网站，这就要求每个 Web 服务都要有自己的持久化数据存储，这里使用 PV 和 PVC 实现。

7.1 部署有状态的 Web 服务

1. 安装 NFS 服务

在 master、node1、node2 节点安装 nfs-utils 服务，命令如下。

```
[root@master ~]# yum install nfs-utils -y
```

2. 配置 NFS 服务

在 master 节点创建 4 个 NFS 服务目录，分别为/data/web1、/data/web2、/data/web3 和/data/web4，命令如下。

```
[root@master ~]# mkdir -p /data/web1 /data/web2 /data/web3 /data/web4
```

配置 NFS 服务，使用创建的 4 个共享目录，命令如下。

```
[root@master ~]# vi /etc/exports
```

在打开的配置文件中，输入以下配置。

```
/data/web1    192.168.0.0/24(rw,no_root_squash)
/data/web2    192.168.0.0/24(rw,no_root_squash)
/data/web3    192.168.0.0/24(rw,no_root_squash)
/data/web4    192.168.0.0/24(rw,no_root_squash)
```

启动 NFS 服务，查看配置信息，结果如下。

```
[root@master ~]# systemctl start nfs
[root@master ~]# showmount -e 192.168.0.10
Export list for 192.168.0.10:
/data/web4 192.168.0.0/24
/data/web3 192.168.0.0/24
/data/web2 192.168.0.0/24
/data/web1 192.168.0.0/24
```

3. 创建 PV

在 yaml 目录下创建 pv-statefulset.yaml 文件，在文件中输入以下脚本。

```
apiVersion: v1
kind: PersistentVolume
metadata:
  name: pv-web1
spec:
  capacity:
    storage: 2Gi
  accessModes:
    - ReadWriteOnce
  persistentVolumeReclaimPolicy: Retain
  storageClassName: nfs
```

```yaml
  nfs:
    path: /data/web1
    server: 192.168.0.10
---
apiVersion: v1
kind: PersistentVolume
metadata:
  name: pv-web2
spec:
  capacity:
    storage: 2Gi
  accessModes:
    - ReadWriteOnce
  persistentVolumeReclaimPolicy: Retain
  storageClassName: nfs
  nfs:
    path: /data/web2
    server: 192.168.0.10
---
apiVersion: v1
kind: PersistentVolume
metadata:
  name: pv-web3
spec:
  capacity:
    storage: 2Gi
  accessModes:
    - ReadWriteOnce
  persistentVolumeReclaimPolicy: Retain
  storageClassName: nfs
  nfs:
    path: /data/web3
    server: 192.168.0.10
---
apiVersion: v1
kind: PersistentVolume
metadata:
  name: pv-web4
spec:
  capacity:
    storage: 2Gi
  accessModes:
    - ReadWriteOnce
  persistentVolumeReclaimPolicy: Retain
  storageClassName: nfs
  nfs:
    path: /data/web4
```

```
        server: 192.168.0.10
```

以上脚本使用"---"将定义的 4 个 PV 隔开，4 个 PV 的名称分别为 pv-web1、pv-web2、pv-web3 和 pv-web4，这里定义了 storageClassName 的名称为 nfs，所以在定义 PVC 的时候也要使用这个名称。

使用 YAML 文件创建 PV，命令如下。

```
[root@master ~]# kubectl apply -f pv-statefulset.yaml
```

命令执行结果如下。

```
persistentvolume/pv-web1 created
persistentvolume/pv-web2 created
persistentvolume/pv-web3 created
persistentvolume/pv-web4 created
```

查看创建的 PV，结果如图 7-2 所示。

```
[root@master ~]# kubectl get pv -o wide
NAME      CAPACITY   ACCESS MODES   RECLAIM POLICY   STATUS      CLAIM   STORAGECLASS   REASON   AGE    VOLUMEMODE
pv-web1   2Gi        RWO            Retain           Available           nfs                     5m4s   Filesystem
pv-web2   2Gi        RWO            Retain           Available           nfs                     5m4s   Filesystem
pv-web3   2Gi        RWO            Retain           Available           nfs                     5m4s   Filesystem
pv-web4   2Gi        RWO            Retain           Available           nfs                     5m4s   Filesystem
```

图 7-2　查看创建的 PV

7.1.2.2　创建 Headless Service

1. 使用 Headless Service 的作用

有状态服务需要提供稳定的服务访问标识，不能使用 IP 方式来访问服务，这是因为调度的节点是有可能变化的，不能通过 ClusterIP Service 来创建访问服务，访问有状态服务需要创建 Headless Service。

有状态服务主要供运行的 Pod 使用，如一个运行的动态 Web 服务 Pod 需要访问稳定的数据库服务，StatefulSet 和 Headless Service 一起提供了稳定的域名服务，无论有状态服务的 Pod 调度到哪个节点上，这个服务的域名是不变的。

StatefulSet 控制器生成稳定的 Pod 名，如果 StatefulSet 的名称为 web，那么第一个 Pod 的名称就是 web-0，第二个 pod 的名称就是 web-1，以此类推。

Headless Service 的服务域名为$(service name).$(namespace).svc.cluster.local，其中 svc.cluster.local 指定集群的域名。

在 Pod 中，通过完整域名的方式访问一个 Pod 可以采用"Pod 名.$(service name).$(namespace).svc.cluster.local"，可以直接用"Pod 名.servicename.namespace"访问一个有状态服务。当 namespace 是 default 时，可以省略。

2. 编写 Headless Service 的 YAML 脚本

在 yaml 目录下创建 headless-service-sts.yaml 文件，在文件中输入以下脚本。

```
    apiVersion: v1
    kind: Service
    metadata:
      name: nginx
      labels:
        app: nginx
```

```
  spec:
   ports:
   - port: 80
     name: web
    clusterIP: None       #定义 clusterIP 为 None，指定了 Service 的类型
    selector:
      app: myapp
```

以上脚本定义了一个 Service，通过指定 clusterIP: None 定义为 Headless Service，通过 selector 匹配 label 为 app: myapp 的 Pod 应用。

3．创建 Service 并检查结果

使用 YAML 文件创建 Service，命令如下。

```
[root@master ~]# kubectl apply -f headless-service-sts.yaml
```

查看 Service，命令如下。

```
[root@master ~]# kubectl get svc
```

命令执行结果如下。

```
NAME         TYPE        CLUSTER-IP   EXTERNAL-IP   PORT(S)    AGE
kubernetes   ClusterIP   10.96.0.1    <none>        443/TCP    41h
nginx        ClusterIP   None         <none>        80/TCP     4m17s
```

可以发现，创建的名称为 nginx 的 Service 的 CLUSTER-IP 为 None。

7.1.2.3　编写有状态 Web 服务脚本

创建有状态服务使用的是 StatefulSet 控制器，StatefulSet 控制器通过配合 Headless Service 和持久化存储为服务提供了稳定的域名和存储，同时可以进行有序的弹性伸缩。

1．编写有状态服务的 YAML 脚本

在 yaml 目录下创建 web-sts.yaml 文件，在文件中输入以下脚本。

```
    apiVersion: apps/v1
    kind: StatefulSet
    metadata:
      name: web
    spec:
      selector:
        matchLabels:
          app: myapp
      serviceName: "nginx"          #使用创建的名称为 nginx 的 Headless Service
      replicas: 3
      template:
        metadata:
          labels:
            app: myapp
        spec:
          containers:
          - name: nginx
            image: nginx:1.8.1
```

```
        ports:
        - name: http
          containerPort: 80
        volumeMounts:
        - name: www
          mountPath: /usr/share/nginx/html
  volumeClaimTemplates:         #定义每个 Pod 申请 PV 资源
  - metadata:
      name: www
    spec:
      accessModes: [ "ReadWriteOnce" ]
      storageClassName: "nfs"
      resources:
        requests:
          storage: 1Gi
```

以上脚本创建了一个名称为 web、类型为 StatefulSet 的控制器，该控制器创建了 3 个 Pod，使用 serviceName: "nginx"匹配了以上创建的 Service，使用 volumeClaimTemplates 为每个 Pod 申请了存储类名为 nfs 的 PV 持久化存储资源。

2．创建 StatefulSet

使用 YAML 文件创建 Service，命令如下。

```
[root@master ~]# kubectl apply -f web-sts.yaml
```

检查有状态控制器创建的 Pod，结果如图 7-3 所示。

```
[root@master ~]# kubectl get pod -o wide
NAME    READY   STATUS    RESTARTS   AGE   IP            NODE    NOMINATED NODE   READINESS GATES
web-0   1/1     Running   0          25m   172.16.1.88   node1   <none>           <none>
web-1   1/1     Running   0          25m   172.16.2.51   node2   <none>           <none>
web-2   1/1     Running   0          25m   172.16.1.89   node1   <none>           <none>
```

图 7-3　有状态控制器创建的 Pod

从结果发现，有状态控制器创建了 3 个 Pod，注意 Pod 的名称是有规律的，是由控制器的名称 web 加上序号组成的。

当创建完成时，每个 Pod 对应的存储都不会发生变化，即使这个 Pod 由于某些原因被调度到其他节点。这样就可以为其他 Pod 提供稳定的服务了。

3．检查 Pod 存储

检查有状态控制器创建的 Pod 所使用的 PVC，结果如图 7-4 所示。

```
[root@master ~]# kubectl get pvc
NAME        STATUS   VOLUME    CAPACITY   ACCESS MODES   STORAGECLASS   AGE
pvc1        Bound    pv1       2Gi        RWO                           18h
www-web-0   Bound    pv-web2   2Gi        RWO            nfs            73m
www-web-1   Bound    pv-web3   2Gi        RWO            nfs            73m
www-web-2   Bound    pv-web1   2Gi        RWO            nfs            73m
```

图 7-4　有状态控制器创建的 Pod 所使用的 PVC

从图 7-4 可以发现，名称为 web-0 的 Pod 使用的是 pv-web2 存储 PV，名称为 web-1 的 Pod 使用的是 pv-web3 存储 PV，名称为 web-2 的 Pod 使用的是 pv-web1 存储 PV。

4．检查 Pod 域名

进入 web-0，命令如下。

```
[root@master ~]# kubectl exec -it web-0 /bin/bash
```
在容器中使用 ping 命令测试与域名 web-1.nginx 的连通性，命令如下。
```
root@web-0:/# ping web-1.nginx
PING web-1.nginx.default.svc.cluster.local (172.16.2.51): 56 data bytes
64 bytes from 172.16.2.51: icmp_seq=0 ttl=62 time=4.424 ms
```
可以发现，返回的 IP 地址是名称为 web-1 的 Pod 所在节点的 IP 地址。这里使用的域名 web-1.nginx，采用的是 Pod 名加上 Service 名的方式。完整的域名是 web-1.nginx.default.svc.cluster.local，其中 default 是默认的命名空间，可以省略，svc.cluster.local 是集群名，可以省略，以后无论 web-1 调度到哪个节点，都可以使用该名称访问它。

5. 模拟某个 pod 重新调度的结果

名称为 web-1 的 Pod 调度到了 node2 节点。为了演示效果，给 node2 节点加上一个 webservice=no:NoExecute 的污点，使 web-1 进行重新调度，命令如下。
```
[root@master ~]# kubectl taint nodes node2 webservice=no:NoExecute
```
再次检查 Pod 调度情况，结果如图 7-5 所示。
```
[root@master ~]# kubectl get pod -o wide
NAME    READY   STATUS    RESTARTS   AGE   IP            NODE    NOMINATED NODE   READINESS GATES
web-0   1/1     Running   0          93m   172.16.1.88   node1   <none>           <none>
web-1   1/1     Running   0          2s    172.16.1.90   node1   <none>           <none>
web-2   1/1     Running   0          93m   172.16.1.89   node1   <none>           <none>
```
图 7-5 重新调度 web-1 后的 Pod 调度情况

在图 7-5 中可以发现，由于 node2 加上了 NoExecute 的驱逐污点，因此名为 web-1 的 Pod 被重新调度了 node1 上。检查当前的存储信息，结果如图 7-6 所示。
```
[root@master ~]# kubectl get pvc
NAME        STATUS   VOLUME    CAPACITY   ACCESS MODES   STORAGECLASS   AGE
pvc1        Bound    pv1       2Gi        RWO                           19h
www-web-0   Bound    pv-web2   2Gi        RWO            nfs            97m
www-web-1   Bound    pv-web3   2Gi        RWO            nfs            97m
www-web-2   Bound    pv-web1   2Gi        RWO            nfs            97m
```
图 7-6 重新调度 web-1 后的存储信息

可以发现，存储状态没有变化。
再次进入 web-0，检查是否可以继续使用 web-1 的域名，命令及结果如下。
```
root@web-0:/# ping web-1.nginx
PING web-1.nginx.default.svc.cluster.local (172.16.1.90): 56 data bytes
64 bytes from 172.16.1.90: icmp_seq=0 ttl=64 time=0.088 ms
64 bytes from 172.16.1.90: icmp_seq=1 ttl=64 time=0.064 ms
```
可以发现，可以继续通过 web-1.nginx 访问该 Pod，即使 IP 地址变化为 172.16.1.90。

6. 删除 Pod 后重建，查看名称

使用命令删除名称 web-0 的 Pod，命令如下。
```
[root@master ~]# kubectl delete pod web-0
```
命令执行结果如下。
```
pod "web-0" deleted
```
再次查看 StatefulSet 控制器重新创建的 Pod，结果如图 7-7 所示。

```
[root@master ~]# kubectl get pod -o wide
NAME    READY   STATUS    RESTARTS   AGE     IP            NODE    NOMINATED NODE   READINESS GATES
web-0   1/1     Running   0          12s     172.16.1.91   node1   <none>           <none>
web-1   1/1     Running   0          9m31s   172.16.1.90   node1   <none>           <none>
web-2   1/1     Running   0          102m    172.16.1.89   node1   <none>           <none>
```

图 7-7 删除 web-0 后 StatefulSet 控制器重新创建的 Pod

从结果发现，删除名为 web-0 的 Pod 后，StatefulSet 控制器重新创建了一个 Pod，名称还是 web-0，这就是有状态控制器的特点：无论如何调度和重建，Pod 名称、访问的域名和存储都是不变化的。

拓展训练

在持久化存储资源中配置每个主页的内容，分别为 web1、web2、web3，删除 Pod 并重建后，查看服务主页内容是否变化。

任务 7.2　部署 MySQL 有状态服务

【学习情境】

在集群上部署多个动态 Web 应用时，每个 Web 容器都要使用 MySQL 数据库服务，每个 MySQL 数据库服务都需要有自己的持久化存储和域名访问。技术主管要求你在集群上部署两个动态 Web 应用，然后使用所构建的 MySQL 有状态服务。

【学习内容】

（1）构建动态 Web 服务的 Docker 镜像
（2）部署和应用有状态的 MySQL 服务

【学习目标】

知识目标：
（1）掌握 MySQL 有状态服务的应用场景
（2）掌握部署 MySQL 有状态服务的方法
能力目标：
（1）会构建动态 Web 服务镜像
（2）会部署有状态 MySQL 服务

7.2.1　部署动态 Web 服务

7.2.1.1　构建动态 Web 镜像

1．构建 dami 内容管理系统镜像

在互联网上使用 PHP 程序开发的 Web 应用非常多，如各种内容管理系统，本任务使用常用的 dami（大米）内容管理系统和织梦内容管理系统，首先构建大米内容管理系统 Docker 镜像。

(1) 下载 centos:7 镜像

这里将镜像创建在 node1 节点，首先下载基础镜像 centos:7，命令如下。

```
[root@node1 ~]# docker pull centos:7
```

(2) 上传 dami 内容管理系统源程序

将 dami 内容管理系统源程序压缩成 ZIP 文件，上传到 Linux 系统后再解压，命令如下。

```
[root@node1 ~]# mkdir damicms
[root@node1 ~]# cd damicms/
[root@node1 damicms]# rz
[root@node1 damicms]# unzip dami.zip
[root@node1 damicms]# ls
dami
```

对 ZIP 文件进行解压缩，得到了 dami 内容管理系统源程序目录。

(3) 编写 Dockerfile

```
[root@localhost phpweb]# vi Dockerfile
```

建立 Dockerfile 文件，打开 Dockerfile 文件，命令如下。

```
[root@localhost phpweb]# vi Dockerfile
```

在文件中输入以下指令：

```
#基础镜像是 centos:7
FROM centos:7
#安装 httpd 和 php, 支持 php-mysql 和 php-gd
RUN  yum install httpd php php-mysql php-gd -y
#将 dami 内容管理系统源程序添加到默认网站路径下
ADD  dami /var/www/html
#将默认网站路径的权限设置成 777，否则用户不能写入
RUN  chmod -R 777 /var/www/html
#持久化网站根目录
VOLUME /var/www/html
#暴露服务的 80 端口
EXPOSE 80
#启动容器时，将 httpd 程序运行在前台
CMD ["/usr/sbin/httpd","-DFOREGROUND"]
```

通过 yum install 命令，安装了 httpd 和 php 服务，同时需要安装 php 连接数据库的组件 php-mysql，以及图形支持组件 php-gd。安装完成后，使用 ADD 指令把 dami 内容管理系统源程序添加到网站默认的根目录/var/www/html。同样需要把 httpd 服务运行在前台，CMD 指令中/usr/sbin/httpd 是服务的路径，-DFOREGROUND 选项指定该服务运行在前台。

(4) 基于 Dockerfile 制作 dami:v1 应用镜像

使用 docker build 命令构建 dami:v1 镜像，命令如下。

```
[root@node1 damicms]# docker build -t dami:v1 .
```

命令执行结果如下。

```
Step 1/7 : FROM centos:7
---> 8652b9f0cb4c
```

```
Step 2/7 : RUN  yum install httpd php php-mysql php-gd -y
 ---> Running in fc1515d969b3
Step 3/7 : ADD  dami /var/www/html
 ---> efe53aed7c9d
Step 4/7 : RUN  chmod -R 777 /var/www/html
 ---> Running in 97ed3db86ac0
Removing intermediate container 97ed3db86ac0
 ---> fbb02a7a4e23
Step 5/7 : VOLUME /var/www/html
 ---> Running in 3a8c7179f60a
Removing intermediate container 3a8c7179f60a
 ---> a42dcae370e5
Step 6/7 : EXPOSE 80
 ---> Running in 8b123104bed7
Removing intermediate container 8b123104bed7
 ---> 9d7e6b3e9f99
Step 7/7 : CMD ["/usr/sbin/httpd","-DFOREGROUND"]
 ---> Running in e1d72f83d533
Removing intermediate container e1d72f83d533
 ---> 39db5475027b
Successfully built 39db5475027b
Successfully tagged dami:v1
```

以上通过 7 步操作完成了 dami:v1 镜像的制作。

2．构建 dedecms 内容管理系统镜像

（1）上传 zm（织梦）内容管理系统源程序

首先在 root 目录下建立 dedecms 子目录，进入 dedecms，将 zm 内容管理系统的源程序 zm.zip 上传到目录下，然后使用 unzip 命令解压缩，命令如下。

```
[root@node1 ~]# mkdir dedecms
[root@node1 ~]# cd dedecms/
[root@node1 dedecms]# rz
[root@node1 dedecms]# unzip zm.zip
ls
[root@node1 dedecms]# ls
zm  zm.zip
```

（2）编写 Dockerfile

```
[root@localhost phpweb]# vi Dockerfile
```

建立 Dockerfile 文件，打开 Dockerfile 文件，输入 Dockerfile 指令如下。

```
[root@localhost phpweb]# vi Dockerfile
#基础镜像是 centos:7
FROM centos:7
#安装 httpd 和 php，支持 php-mysql 和 php-gd
RUN  yum install httpd php php-mysql php-gd -y
#将 zm 源程序添加到默认网站路径下
ADD  zm /var/www/html
```

```
#将默认网站路径的权限设置成777，否则用户不能写入
RUN  chmod -R 777 /var/www/html
#持久化网站根目录
VOLUME /var/www/html
#暴露服务的80端口
EXPOSE 80
#启动容器时，将httpd程序运行在前台
CMD ["/usr/sbin/httpd","-DFOREGROUND"]
```

构建 dedecms 镜像和构建 damicms 镜像的 Dockerfile 编写基本是一致的，只是加入网站根目录的源程序不同而已。

（3）基于 Dockerfile 制作 zm:v1 应用镜像

使用 docker build 创建 zm:v1 镜像，命令如下。

```
[root@node1 dedecms]# docker build -t zm:v1 .
```

命令执行结果如下。

```
Sending build context to Docker daemon  38.38MB
Step 1/7 : FROM centos:7
 ---> 8652b9f0cb4c
Step 2/7 : RUN  yum install httpd php php-mysql php-gd -y
 ---> Using cache
 ---> 08dbd0cde322
Step 3/7 : ADD  zm /var/www/html
 ---> f477d664d2c4
Step 4/7 : RUN  chmod -R 777 /var/www/html
 ---> Running in 9df5c382a678
Removing intermediate container 9df5c382a678
 ---> 7a09735b2b6c
Step 5/7 : VOLUME /var/www/html
 ---> Running in b65c0c042a63
Removing intermediate container b65c0c042a63
 ---> 61f113edc312
Step 6/7 : EXPOSE 80
 ---> Running in 212a6da95299
Removing intermediate container 212a6da95299
 ---> c2e581922c59
Step 7/7 : CMD ["/usr/sbin/httpd","-DFOREGROUND"]
 ---> Running in 7ccf5c55ec8f
Removing intermediate container 7ccf5c55ec8f
 ---> 43aa790c8827
Successfully built 43aa790c8827
Successfully tagged zm:v1
```

7.2.1.2 运行动态 Web 服务

1. 运行 dami 内容管理系统应用

（1）编写 YAML 脚本，定义创建 dami 容器的 Deployment 控制器

在 master 节点的 yaml 目录中创建 dami-web.yaml 文件，在其中输入以下脚本。

```
apiVersion: apps/v1
kind: Deployment
metadata:
  name: dami
spec:
  template:
    metadata:
      labels:
        app: dami
    spec:
      containers:
      - name: dami
        image: dami:v1
        ports:
        - name: http
          containerPort: 80
  selector:
    matchLabels:
      app: dami
```

以上 YAML 脚本定义了名称为 dami 的 Deployment 控制器，将 Pod 调度到 node1 节点，这是因为 dami:v1 的镜像在 node1 节点上。

运行该脚本，命令如下。

```
[root@master yaml]# kubectl apply -f dami-web.yaml
```

（2）创建外部访问的 NodePort Service

在 yaml 目录中创建 dami-service.yaml 文件，在文件中输入以下脚本。

```
apiVersion: v1
kind: Service
metadata:
  name: dami
spec:
  selector:
    app: dami
  ports:
  - name: http80
    port: 80
    targetPort: 80
  type: NodePort
```

以上 YAML 脚本定义了类型为 NodePort、名称为 dami 的 Service，匹配 label 为 app:dami 的控制器 Pod。

运行该脚本，命令和结果如下。

```
[root@master yaml]# kubectl apply -f dami-service.yaml
service/dami created
```

查看系统的 svc，命令如下。

```
[root@master yaml]# kubectl get svc dami
```
命令执行结果如下。
```
NAME    TYPE       CLUSTER-IP      EXTERNAL-IP   PORT(S)        AGE
dami    NodePort   10.109.25.231   <none>        80:32646/TCP   5s
```
使用浏览器浏览 192.168.0.10:32646，结果如图 7-8 所示。

图 7-8　访问 dami 内容管理系统

2．运行 dedecms 内容管理系统应用

（1）编写 YAML 脚本，定义创建 zm 容器服务的 Deployment

在 master 节点的 yaml 目录中创建 zm.yaml 文件，在其中输入以下脚本。

```
apiVersion: apps/v1
kind: Deployment
metadata:
  name: zm
spec:
  template:
    metadata:
      labels:
        app: zm
    spec:
      containers:
      - name: zm
        image: zm:v1
        ports:
        - name: http
          containerPort: 80
  selector:
      nodeName: node1        #将 Pod 调度到 node1 节点
    matchLabels:
      app: zm
```

以上 YAML 脚本定义了名称为 zm 的 Deployment 控制器，将 Pod 调度到了 node1 节点，这是因为 zm:v1 的镜像在 node1 节点上。

运行该脚本，命令如下。

```
[root@master yaml]# kubectl apply -f zm.yaml
```

（2）创建外部访问的 NodePort Service

在 yaml 目录中创建 zm-service.yaml 文件，在文件中输入以下脚本。

```
apiVersion: v1
kind: Service
metadata:
  name: zm
spec:
  selector:
    app: zm
  ports:
  - name: http80
    port: 80
    targetPort: 80
  type: NodePort
```

以上 YAML 脚本定义了类型为 NodePort、名称为 zm 的 Service，匹配 label 为 app: zm 的控制器 Pod。

运行该脚本，命令和结果如下。

```
[root@master yaml]# kubectl apply -f zm-service.yaml
service/zm created
```

查看系统的 svc，命令如下。

```
[root@master yaml]# kubectl get svc zm
```

命令执行结果如下。

```
NAME   TYPE       CLUSTER-IP     EXTERNAL-IP   PORT(S)        AGE
zm     NodePort   10.99.19.190   <none>        80:32094/TCP   6s
```

使用浏览器浏览 192.168.0.10:32094，结果如图 7-9 所示。

图 7-9 访问 zm 内容管理系统

7.2.2 部署和应用有状态 MySQL 服务

1. 创建持久化存储服务

在集群中需要部署两个动态内容管理 Web 服务，这就要求每个 Web 服务都要有自己的持久化数据存储，使用 PV 和 PVC 实现。

7.2 部署和应用有状态 MySQL 服务

（1）安装 NFS 服务

在 master、node1、node2 节点安装 nfs-utils 服务，命令如下。

```
[root@master ~]# yum install nfs-utils -y
```

（2）配置 NFS 服务

在 master 节点创建两个 NFS 服务目录，分别为/data/dami、/data/zm，命令如下。

```
[root@master ~]# mkdir -p /data/dami /data/zm
```

（3）配置 NFS 服务，使用创建的两个服务目录

命令如下。

```
[root@master ~]# vi /etc/exports
```

在打开的配置文件中，输入以下配置。

```
/data/dami   192.168.0.0/24(rw,no_root_squash)
/data/zm     192.168.0.0/24(rw,no_root_squash)
```

（4）启动 NFS 服务，查看配置信息

命令如下。

```
[root@master ~]# systemctl start nfs
[root@master ~]# showmount -e 192.168.0.10
```

命令执行结果如下。

```
Export list for 192.168.0.10:
/data/dami 192.168.0.0/24
/data/zm 192.168.0.0/24
```

（5）创建 PV

在 yaml 目录下创建 pv-statefulset-mysql.yaml 文件，在文件中输入以下脚本。

```yaml
apiVersion: v1
kind: PersistentVolume
metadata:
  name: pv-dami
spec:
  capacity:
    storage: 2Gi
  accessModes:
    - ReadWriteOnce
  persistentVolumeReclaimPolicy: Retain
  storageClassName: mysql
  nfs:
    path: /data/dami
    server: 192.168.0.10
```

```yaml
---
apiVersion: v1
kind: PersistentVolume
metadata:
  name: pv-zm
spec:
  capacity:
    storage: 2Gi
  accessModes:
    - ReadWriteOnce
  persistentVolumeReclaimPolicy: Retain
  storageClassName: mysql
  nfs:
    path: /data/zm
    server: 192.168.0.10
```

以上脚本定义了名称为 pv-dami 的 PV 资源,使用 NFS 服务的/data/dami 目录、/data/zm/目录作为共享存储目录。

使用脚本创建 PV 存储,命令如下。

```
[root@master yaml]# kubectl apply -f pv-statefulset-mysql.yaml
```

2. 部署 Headless Service

(1) 编写 Headless Service 的 YAML 脚本

在 yaml 目录下创建 mysql-service-sts.yaml 文件,在文件中输入以下脚本。

```yaml
apiVersion: v1
kind: Service
metadata:
  name: mysql
  labels:
    app: mysql
spec:
  ports:
  - port: 80
    name: web
  clusterIP: None
  selector:
    app: mysql
```

以上脚本定义了一个 Service,通过指定 clusterIP: None 定义为 Headless Service,通过 selector 匹配 label 为 app: mysql 的 Pod 应用。

(2) 创建 Service 并检查结果

使用 YAML 文件创建 Service,命令如下。

```
[root@master ~]# kubectl apply -f mysql-service-sts.yaml
```

查看 Service,命令如下。

```
[root@master ~]# kubectl get svc
```

命令执行结果如下。

```
NAME      TYPE        CLUSTER-IP    EXTERNAL-IP    PORT(S)     AGE
mysql     ClusterIP   None          <none>         80/TCP      7s
```

可以发现，创建的名称为 mysql 的 Service 中的 CLUSTER-IP 为 None。

3．部署有状态的 MySQL 服务

（1）编写 YAML 脚本

在 yaml 目录下创建 mysql-sts.yaml 文件，在文件中输入以下脚本。

```
# mysql 配置
apiVersion: v1
kind: ConfigMap                              #使用 ConfigMap 保存 mysql 的 root 密码
metadata:
  name: mysql-config-map                     #ConfigMap 的名称为 mysql-config-map
data:
  MYSQL_ROOT_PASSWORD: '123456'              #保存数据库的 root 密码是 123456
---
# mysql 容器
apiVersion: apps/v1
kind: StatefulSet
metadata:
  name: mysql
spec:
  replicas: 2                                #控制器的 Pod 副本数是 2
  serviceName: mysql                         #使用的 Headless Service 名称
  selector:
    matchLabels:
      app: mysql
  template:
    metadata:
      labels:
        app: mysql
    spec:
      containers:
      - name: mysql
        image: mysql:5.7
        imagePullPolicy: IfNotPresent
        ports:
        - name: mysql
          containerPort: 3306
          protocol: TCP
        envFrom:                             #导入 ConfigMap 的方式是环境变量方式
        - configMapRef:
            name: mysql-config-map           #关联的 ConfigMap 名称
        volumeMounts:
        - name: mysql-data
          mountPath: /var/lib/mysql          #挂载 mysql 的持久化目录
  volumeClaimTemplates:                      #申请 PV 资源
  - metadata:
```

```
      name: mysql-data
    spec:
      accessModes: ["ReadWriteOnce"]
      resources:
        requests:
          storage: 1Gi                    #申请的资源是 1GB
      storageClassName: mysql             #存储类的名称为 mysql
```

以上脚本使用 ConfigMap 存储了 MySQL 服务的 root 密码，使用环境变量的方式引入，使用的 Headless Service 的名称是 mysql，在创建每个 Pod 时，申请 PV 资源，将数据库的 /var/lib/mysql 目录挂载到持久化的存储资源中。

（2）创建服务，检查结果

使用脚本创建有状态的 MySQL 服务，命令如下。

```
[root@master yaml]# kubectl apply -f mysql-sts.yaml
```

命令执行结果如下。

```
configmap/mysql-config-map created
statefulset.apps/mysql created
```

首先创建了 mysql-config-map，然后创建了 mysql。

查看创建的 Pod，结果如图 7-10 所示。

```
[root@master yaml]# kubectl get pod -o wide
NAME                     READY   STATUS    RESTARTS   AGE    IP            NODE    NOMINATED NODE   READINESS GATES
dami-677dccbb5c-t6vbk    1/1     Running   0          3h47m  172.16.1.92   node1   <none>           <none>
mysql-0                  1/1     Running   0          15s    172.16.2.54   node2   <none>           <none>
mysql-1                  1/1     Running   0          11s    172.16.2.55   node2   <none>           <none>
```

图 7-10　查看两个有状态的 MySQL 服务

从结果发现，mysql-0、mysql-1 两个有状态的 MySQL 服务已经调度运行在 node2 节点上了。

4．动态 Web 应用 MySQL 服务

（1）检查 PVC 绑定情况

为方便管理，将 zm 内容管理服务使用的数据库存储在/data/zm 目录，将 dami 内容管理服务的数据库存储在/data/dami，这就需要观察两个数据库的数据绑定情况，查看命令和结果如图 7-11 所示。

```
[root@master yaml]# kubectl get pvc
NAME                 STATUS   VOLUME    CAPACITY   ACCESS MODES   STORAGECLASS   AGE
mysql-data-mysql-0   Bound    pv-dami   2Gi        RWO            mysql          24s
mysql-data-mysql-1   Bound    pv-zm     2Gi        RWO            mysql          20s
```

图 7-11　查看 PVC 绑定情况

从结果发现，mysql-0 服务将数据绑定到了 pv-dami 的 PV 上，mysql-1 服务将数据绑定到了 pv-zm 的 PV 上，所以运行的 dami 应用使用 mysql-0 数据库服务，运行的 zm 应用使用 mysql-1 数据库服务。

（2）配置程序，使用数据库

阅读 dami 内容管理服务的许可协议内容，单击"继续"按钮，如图 7-12 所示。

项目 7　部署 StatefulSet 有状态服务

图 7-12　同意许可协议

在"环境检测"界面中，单击"继续"按钮，如图 7-13 所示。

图 7-13　配置环境检测

在"参数配置"界面中，在"数据库设定"选项组中的"数据库主机"文本框中，填入数据库的域名（即 Pod 名加上 Service 名），也就是 mysql-0.mysql，在"数据库密码"文本框中，填入数据库的密码（即 123456），在"数据库名称"文本框中填写相应数据库的名称，这里填写的是"dami"。在"管理员设定"选项组中，填写一个自己的网站管理密码后，单击"继续"按钮。如图 7-14 所示。

图 7-14　在参数配置中填入数据库域名、密码和数据库名称

安装成功界面如图 7-15 所示。

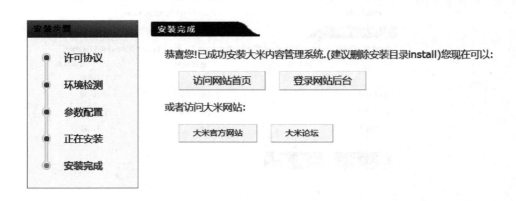

图 7-15　dami 内容管理系统安装成功界面

和安装 dami 内容管理系统的过程相似，在安装 zm 内容管理系统时，在"参数配置"界面中，配置数据库的域名是 mysql-1.mysql，密码是 123456，然后在"参数配置"界面中单击最下边的"继续"按钮，如图 7-16 所示。

图 7-16 zm 内容管理系统参数配置

zm 内容管理系统安装成功界面如图 7-17 所示。

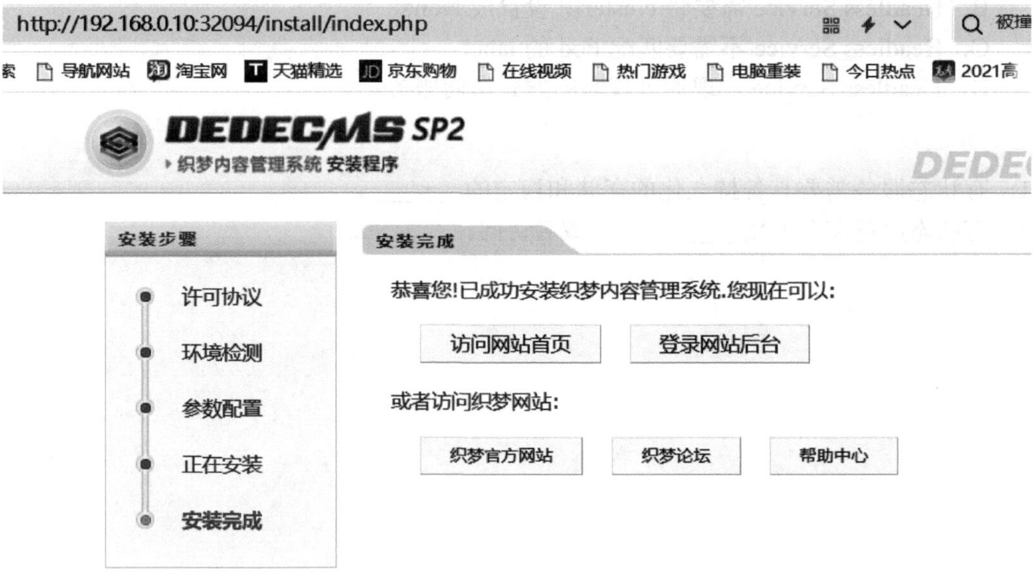

图 7-17 zm 内容管理系统安装成功界面

拓展训练

在任务 7.2 中，如果想修改程序的代码，是否需要进入容器？如果定义了多个程序的容器，需要如何解决这个问题？

项目小结

1. 当 Pod 中的容器服务具有唯一性时，需要使用有状态控制器创建 Pod。
2. 通过 StatefulSet 控制器和 Headless Service 的配合，实现有状态服务的唯一域名访问。

习题

一、选择题

1. 以下关于有状态服务的特征，不正确的是（　　）。
    A．有状态服务需要持久化存储
    B．有状态服务需要具备唯一的域名
    C．有状态服务在弹性伸缩时是无序的
    D．有状态服务的 Pod 具备唯一的名称
2. 以下关于 Headless Service 的说法中，不正确的是（　　）。
    A．Headless Service 可以为集群服务提供统一的集群名称
    B．Headless Service 需要将 clusterIP 设置成 None
    C．Headless Service 不需要匹配 Pod 的 label
    D．Headless Service 实现通过域名的方式访问服务

二、填空题

1. 有状态服务需要具备持久化的存储和稳定的_____。
2. 有状态服务需要使用_____实现域名访问。

项目 8 部署 Ingress 七层访问服务

本项目思维导图如图 8-1 所示。

图 8-1 项目 8 的思维导图

项目 8 使用的实验环境见表 8-1。

8.1-1
部署 Ingress
七层访问服务

表 8-1 项目 8 使用的实验环境

主机名称	IP 地址	CPU 内核数	内存/GB	硬盘/GB
master	192.168.0.10/24	4	4	100
node1	192.168.0.20/24	4	2	100
node2	192.168.0.30/24	4	2	100

各节点需要安装的服务见表 8-2。

表 8-2 各节点需要安装的服务

主机名称	安装服务
master	Kube-apiserver、Kube-scheduler、Kube-controller-manager、Etcd、Kubelet、Kube-Proxy、Kubeadm、flannel、Docker
node1	Kubelet、Kube-Proxy、Kubeadm、flannel、Docker
node2	Kubelet、Kube-Proxy、Kubeadm、flannel、Docker

任务 8.1 部署 Ingress 服务

【学习情境】

在集群外部访问集群服务时,不可能总是使用节点上的 IP 地址加上 NodePort 端口来访问:一是烦琐;二是开放的端口过多,有安全问题。公司技术主管要求你学会部署 Ingress 服务,实现集群外使用域名访问集群内服务。

【学习内容】

（1）Ingress 的作用
（2）Ingress 的组成
（3）Ingress 的配置和使用

【学习目标】

知识目标：
（1）掌握 Ingress 解决了哪些访问服务问题
（2）掌握 Ingress 的配置和使用方法

能力目标：
（1）会部署 Ingress 控制器
（2）会配置 Ingress 资源对象

8.1.1 理解 Ingress 的作用

8.1.1.1 集群外部常用访问方式

为了使外部的应用能够访问集群内的服务，Kubernetes 目前提供了以下几种方案。

1. NodePort

创建 NodePort 类型的 Service 可以实现从集群外部访问内部。采用 NodePort 方式暴露服务端口面临的问题是：一旦服务多起来，NodePort 在每个节点上开启的端口会极其庞大，而且难以维护；开启的端口多了，会面临安全隐患。

2. Ingress

Ingress 是集群外部访问服务最常用的方式，也是在生产环境下经常使用的方式。

3. LoadBalancer

LoadBalancer 方式受限于云平台，且通常在云平台上部署 ELB（Elastic Load Balancer，弹性负载均衡器）还需要额外的费用。

8.1.1.2 Ingress 的组成

Ingress 由 Ingress 资源对象和 Ingress 控制器（Controller）组成。

1. Ingress 资源对象

Ingress 资源对象是反向代理规则，用来规定 HTTP/HTTPS 的外部请求应该被转发到的 Service，如根据请求中不同的 Host 和 URL 路径请求不同 Service。

2. Ingress 控制器

Ingress 控制器是一个反向代理程序，它负责解析 Ingress 的反向代理规则。如果 Ingress 有增、删、改的变动，所有 Ingress 控制器都会及时更新自己相应的转发规则，Ingress 控制器收到请求后就会根据这些规则将请求转发到对应的 Service。

简单地讲，Ingress 资源对象定义访问规则，Ingress 控制器实现访问规则。

8.1.1.3 Ingress 的实现原理

1）首先由 Ingress 资源对象定义规则，即哪些域名访问哪些集群 Service。

2）Ingress 控制器通过与 Kubernetes API 交互，动态地读取集群中 Ingress 资源对象定义的规则，按照这个规则，生成一段 nginx 配置，再写到 nginx-ingress-controller 的 Pod 里。这个 Ingress 控制器的 Pod 里运行着一个 nginx 服务，Ingress 控制器会把生成的 nginx 配置写入/etc/nginx.conf 文件中，然后重新加载（reload）使配置生效，实现动态更新。

8.1.1.4　Ingress 访问架构图

1．七层访问与四层访问的区别

（1）七层访问

当代理服务器收到请求时，首先将报文拆开至应用层，分析用户请求的资源，然后代替用户请求后端服务器的资源，这样就可以实现根据不同的域名、URL、加密证书等信息转发请求。

（2）四层访问

当代理服务器收到请求时，会把请求报文拆开至传输层，根据请求的服务器的 IP 地址加端口号进行转发。四层代理是由后端服务器进行处理的，报文的封装也是后端服务器完成的。

2．Ingress 实现的七层访问架构图

Ingress 实现外部域名访问的七层访问架构如图 8-2 所示。

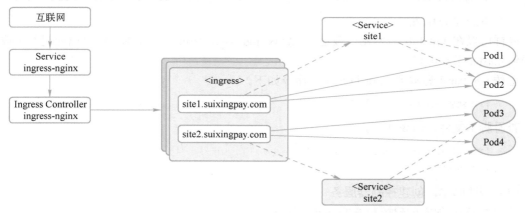

图 8-2　Ingress 实现外部域名访问的七层访问架构图

Ingress 控制器读取 Ingress 的配置，然后实现不同的域名访问不同的集群内部 Service，进而实现访问 Service 匹配的每个 Pod 资源。在互联网和 Ingress 控制器之间配置 Service ingress-nginx 的作用是通过 NodePort 的方式暴露 Ingress 控制器的 Pod 服务，这样无论域名对应的是集群的哪个 IP 地址，都可以访问到后端的 Pod 服务了。

8.1.2　部署 nginx-ingress 控制器以实现 HTTPS 访问

Ingress 控制器目前主要有两种，分别是基于 nginx 服务的 Ingress 控制器和基于 Traefik 的 Ingress 控制器，其中，基于 Traefik 的 Ingress 控制器目前支持 HTTP 和 HTTPS 协议。本小节由于需要使用 TCP 负载以及考虑其他因素，因此选择基于 nginx 服务的 Ingress 控制器。

8.1.2.1　部署 nginx-ingress 控制器

在集群中需要部署多个 Web 服务，每个 Web 服务都是一个公司的网站，这就要求每个 Web 服务都要有自己的持久化数据存储，这里使用 PV 和 PVC 实现。

(1) 下载镜像

可以通过 Docker Hub 网站下载 nginx-ingress 的镜像。这里已经将其下载到了本地，只须上传到 Kubernetes 系统节点上即可。将 nginx-ingress.tar 镜像上传到 node1 节点，并使用 docker load 命令加载到镜像中。

上传本地的 nginx-ingress.tar 文件到 node1 节点，命令如下。

```
[root@node1 ~]# rz
```

查看上传结果，命令及结果如下。

```
[root@node1 ~]# ls
anaconda-ks.cfg  nginx-ingress.tar
```

加载 nginx-ingress.tar，命令如下。

```
[root@node1 ~]# docker load < nginx-ingress.tar
```

查看 nginx-ingress-controller 镜像，命令及结果如下。

```
[root@node1 ~]# docker images | grep nginx-ingress
quay.io/kubernetes-ingress-controller/nginx-ingress-controller   0.29.0
```

(2) 下载 YAML 脚本

同样可以在 GitHub 等网站下载运行 nginx-ingress-controller 的脚本。这里已经提前下载好，上传到 master 节点即可。

上传 kzq.yaml 脚本到 yaml 目录下，命令如下。

```
[root@master yaml]# rz
```

查看脚本文件，命令如下。

```
[root@master yaml]# ls
kzq.yaml
```

(3) 修改脚本，创建控制器服务

使用 YAML 脚本创建控制器的 Pod，命令如下。

```
[root@master yaml]# kubectl apply -f kzq.yaml
```

创建完成后，查看创建的 nginx-ingress 控制器的 Pod，结果如图 8-3 所示。

```
[root@master yaml]# kubectl get pod -n ingress-nginx -o wide
NAME                                            READY   STATUS    RESTARTS   AGE    IP             NODE    NOMINATED NODE   READINESS GATES
nginx-ingress-controller-847d554b54-5zcjv       1/1     Running   0          4h50m  192.168.0.20   node1   <none>           <none>
```

图 8-3　查看创建的 nginx-ingress 控制器的 Pod

从图 8-3 中发现，控制器已经调度到了 node1 节点上，命名空间是 ingress-nginx。

8.1.2.2　配置 Ingress 规则

1. 构建 Web 服务

在 yaml 目录下创建 httpd.yaml 文件，在文件中输入以下脚本。

```
apiVersion: apps/v1
kind: Deployment
metadata:
  name: web1
spec:
```

```
      replicas: 2
      template:
        metadata:
          labels:
            app: httpd
        spec:
          containers:
          - name: httpd
            image: httpd
      selector:
        matchLabels:
          app: httpd
---
#创建名称为 httpd-svc 的 Service，供给 Ingress 规则使用
apiVersion: v1
kind: Service
metadata:
  name: httpd-svc
spec:
  selector:
    app: httpd
  ports:
  - protocol: TCP
    port: 80
    targetPort: 80
```

以上脚本创建了一个 Deployment 控制器，副本数是 2，使用的镜像是 httpd，为了更好地访问生成的 Pod，创建了名称为 httpd-svc 的 Service。使用以上脚本构建控制器并查看 Pod 调度信息，结果如图 8-4 所示。

```
[root@master yaml]# kubectl get pod -o wide
NAME                    READY   STATUS    RESTARTS   AGE     IP           NODE    NOMINATED NODE   READINESS GATES
web1-757fb56c8d-7g6vb   1/1     Running   0          5h24m   172.16.1.6   node1   <none>           <none>
web1-757fb56c8d-p862h   1/1     Running   0          5h24m   172.16.2.5   node2   <none>           <none>
```

图 8-4　查看两个 httpd 服务 Pod 调度信息

可以发现，httpd 服务已经调度到 node1 和 node2 节点上了。建议在创建控制器 Pod 前将 httpd 镜像下载到 node1 和 node2 节点。

2．创建 Ingress 资源对象

创建 Ingress 资源对象的目的就是使用一个域名对应到 Service，然后通过这个域名来访问集群内的 Service，进而访问每个 Pod 容器。在 yaml 目录下创建一个 ingress.yaml 文件，在文件中输入以下脚本。

```
apiVersion: extensions/v1beta1
kind: Ingress                          #定义类型为 Ingress 类型
metadata:
  name: test-ingress                   #名称为 test-ingress
spec:
  rules:                               #定义访问的规则
  - host: www.web1.com                 #定义使用 www.web1.com 域名访问服务
```

```
        http:                           #定义使用的协议
          paths:                        #定义访问的路径规则
          - path: /                     #访问的路径是根目录
            backend:                    #对应集群内的 Service
              serviceName: httpd-svc    #Service 的名称是 httpd-svc
              servicePort: 80           #Service 的端口是 80
```

以上脚本定义了一个 Ingress 规则，当集群外部使用 www.web1.com 访问集群服务时，对应访问的服务是 httpd-svc 这个 Service 的后端 Pod 容器，即容器 httpd 提供的服务。

使用以上脚本创建 Ingress，命令如下。

```
[root@master yaml]# kubectl apply -f ingress.yaml
```

查看运行的 Ingress，命令如下。

```
[root@master yaml]# kubectl get ingress
```

命令执行结果如下。

```
NAME            CLASS    HOSTS          ADDRESS    PORTS    AGE
test-ingress    <none>   www.web1.com              80       5h37m
```

从结果发现，已经运行了 test-ingress 服务，访问的域名是 www.web1.com。

3．检查配置结果

在 Windows 中，修改 C:\Windows\System32\drivers\etc 下的 hosts 本地域名解析文件，加入一行，如下。

```
192.168.0.20        www.web1.com
```

由于 nginx-ingress 控制器 Pod 运行在 node1 节点上，node1 节点的 IP 地址是 192.168.0.20，因此将 www.web1.com 解析到 node1 节点的 IP 地址。

打开浏览器，浏览 www.web1.com，访问结果如图 8-5 所示。

图 8-5　访问结果

从图 8-5 可以发现，使用 www.web1.com 可以访问 http-svc 的 Service 对应的后端 Pod 容器。

8.1-2
为 nginx-ingress
控制器创建
NodePort
Service

4．为 nginx-ingress 控制器创建 NodePort Service

（1）创建 NodePort Service

在 hosts 文件配置域名解析时，因为 nginx-ingress 控制器 Pod 运行在 node1 节点上，所以必须要将访问的域名解析到 node1 节点。这样做不能满足高可用要求，因为一旦 nginx-ingress 控制器调度到其他节点，还需要重新配置域名解析。

解决的方法是为 nginx-ingress 控制器创建一个 NodePort Service，即访问任意一个节点都可以访问到 nginx-ingress，然后在配置域名解析时，配置域名和任意一个工作节点对应即可。

在 yaml 目录下创建 service-nodeport.yaml 文件，在文件中输入以下脚本。

```yaml
apiVersion: v1
kind: Service
metadata:
  name: ingress-nginx                    #NodePort 的名称
  namespace: ingress-nginx               #命名空间是 ingress-nginx
spec:
  type: NodePort                         #类型是 NodePort
  ports:                                 #定义访问的内部端口
    - name: http
      port: 80
      targetPort: 80
      protocol: TCP
    - name: https
      port: 443
      targetPort: 443
      protocol: TCP
  selector:                              #nginx-ingress 控制器 Pod 的 label
    app.kubernetes.io/name: ingress-nginx
    app.kubernetes.io/part-of: ingress-nginx
```

以上脚本为 nginx-ingress 控制器 Pod 创建了一个 NodePort Service，使得无论 nginx-ingress 控制器 Pod 运行在哪个节点上，都可以通过访问任何一个工作节点访问到该 Pod。

使用 service-nodeport.yaml 创建 Service，命令如下。

```
[root@master yaml]# kubectl apply -f service-nodeport.yaml
```

查看创建的 Service，结果如图 8-6 所示。

```
[root@master yaml]# kubectl get service -n ingress-nginx
NAME            TYPE       CLUSTER-IP       EXTERNAL-IP   PORT(S)                      AGE
ingress-nginx   NodePort   10.108.208.244   <none>        80:32646/TCP,443:32094/TCP   3h39m
```

图 8-6　查看 ingress-nginx Service

从图 8-6 发现，名称为 ingress-nginx 的 Service 创建成功了，开放了 32646 和 32094 端口，分别对应 80 和 443 端口。这样无论 nginx-ingress 控制器 Pod 调度到哪个节点，将域名映射到节点的任何 IP 地址都能够访问到该控制器。

（2）验证配置

在 hosts 文件中修改映射关系为：

192.168.0.10　　www.web1.com

也就是，将 www.web1.com 映射到 192.168.0.10 的 master 节点 IP 地址，使用 NodePort 的 32646 端口访问控制器，结果如图 8-7 所示。

图 8-7　使用 NodePort 端口访问控制器

从图 8-7 可知，由于使用 NodePort 将 nginx-ingress 控制器 Pod 开放给集群外部，因此可以配置域名和任何一个节点 IP 地址的映射关系，然后通过域名加端口的方式访问集群内服务。

8.1.3 配置 HTTPS 以实现安全访问

在 8.1.2 节中实现了使用 ingress-nginx 为后端 Pod 提供统一入口，但有个问题需要考虑，那就是如何为 Pod 配置 CA 证书来实现 HTTPS 访问。如果在每个 Pod 中配置 CA 证书，需要太多重复性操作，而且 Pod 是随时可能被 Kubelet 终止并重新创建的。当然，这些问题有很多解决方法，如直接将 CA 配置到镜像中，但是这样又需要很多个 CA 证书。

解决的方法是在 Ingress 规则中为域名配置 CA 证书，只要可以通过 HTTPS 访问到域名即可。这个域名是怎么关联到后端提供服务的 Pod 的，就属于 Kubernetes 集群内部的通信了，即便使用 HTTP 来通信，也是可以的。

1．生成证书和私钥

首先创建证书和私钥文件，证书文件名称为 web.crt，私钥文件名称为 web.key，命令如下。

```
[root@master yaml]# openssl req -x509 -sha256 -nodes -days 365 -newkey rsa:2048 -keyout web.key -out web.crt
```

在创建证书私钥过程中，根据提示输入一些必要信息。查看创建的证书和私钥文件，命令和结果如下。

```
[root@master yaml]# ls
httpd.yaml ingress.yaml mandatory.yaml service-nodeport.yaml web.crt web.key
```

可以发现，web.crt 和 web.key 都创建成功了。

2．创建 Secret 存储证书和私钥

创建一个 tls 类型的 Secret，保存 web.key 和 web.crt 配置，命令如下。

```
[root@master yaml]# kubectl create secret tls web-secret --key=web.key --cert web.crt
```

查看创建的 Secret，命令如下。

```
[root@master yaml]# kubectl get secrets web-secret
```

命令执行结果如下。

```
NAME         TYPE                DATA   AGE
web-secret   kubernetes.io/tls   2      2m12s
```

3．修改 Ingress 配置

打开 ingress.yaml，修改配置如下。

```
apiVersion: extensions/v1beta1
kind: Ingress
metadata:
  name: test-ingress
spec:
  rules:
  - host: www.web1.com
```

```
        http:
          paths:
          - path: /
            backend:
              serviceName: httpd-svc
              servicePort: 80
      tls:                              #加入 tls 加密配置
      - hosts:                          #采用加密方式传输的域名
        - www.web1.com
        secretName: web-secret          #使用的 Secret 文件名称
```

在 ingress.yaml 配置文件中，加入 tls 加密配置，配置了加密的域名 www.web1.com，采用的认证文件是 web-secret。

4．检查配置结果

使用 ingress.yaml 脚本文件重新创建 ingress 规则，命令如下。

```
[root@master yaml]# kubectl apply -f ingress.yaml
```

然后，使用浏览器访问 https://www.web1.com:32094，结果如图 8-8 所示。

图 8-8　使用 HTTPS 方式访问 httpd 服务

从图 8-8 可以发现，可以通过 HTTPS 方式访问 httpd 服务，注意这里使用的端口是对应集群 443 端口的 NodePort 端口 32094。

拓展训练

使用 dami 内容管理系统的镜像实现 Ingress 的外部访问。

任务 8.2　配置虚拟主机

【学习情境】

在集群上部署多个站点时，就需要配置 Ingress 虚拟主机以发布多个站点。技术主管要求你配置 Ingress 虚拟主机来发布集群上的多个站点。

8.2
配置虚拟主机

【学习内容】

（1）基于目录访问方式发布多个站点

（2）基于域名访问方式发布多个站点

【学习目标】

知识目标：
（1）掌握基于目录访问发布多个站点的方法
（2）掌握基于域名访问发布多个站点的方法
能力目标：
（1）会配置 Ingress 基于目录发布多个站点
（2）会配置 Ingress 基于域名发布多个站点

8.2.1　基于目录访问方式发布多个站点

8.2.1.1　创建 Tomcat 应用

1. 下载镜像

首先在 node1 和 node2 节点下载 Tomcat 镜像，命令如下。

```
[root@node1 ~]# docker pull reqistry.cn-hangzhou.aliyuncs.com/lnstzy/tomat:8.5.34-Jre8-alpine
[root@node2 ~]# docker pull reqistry.cn-hangzhou.aliyuncs.com/lnstzy/tomat:8.5.34-Jre8-alpine
```

2. 创建部署 Tomcat 服务的控制器

在 yaml 目录下创建 tomcat.yaml 文件，在文件中输入以下脚本。

```yaml
apiVersion: apps/v1
kind: Deployment
metadata:
  name: web2
spec:
  replicas: 2
  template:
    metadata:
      labels:
        app: tomcat
    spec:
      containers:
      - name: tomcat
        image: reqistry.cn-hangzhou.aliyuncs.com/lnstzy/tomat:8.5.34-Jre8-alpine
  selector:
    matchLabels:
      app: tomcat
---
#创建名称为 tomcat-svc 的 Service，供 Ingress 规则使用
apiVersion: v1
kind: Service
metadata:
```

```
      name: tomcat-svc
    spec:
      selector:
        app: tomcat
      ports:
      - protocol: TCP
        port: 8080
        targetPort: 8080
```

以上脚本创建了一个名称为 web2 的控制器，使用 Tomcat 镜像创建 Pod 容器，副本数是 2，创建了名称为 tomcat-svc 的 Service，匹配了创建的两个 Tomcat 副本。

3．创建控制器，检查结果

使用 tomcat.yaml 创建控制器，命令如下。

```
[root@master yaml]# kubectl apply -f tomcat.yaml
```

检查创建的 Pod 和 Service，结果如图 8-9 所示。

```
[root@master yaml]# kubectl get pod -o wide
NAME                      READY   STATUS    RESTARTS   AGE   IP           NODE    NOMINATED NODE   READINESS GATES
web1-757fb56c8d-7g6vb     1/1     Running   0          10h   172.16.1.6   node1   <none>           <none>
web1-757fb56c8d-p862h     1/1     Running   0          10h   172.16.2.5   node2   <none>           <none>
web2-7d987c7694-88nvs     1/1     Running   0          10s   172.16.1.7   node1   <none>           <none>
web2-7d987c7694-kcbkh     1/1     Running   0          10s   172.16.2.6   node2   <none>           <none>
[root@master yaml]# kubectl get svc
NAME         TYPE        CLUSTER-IP       EXTERNAL-IP   PORT(S)    AGE
httpd-svc    ClusterIP   10.104.61.242    <none>        80/TCP     10h
kubernetes   ClusterIP   10.96.0.1        <none>        443/TCP    12h
tomcat-svc   ClusterIP   10.96.153.220    <none>        8080/TCP   21s
```

图 8-9　查看创建的 Pod 和 Service

从图 8-9 可以发现，名称为 web2 的控制器创建了两个 Pod，已经调度到 node1 和 node2 节点上并且正常运行，名称为 tomcat-svc 的 Service 也创建成功了。

8.2.1.2　配置基于目录访问的 Ingress 规则

1．创建基于目录访问的 Ingress 规则

在 yaml 目录下创建 ingress-dir.yaml 文件，在文件中输入以下脚本。

```
      apiVersion: extensions/v1beta1
      kind: Ingress
      metadata:
        name: ingress-dir
        annotations:                                    #使用注解声明重定向的根目录是/
          nginx.ingress.kubernetes.io/rewrite-target: /
      spec:
        rules:
        - host: www.web2.com                            #定义域名是 www.web2.com
          http:
            paths:
            - path: /httpd                              #使用/http 目录访问 httpd-svc 对应的 Pod 服务
              backend:
                serviceName: httpd-svc
                servicePort: 80
            - path: /tomcat                             #使用/tomcat 目录访问 tomcat-svc 对应的 Pod 服务
```

```
      backend:
        serviceName: tomcat-svc
        servicePort: 8080
```

以上脚本使用 annotations 定义 "nginx.ingress.kubernetes.io/rewrite-target: /"，指定重定向的根目录是/，然后将/http 目录重定向到 httpd-svc Service 对应的后端 Pod 服务，将/tomcat 目录重定向到 tomcat-svc Service 对应的后端 Pod 服务。使用以上脚本创建 Ingress 规则，命令如下。

```
[root@master yaml]# kubectl apply -f ingress-dir.yaml
```

查看创建的 ingress 对象，命令如下。

```
[root@master yaml]# kubectl get ingress ingress-dir
```

命令执行结果如下。

```
NAME           CLASS    HOSTS          ADDRESS           PORTS   AGE
ingress-dir    <none>   www.web2.com   10.108.208.244    80      9m48s
```

2．验证配置结果

首先在 Windows 中，修改 C:\Windows\System32\drivers\etc 下的 hosts 本地域名解析文件，加入一行，如下。

```
192.168.0.20      www.web2.com
```

然后使用浏览器访问 http://www.web2.com/httpd，结果如图 8-10 所示。

图 8-10　使用/httpd 访问 httpd 服务

使用浏览器访问 http://www.web2.com/tomcat，结果如图 8-11 所示。

图 8-11　使用/tomcat 访问 Tomcat 服务

注意这里没有显示主页内容，但是只要显示了图片最下边的"Apache Tomcat/9.0.52"，就说明已经成功访问 Tomcat 服务。

8.2.2 基于域名访问方式发布多个站点

8.2.2.1 配置基于域名访问的 Ingress 规则

1．创建基于域名访问的 Ingress 规则

在 yaml 目录下创建 ingress-name.yaml 文件，在文件中输入以下脚本。

```
apiVersion: extensions/v1beta1
kind: Ingress
metadata:
  name: ingress-dir
  annotations:
    nginx.ingress.kubernetes.io/rewrite-target: /
spec:
  rules:                                #定义规则
  - host: www.httpd.com                 #使用 www.httpd.com 域名访问
    http:
      paths:
        - path: /                       #定义访问目录是/
          backend:
            serviceName: httpd-svc      #对应访问 httpd-svc Service
            servicePort: 80
  - host: www.tomcat.com                #使用 www.tomcat.com 域名访问
    http:
      paths:
        - path: /                       #定义访问目录是/
          backend:
            serviceName: tomcat-svc     #对应访问 tomcat-svc Service
            servicePort: 8080
```

以上脚本定义了两个域名服务，首先定义 www.httpd.com 访问的是后端的 httpd-svc Service，定义 www.tomcat.com 访问的是后端的 tomcat-svc Service。

2．检查配置结果

首先在 Windows 中，修改 C:\Windows\System32\drivers\etc 下的 hosts 本地域名解析文件，加入两行，如下。

```
192.168.0.20        www.httpd.com
192.168.0.20        www.tomcat.com
```

然后使用浏览器访问 http://www.httpd.com，结果如图 8-12 所示。

图 8-12　使用 www.httpd.com 访问 httpd 服务

使用浏览器访问 http://www.tomcat.com，结果如图 8-13 所示。

图 8-13　使用 www.tomcat.com 访问 Tomcat 服务

从图 8-12 与图 8-13 可以看到，两个域名都已经成功地访问到对应的后端 Pod 服务。

8.2.2.2　配置多个域名加密访问

1．配置加密访问

如果想实现多个域名的 HTTPS 访问，修改 ingress-dir.yaml 配置文件，脚本如下。

```
apiVersion: extensions/v1beta1
kind: Ingress
metadata:
  name: ingress-dir
  annotations:
    nginx.ingress.kubernetes.io/rewrite-target: /
spec:
  tls:                              #在原来配置的基础上添加 tls 的配置即可
  - hosts:
    - www.httpd.com                 #加密 www.httpd.com 访问
    - www.tomcat.com                #加密 www.tomcat.com 访问
    secretName: web-secret          #使用的 Secret 名称
  rules:
  - host: www.httpd.com
    http:
      paths:
      - path: /
        backend:
          serviceName: httpd-svc
          servicePort: 80
  - host: www.tomcat.com
    http:
      paths:
      - path: /
        backend:
          serviceName: tomcat-svc
          servicePort: 8080
```

以上脚本在原来配置的基础上添加了关于 HTTPS 的加密配置，加密了 www.httpd.com 的访问和 www.tomcat.com 的访问。重新创建 Ingress 规则，命令如下。

```
[root@master yaml]# kubectl apply -f ingress-name.yaml
```

2. 检查配置结果

使用浏览器浏览 https://www.httpd.com，结果如图 8-14 所示。

图 8-14 使用 HTTPS 加密访问 www.httpd.com

使用浏览器浏览 https://www.tomcat.com，结果如图 8-15 所示。

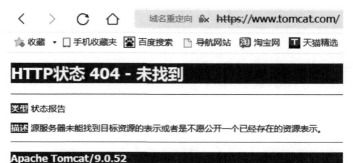

图 8-15 使用 HTTPS 加密访问 www.tomcat.com

从图 8-14 和图 8-15 可以看出，已经实现了两个域名的加密访问。

拓展训练

在 Kubernetes 集群中部署 dami 内容管理系统和 zm 内容管理系统，使用 Ingress 域名访问方式发布两个应用，dami 内容管理系统的域名是 www.dami.com，zm 内容管理系统的域名是 www.zm.com。

项目小结

1. 使用 Ingress 可以将集群中的应用发布出去，实现七层访问控制。
2. 使用 NodePort Service 发布应用的缺点是当应用很多时，管理起来很不方便。

习题

一、选择题

以下关于 Ingress 的说法中，不正确的是（   ）。
   A．Ingress 由 Ingress 控制器和 Ingress 资源对象组成

B. Ingress 能实现基于域名和目录发布应用
C. Ingress 可以实现 HTTPS 加密访问
D. Ingress 控制器只能运行在一个工作节点上

二、填空题

1. Ingress 可以将集群中的服务发布到_____访问。
2. Ingress 可以通过配置_____发布多个应用。

项目 9　基于 RBAC 配置认证授权

本项目思维导图如图 9-1 所示。

图 9-1　项目 9 的思维导图

项目 9 使用的实验环境见表 9-1。

表 9-1　项目 9 使用的实验环境

主机名称	IP 地址	CPU 内核数	内存/GB	硬盘/GB
master	192.168.0.10/24	4	4	100
node1	192.168.0.20/24	4	2	100
node2	192.168.0.30/24	4	2	100

各节点需要安装的服务见表 9-2 所示。

表 9-2　各节点需要安装的服务

主机名称	安装服务
master	Kube-apiserver、Kube-scheduler、Kube-controller-manager、Etcd、Kubelet、Kube-Proxy、Kubeadm、flannel、Docker
node1	Kubelet、Kube-Proxy、Kubeadm、flannel、Docker
node2	Kubelet、Kube-Proxy、Kubeadm、flannel、Docker

任务 9.1　配置 ServiceAccount 认证授权

【学习情境】

集群中运行的程序需要访问 API Server，进而访问集群中的资源，而任何一个程序都不可能拥有集群所有资源的所有权限，这就要求管理员为集群中运行的 Pod 配置 ServiceAccount 账户，授权某个程序对于某个资源相应的权限。公司技术主管要求你学会配置 ServiceAccount。

【学习内容】

（1）RBAC 的工作机制

（2）安装 DashBoard 图形化界面
（3）配置 ServiceAccount

【学习目标】

知识目标：
（1）掌握 ServiceAccount 和 UserAccount 的区别
（2）掌握配置 ServiceAccount 服务认证授权的方法

能力目标：
（1）会配置 ServiceAccount 认证授权
（2）会使用 ServiceAccount 访问集群资源

9.1.1 理解 RBAC

9.1.1.1 RBAC 的概念

RBAC（Role-Based Access Control，基于角色的访问控制）用于管理员动态配置账户授权，实现某个账户有限的集群资源访问权限。

在 Kubernetes 中所有 API 对象都保存在 Etcd 里。对这些 API 对象的操作，是通过访问 API Server 实现的。Kubernetes RBAC 使用 rbac.authorization.k8s.io API 组来实现权限控制。

9.1.1.2 RBAC 的工作机制

RBAC 的工作机制如图 9-2 所示。

图 9-2 RRAC 的工作机制

1．ServiceAccount 和 UserAccount 账户

访问集群的账户分为两种，一种是 ServiceAccount，另一种是 UserAccount，集群外部实体（如管理员、服务研发人员）和集群内部实体（如 Kubernetes 系统和部署于集群上的应用）都会有访问和调控系统资源的需求。外部实体使用 UserAccount 进行集群访问接入，内部实体（如

Pod 里面的进程）使用 ServiceAccount 进行集群访问接入；UserAccount 的账户是没有 namespace 属性的，ServiceAccount 的账户是有 namespace 属性的。简单来说，UserAccount 是给人使用的，ServiceAccont 是给程序使用的。

2．Role

Role（角色）是一组规则，它定义了一组对 Kubernetes API 对象的操作权限，所以它包含两个部分内容：一是 Kubernetes API 对象资源，二是对这些资源的操作权限。

Kubernetes API 常用对象资源主要包括以下内容。

1）Namespace。
2）Pod。
3）Deployment。
4）ConfigMap。
5）Node。
6）Secret。

操作权限主要包括以下内容。

1）create（创建）。
2）get（获取一个）。
3）delete（删除）。
4）list（获取列表）。
5）update（更新）。
6）edit（编辑）。
7）watch（动态查看变化）。
8）exec（执行）。

3．RoleBinding 和 ClusterRoleBinding

RoleBinding 与 ClusterRoleBinding 可以将账户（ServiceAccount 和 UserAccount）与角色（Role）绑定到一起，最终就实现了外部用户账户（UserAccount）和集群内部程序使用的账户（ServiceAccount）拥有操作集群资源的权限。

9.1.2 安装并登录 DashBoard

使用 DashBoard 图形化界面可以操作集群的资源，可以通过运行的 DashBoard 程序使用不同的 ServiceAccount 访问不同的集群资源。

9.1.2.1 安装 DashBoard

1．下载镜像

可以从 GitHub 等网站下载 DashBoard 的安装镜像。由于已经提前下载完成，这里上传到 node1 和 node2 节点即可。

上传 metrics.tar 和 dashboard.tar 压缩文件，命令如下。

```
[root@node1 ~]# rz
```

查看文件，命令和结果如下。

```
[root@node1 ~]# ls
```

```
anaconda-ks.cfg  dashboard.tar  metrics.tar  nginx-ingress.tar
```

将两个压缩文件还原成镜像,命令如下。

```
[root@node1 ~]# docker load -i dashboard.tar
[root@node1 ~]# docker load -i metrics.tar
```

为保证 Pod 可以调度到任意一个节点上,在 node2 节点也执行同样的操作,命令如下。

```
[root@node2 ~]# ls
anaconda-ks.cfg  dashboard.tar metrics.tar  nginx-ingress.tar
```

将两个压缩文件还原成镜像,命令如下。

```
[root@node2 ~]# docker load -i dashboard.tar
[root@node2 ~]# docker load -i metrics.tar
```

2. 使用 YAML 文件安装 DashBoard

(1) 上传 YAML 脚本

在 master 节点的 yaml 目录,上传安装镜像的脚本文件 dashboard.yaml,命令如下。

```
[root@master yaml]# rz
[root@master yaml]# ls | grep dashboard
dashboard.yaml
```

(2) 安装 DashBoard

使用 dashboard.yaml 文件安装 DashBoard,命令如下。

```
[root@master yaml]# kubectl apply -f dashboard.yaml
```

查看使用 YAML 文件创建的 Pod,namespace(命名空间)是 kubernetes-dashboard,命令如下。

```
[root@master yaml]# kubectl get pods -n kubernetes-dashboard
```

命令执行结果如下。

```
NAME                                         READY   STATUS    RESTARTS   AGE
dashboard-metrics-scraper-555c845b9c-8vbkj   1/1     Running   0          11s
kubernetes-dashboard-54f5b6dc4b-gzhpt        1/1     Running   0          11s
```

查看创建的 Service,命令如下。

```
[root@master yaml]# kubectl get svc -n kubernetes-dashboard
```

命令执行结果如图 9-3 所示。

```
[root@master yaml]# kubectl get svc -n kubernetes-dashboard
NAME                        TYPE        CLUSTER-IP       EXTERNAL-IP   PORT(S)    AGE
dashboard-metrics-scraper   ClusterIP   10.102.77.242    <none>        8000/TCP   13m
kubernetes-dashboard        ClusterIP   10.105.31.195    <none>        443/TCP    13m
```

图 9-3 查看 kubernetes-dashboard 的 Service

将 kubernetes-dashboard 的类型修改为 NodePort,命令如下。

```
kubectl edit svc kubernetes-dashboard -n kubernetes-dashboard
```

在打开脚本后,将倒数第 3 行的 type: ClusterIP 中的 ClusterIP 修改为 NodePort,保存并退出就可以了。

再次查看修改后的 Service，结果如图 9-4 所示。

```
[root@master yaml]# kubectl get svc -n kubernetes-dashboard
NAME                         TYPE        CLUSTER-IP       EXTERNAL-IP   PORT(S)         AGE
dashboard-metrics-scraper    ClusterIP   10.102.77.242    <none>        8000/TCP        17m
kubernetes-dashboard         NodePort    10.105.31.195    <none>        443:32005/TCP   17m
```

图 9-4　修改类型为 NodePort 后的 Service

使用 https://192.168.0.10:32005 访问集群的 DashBoard，结果如图 9-5 所示。

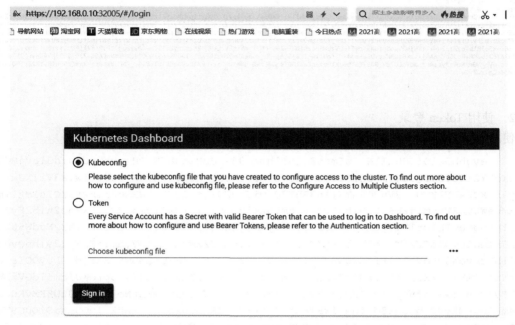

图 9-5　访问集群的 DashBoard

9.1.2.2　登录 DashBoard

1．查看默认生成的 Secret 配置

在创建 Pod 时，会为 Pod 生成一个默认的 Secret，以便这个 Pod 可以通过 Secret 访问集群资源。查看默认的 Secret，命令如下。

```
[root@master yaml]# kubectl get secret -n kubernetes-dashboard
```

命令执行结果如图 9-6 所示。

```
[root@master yaml]# kubectl get secret -n kubernetes-dashboard
NAME                                TYPE                                   DATA   AGE
default-token-65kcq                 kubernetes.io/service-account-token    3      28m
kubernetes-dashboard-certs          Opaque                                 0      28m
kubernetes-dashboard-csrf           Opaque                                 1      28m
kubernetes-dashboard-key-holder     Opaque                                 2      28m
kubernetes-dashboard-token-lvwrx    kubernetes.io/service-account-token    3      28m
```

图 9-6　查看默认 Secret

其中，kubernetes-dashboard-token-lvwrx 是访问集群资源的 Token，使用 kubectl describe 命令查看它的详细信息，命令如下。

```
[root@master yaml]# kubectl describe secrets kubernetes-dashboard-token-lvwrx
```

命令执行结果如图 9-7 所示。

```
[root@master yaml]# kubectl describe secrets kubernetes-dashboard-token-lvwrx -n kubernetes-dashboard
Name:         kubernetes-dashboard-token-lvwrx
Namespace:    kubernetes-dashboard
Labels:       <none>
Annotations:  kubernetes.io/service-account.name: kubernetes-dashboard
              kubernetes.io/service-account.uid: 109e3525-a4c1-4bc0-b2d2-e0e0db7e8528

Type:  kubernetes.io/service-account-token

Data
====
ca.crt:     1066 bytes
namespace:  20 bytes
token:      eyJhbGciOiJSUzI1NiIsImtpZCI6Ilhmam93aFJBN2tjNVNJTHljRkQ3dlJza3loVjBOU0RyclpVUXd2Y2lzU00ifQ.eyJpc3MiOiJrdWJlcm5ldGVzL3NlcnZpY2VhY
2NvdW50Iiwia3ViZXJuZXRlcy5pby9zZXJ2aWNlYWNjb3VudC9uYW1lc3BhY2UiOiJrdWJlcm5ldGVzLWRhc2hib2FyZCIsImt1YmVybmV0ZXMuaW8vc2VydmljZWFjY291bnQvc2Vjc
mV0Lm5hbWUiOiJrdWJlcm5ldGVzLWRhc2hib2FyZC10b2tlbi1sdndyeCIsImt1YmVybmV0ZXMuaW8vc2VydmljZWFjY291bnQvc2VydmljZS1hY2NvdW50Lm5hbWUiOiJrdWJlcm5ld
GVzLWRhc2hib2FyZCIsImt1YmVybmV0ZXMuaW8vc2VydmljZWFjY291bnQvc2VydmljZS1hY2NvdW50LnVpZCI6IjEwOWUzNTI1LWE0YzEtNGJjMC1iMmQyLWUwZTBkYjdlODUyOCIsI
nN1YiI6InN5c3RlbTpzZXJ2aWNlYWNjb3VudDprdWJlcm5ldGVzLWRhc2hib2FyZDprdWJlcm5ldGVzLWRhc2hib2FyZCJ9.mww0af9ogJ1PJPXE2XiENq1jrfBbe7iqzizJ4SplCnPK
NtNo7p2AZoJtU8KMvRuJCoXhnARj-vmK6ewRMkyVD3bSoq48d_fgNtlwRT8EjGCAjVNU_rGReADn2bhcbUEXhki1uO9RsaSiD0C9ULXM84NpEAGd4Zp9jS98JMVAFHytO3I7eM3d4GNE
OIA5mgcc_bVb_NGbzNmGr7ybiALtpaqyoL0fd7-909YL8l5BoXlGpf4nZaulDOTsqO8CzkQFgNXkU6Dht-nFalkcvoqBtRp1vEsGc_76CUdkh8si-XWkCc6FniRvYX2Zvj9QlJrZId_E
sPtI6Mq4e2qJxwZyCw  _
```

图 9-7　查看 Token 信息

2．使用 Token 登录

使用以下 Token 的编码登录 DashBoard。

eyJhbGciOiJSUzI1NiIsImtpZCI6Ilhmam93aFJBN2tjNVNJTHljRkQ3dlJza3loVjBOU0Ry
clpVUXd2Y2lzU00ifQ.eyJpc3MiOiJrdWJlcm5ldGVzL3NlcnZpY2VhY2NvdW50Iiwia3ViZXJuZXRlc
y5pby9zZXJ2aWNlYWNjb3VudC9uYW1lc3BhY2UiOiJrdWJlcm5ldGVzLWRhc2hib2FyZCIsImt1YmVyb
mV0ZXMuaW8vc2VydmljZWFjY291bnQvc2VjcmV0Lm5hbWUiOiJrdWJlcm5ldGVzLWRhc2hib2FyZC10b
2tlbi1sdndyeCIsImt1YmVybmV0ZXMuaW8vc2VydmljZWFjY291bnQvc2VydmljZS1hY2NvdW50Lm5hb
WUiOiJrdWJlcm5ldGVzLWRhc2hib2FyZCIsImt1YmVybmV0ZXMuaW8vc2VydmljZWFjY291bnQvc2Vyd
mljZS1hY2NvdW50LnVpZCI6IjEwOWUzNTI1LWE0YzEtNGJjMC1iMmQyLWUwZTBkYjdlODUyOCIsInN1Y
iI6InN5c3RlbTpzZXJ2aWNlYWNjb3VudDprdWJlcm5ldGVzLWRhc2hib2FyZDprdWJlcm5ldGVzLWRhc
2hib2FyZCJ9.mww0af9ogJ1PJPXE2XiENq1jrfBbe7iqzizJ4SplCnPKNtNo7p2AZoJtU8KMvRuJCoXh
nARjvmK6ewRMkyVD3bSoq48d_fgNtlwRT8EjGCAjVNU_rGReADn2bhcbUEXhki1uO9RsaSiD0C9ULXM
84NpEAGd4Zp9jS98JMVAFHytO3I7eM3d4GNEOIA5mgcc_bVb_NGbzNmGr7ybiALtpaqyoL0fd7909YL8
l5BoXlGpf4nZaulDOTsqO8CzkQFgNXkU6Dht-nFalkcvoqBtRp1vEsGc_76CUdkh8siXWkCc6FniRvYX
2Zvj9QlJrZId_EsPtI6Mq4e2qJxwZyCw

注意在 DashBoard 的首页要选中 Token，然后复制粘贴以上 Token 的值，单击“Sign in”登录，登录后的页面如图 9-8 所示。

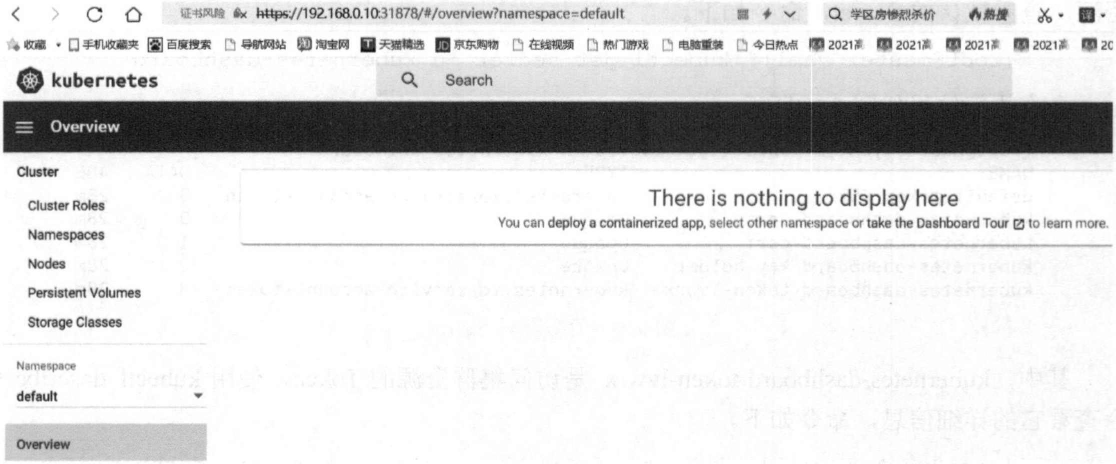

图 9-8　使用 Token 登录 DashBoard

登录后，单击左侧资源，右侧显示的都是"There is nothing to display here"，这说明默认的 Token 无法访问集群的资源。

9.1.3 配置并应用 ServiceAccout

9.1.3.1 配置命名空间级别的 ServiceAccount

1．创建命名空间

创建一个命名空间，名称为 test，命令如下。

```
[root@master ~]# kubectl create namespace test
```

获取当前集群的命名空间，命令如下。

```
[root@master ~]# kubectl get ns
```

命令执行结果如下。

```
NAME                   STATUS    AGE
default                Active    46d
ingress-nginx          Active    46d
kube-node-lease        Active    46d
kube-public            Active    46d
kube-system            Active    46d
kubernetes-dashboard   Active    7h32m
test                   Active    5s
```

可以发现，名称为 test 的命名空间创建成功了。

2．创建 test 命名空间下的 ServiceAccount

在 yaml 目录下创建 sa1.yaml 文件，在文件中输入以下脚本。

```yaml
apiVersion: v1
kind: ServiceAccount
metadata:
  name: sa-ns
  namespace: test
```

以上脚本定义了一个名称为 sa-ns 的 ServiceAccount，使用的命名空间是 test。使用脚本创建 ServiceAccount，命令如下。

```
[root@master yaml]# kubectl apply -f sa1.yaml
```

获取 test 命名空间下的 ServiceAccount，命令如下。

```
[root@master yaml]# kubectl get serviceaccounts -n test
```

命令执行结果如下。

```
NAME      SECRETS   AGE
default   1         12m
sa-ns     1         5m21s
```

从结果可以发现 sa-ns 的 ServiceAccount 创建成功了。

3．创建 Role

Role 包括两部分内容，一部分是资源，另一部分是对资源的访问权限。在 yaml 目录下创建 role-sa1.yaml 文件，在文件中输入以下脚本。

```
apiVersion: rbac.authorization.k8s.io/v1   #定义创建 Role 的 API 版本
kind: Role                                  #定义资源的类型是 Role
metadata:
  name: role-sa1                            #资源的名称是 role-sa1
  namespace: test                           #资源的命名空间是 test
rules:                                      #角色定义的规则
- apiGroups: [""]                           #使用""定义 API 组为核心组
  resources: ["pods"]                       #核心组内 Pod
  verbs: ["get", "list" , "create"]         #定义对核心组内的 Pod 具有获取等操作权限
```

以上脚本使用 rbac.authorization.k8s.io/v1 的 API 定义了名称为 role-sa1、命名空间为 test 的 Role 对象，核心 API 组内的 Pod 资源，以及操作的权限——get（获取单个）、list（获取列表）、create（创建）。

这里需要注意核心 API 组中包括了很多核心 API 对象，查看集群所有 API 组的命令是 kubectl api-resources，在结果中可以发现各种资源对应的 API。

使用 role-sa1.yaml 创建 Role 资源对象，命令如下。

```
[root@master yaml]# kubectl apply -f role-sa1.yaml
```

创建完成后，查看 test 命名空间下的 Role，命令如下。

```
[root@master yaml]# kubectl get role -n test
```

命令执行结果如下。

```
NAME        CREATED AT
role-sa1    2021-08-19T08:04:09Z
```

可以发现，名称为 role-sa1 的 Role 创建成功了。

4．创建 RoleBinding

使用 RoleBinding 可以将 ServiceAccount 或者 UserAccount 等对象绑定到 Role 上，实现的是命名空间级别的绑定。在绑定后，只能在绑定的命名空间中才具有相应的权限。

在 yaml 目录下创建 rolebinding-1.yaml 文件，在文件中输入以下脚本。

```
apiVersion: rbac.authorization.k8s.io/v1    #定义 API 版本
kind: RoleBinding                            #类型为 RoleBinding
metadata:
  name: rolebinding-sa1                      #名称为 rolebinding-sa1
  namespace: test                            #定义在 test 命名空间下
subjects:                                    #使用 subjects 定义绑定的对象
- kind: ServiceAccount                       #绑定的资源是 ServiceAccount
  name: sa-ns                                #ServiceAccount 的名称
  namespace: test                            #ServiceAccount 的命名空间
roleRef:                                     #使用 roleRef 指定所绑定的资源
  kind: Role                                 #绑定到 Role
  name: role-sa1                             #Role 名称
  apiGroup: rbac.authorization.k8s.io        #绑定使用的 API 组
```

以上脚本使用 RoleBinding 将名称为 sa-ns 的 ServiceAccount 绑定到名称为 role-sa1 的 Role

上，实现 sa-ns 的 ServiceAccount 对 v1 核心 API 组的 Pod 资源的 get、list、create 权限。使用 YAML 脚本文件创建 RoleBinding，命令如下。

```
[root@master yaml]# kubectl apply -f rolebinding-1.yaml
```

创建完成后，查看 RoleBinding，命令如下。

```
[root@master yaml]# kubectl get rolebindings -n test
```

命令执行结果如下。

```
NAME                ROLE              AGE
rolebinding-sa1     Role/role-sa1     34s
```

可以发现，名称为 rolebinding-sa1 的 RoleBinding 创建成功了。

9.1.3.2 应用命名空间级别的 ServiceAccount

集群中运行的程序可以通过两种方式使用 ServiceAccount 访问集群资源：一是使用 ServiceAccount 账户的 Token，二是将 ServiceAccount 账户名配置到构建 Pod 的 YAML 脚本中。

第二种方式只需要在定义 Pod 时使用 ServiceAccount 字段配置 ServiceAccount 的名称即可。以下演示通过 ServiceAccount 账户的 Token 访问集群资源。

1. 在 test 命名空间创建 Pod 应用

首先在 test 命名空间下创建一个 Pod 应用，使用镜像 nginx:1.8.1，命令如下。

```
[root@master yaml]# kubectl run demo --image=nginx:1.8.1 -n test
```

查看创建的 Pod，命令如下。

```
[root@master yaml]# kubectl get pod -n test
```

命令执行结果如下。

```
NAME    READY    STATUS     RESTARTS    AGE
demo    1/1      Running    0           7s
```

2. 使用 ServiceAccount 登录 DashBoard

使用以下命令可以查看 sa-ns 的详细信息。

```
[root@master yaml]# kubectl describe sa sa-ns -n test
```

在结果中发现 Secret 所在的行如下。

```
Mountable secrets:     sa-ns-token-f2vkx
```

然后查看这个 Secret 的 Token 值，命令如下。

```
[root@master yaml]# kubectl describe secrets sa-ns-token-f2vkx
```

在结果中，发现 Token 的值如下。

eyJhbGciOiJSUzI1NiIsImtpZCI6Ilhmam93aFJBN2tjNVNJTHljRkQ3dlJza3loVjBOU0Ry
clpVUXd2Y2lzU00ifQ.eyJpc3MiOiJrdWJlcm5ldGVzL3NlcnZpY2VhY2NvdW50Iiwia3ViZXJuZXRlc
y5pby9zZXJ2aWNlYWNjb3VudC9uYW1lc3BhY2UiOiJ0ZXN0Iiwia3ViZXJuZXRlcy5pby9zZXJ2aWNlY
WNjb3VudC9zZWNyZXQubmFtZSI6InNhLW5zLXRva2VuLWYydmt4Iiwia3ViZXJuZXRlcy5pby9zZXJ2a
WNlYWNjb3VudC9zZXJ2aWNlLWFjY291bnQubmFtZSI6InNhLW5zIiwia3ViZXJuZXRlcy5pby9zZXJ2a
WNlYWNjb3VudC9zZXJ2aWNlLWFjY291bnQudWlkIjoiNTk2QwZjgtOTkxYS00OWQkLWE3NDQtYTI0Z
DZmZWExMWY5Iiwic3ViIjoic3lzdGVtOnNlcnZpY2VhY2NvdW50OnRlc3Q6c2Etbnd5fQ.AX38_kLrRc
T95pN9YljCeN-_DMGFzhacBu2n2PKFDiEAjKxZklrz74W4FbOHgvabtuzS3289vZW7NfidXxNTI27RV

```
_a9N_t7Y0Xpch0c_6g57GSq0_bcMx4wt3eZ6THMog1CQI7mrT3_xW31RLBTuI9Y9ScAkTtoFZBbZmsNk
skod8UHlOGEqLnnEgLWe2yopVoggWTp7awvVtvV7NavEe5bNhxBrHnsIqBFZxQTdvwk19CAHmNLZOxRT
YazpEKKMBmFtUDOSePbjy7rGigoJZ1EhxTmrBVUbjMCmorC5T3-fwghx2Y5hWvCcAh4MoKdg7IlpGnb
I4nsq9JyCA
```

使用 Token 值登录 DashBoard，然后修改左侧的命名空间为 test，查看 Pod 资源，结果如图 9-9 所示。

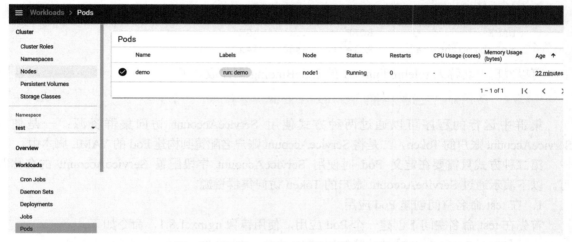

图 9-9 修改 test 命名空间并查看 Pod 资源

从结果发现，已经能够查看到 test 命名空间下的 Pod 资源了，但该 ServiceAccount 不具有访问其他命名空间资源的权限。打开 demo 后，单击右上角的删除图标尝试删除这个 Pod，结果如图 9-10 所示。提示"Internal server error"，说明该账户不具备对 Pod 的删除权限，符合 Role 配置的权限。

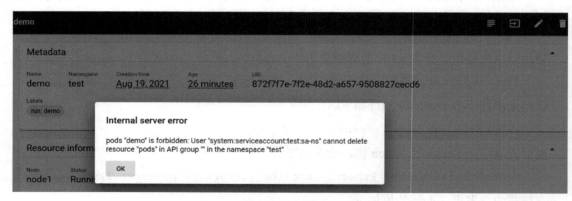

图 9-10 删除 Pod

9.1.3.3 配置集群级别的 ServiceAccount

1. 创建 ServiceAccount

在 yaml 目录下创建 sa2.yaml 文件，在文件中输入以下脚本。

```
apiVersion: v1
kind: ServiceAccount
metadata:
```

```
    name: sa-cluster
    namespace: default
```
以上脚本定义了一个名称为 sa-cluster 的 ServiceAccount，使用的命名空间是 default。使用脚本创建 ServiceAccount，命令如下。

```
[root@master yaml]# kubectl apply -f sa2.yaml
```
获取 default 命名空间下的 ServiceAccount，命令和结果如下。

```
[root@master yaml]# kubectl get serviceaccounts
NAME          SECRETS     AGE
default       1           46d
sa-cluster    1           7s
```
从结果发现 sa-cluster 的 ServiceAccount 创建成功了。

2．创建 ClusterRoleBinding 资源对象

ClusterRoleBinding 不同于 RoleBinding，它可以将一个 ServiceAccount 绑定到 ClusterRole（集群角色）上。

在 yaml 目录下创建 clusterrolebinding.yaml 文件，在文件中输入以下脚本。

```
apiVersion: rbac.authorization.k8s.io/v1    #定义API版本
kind: ClusterRoleBinding                    #类型为ClusterRoleBinding
metadata:
  name: clusterrolebinding-sa               #名称为clusterrolebinding-sa
subjects:                                   #绑定对象
- kind: ServiceAccount                      #绑定对象的类型为ServiceAccount
    name: sa-cluster                        #绑定的名称为sa-cluster
    namespace: default                      #命名空间为default
roleRef:                                    #定义关联角色
  kind: ClusterRole                         #类型为ClusterRole
  name: cluster-admin                       #cluster-admin为RBAC系统最高权限
  apiGroup: rbac.authorization.k8s.io
```

以上脚本创建了一个名称为 clusterrolebinding-sa 的 ClusterRoleBinding，作用是将 default 命名空间下名称为 sa-cluster 的 ServiceAccount 绑定到名称为 cluster-admin 的 ClusterRole 上。

这里并没有创建新的 ClusterRole，而是使用了 cluster-admin，它是默认的 ClusterRole。可以使用 kubectl get clusterrolebindings 查看默认的 ClusterRole，其中 cluster-admin 拥有集群的最高权限。将它绑定到 sa-cluster 后，sa-cluster 就拥有了集群的最高权限。

使用以上脚本创建 ClusterRoleBinding，命令如下。

```
[root@master yaml]# kubectl apply -f clusterrolebinding.yaml
```

9.1.3.4 应用集群级别的 ServiceAccount

1．查看 sa-cluster 的 Token

查看 sa-cluster 的 Secret，命令如下。

```
[root@master yaml]# kubectl describe serviceaccounts sa-cluster
```
结果中包括 Secret 所在的行，如下。

```
Mountable secrets:   sa-cluster-token-7pkxc
```

查看 sa-cluster-token-7pkxc 的 Token 值，命令如下。

```
[root@master yaml]# kubectl describe secrets sa-cluster-token-7pkxc
```

在结果中发现 Token 的值如下。

eyJhbGciOiJSUzI1NiIsImtpZCI6Ilhmam93aFJBN2tjNVNJTHljRkQ3dlJza3loVjBOU0Ry
clpVUXd2Y2lzU00ifQ.eyJpc3MiOiJrdWJlcm5ldGVzL3NlcnZpY2VhY2NvdW50Iiwia3ViZXJuZXRlc
y5pby9zZXJ2aWNlYWNjb3VudC9uYW1lc3BhY2UiOiJkZWZhdWx0Iiwia3ViZXJuZXRlcy5pby9zZXJ2a
WNlYWNjb3VudC9zZWNyZXQubmFtZSI6InNhLWNsdXN0ZXItdG9rZW4tN3BreGMiLCJrdWJlcm5ldGVzL
mlvL3NlcnZpY2VhY2NvdW50L3NlcnZpY2UtYWNjb3VudC5uYW1lIjoic2EtY2x1c3RlciIsImt1YmVyb
mV0ZXMuaW8vc2VydmljZWFjY291bnQvc2VydmljZS1hY2NvdW50LnVpZCI6IjdlOWMzMzk2LThlYWMtN
DM5Zi04NTNiLThmMDc4ZjkwNGFiNCIsInN1YiI6InN5c3RlbTpzZXJ2aWNlYWNjb3VudDpkZWZhdWx0O
nNhLWNsdXN0ZXIifQ.JN7Ho0oOWN6GjkRBzHLa4woJQlpKzmzk0GGXq0zEWe8K5rfCU6JgmDvIKbkUNO
ZvCw7iSJsWOTWL1bRPUNAqvtUPJPKkcazLoRfqL1zTbvTTjV6T7bWZlN9F698U_ejKgtLV-aZmDOrtus
KgERdagBBudtojA6ucdIraHxSu331QStfVNP2mGRq6PozmSMouLRHjjaugjdoyJrzgnXvU_CJWwZ82KM
O2P4mlSD-SR8NwuCN44Yw2SSvf1f14g_jdA4c83x62m1V0LEJamkCAZY5wVm4ZrLsW4YnuXkLh2IN7Tw
6cZdeCH0Mq27c6x3BHmlNEP8SsbO0Y39qmLA

2. 登录测试

使用以上 Token 的值登录 DashBoard，进入后查看 default 命名空间下的资源，结果如图 9-11 所示。

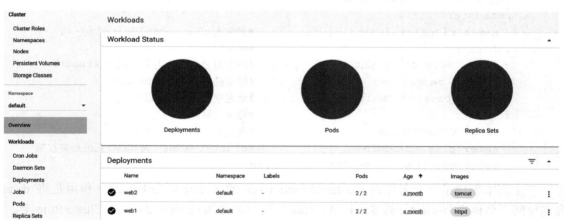

图 9-11　查看 default 命名空间下的资源

在 default 命名空间下，可以切换命名空间查看所有资源。

切换到 test 命名空间下，可以查看 Pod 资源，结果如图 9-12 所示。

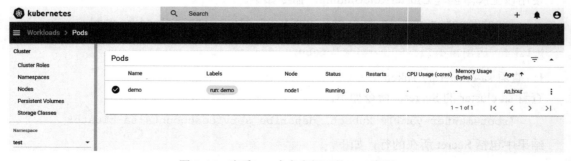

图 9-12　查看 test 命名空间下的 Pod 资源

展开名称为 demo 的 Pod，删除这个 Pod。

拓展训练

创建一个名称为 clusterrole1 的 ClusterRole，它对核心 API 组的 Pod 具有 get、list、delete 的权限。

任务 9.2　配置 UserAccount 认证授权

【学习情境】

在集群外部，同样需要集群操作管理人员或者程序开发人员使用集群资源，这些用户不能拥有集群的全部权限。这就需要给这些用户认证授权。公司技术主管要求你配置 UserAccount 认证授权，实现集群外部用户的访问。

【学习内容】

（1）创建配置集群外部用户
（2）配置集群信息
（3）基于 RBAC 给用户授权

【学习目标】

知识目标：
（1）掌握创建和配置集群外部用户的方法
（2）掌握给外部用户授权的方法

能力目标：
（1）会配置集群外部用户，使其能够登录和访问集群
（2）会使用 RBAC 授权外部用户使用集群权限

9.2.1　配置 UserAccount 用户认证

9.2.1.1　配置用户和集群

1. 创建系统用户

在 master 节点创建一个系统用户，名称为 u1，命令如下。

```
[root@master ~]# useradd u1
```

2. 创建用户登录集群的证书
（1）创建用户私钥

首先进入配置证书的目录，命令如下。

```
[root@master ~]# cd /etc/kubernetes/pki/
```

9.2-1
配置
UserAccount
用户认证

使用 openssl 给 u1 用户创建一个私钥，命令如下。

```
[root@master pki]# openssl genrsa -out u1.key 2048
```

（2）使用私钥创建证书请求文件

使用生成的 u1.key 私钥文件，创建一个证书请求文件 u1.csr，命令如下。

```
[root@master pki]# openssl req -new -key u1.key -out u1.csr
```

在签署证书请求文件时，在 Organization Name 后输入组名"u1"，在 Common Name 后输入用户名"u1"。

```
Country Name (2 letter code) [XX]:cn
State or Province Name (full name) []:ln
Locality Name (eg, city) [Default City]:sy
Organization Name (eg, company) [Default Company Ltd]:u1
Organizational Unit Name (eg, section) []:u1
Common Name (eg, your name or your server's hostname) []:u1
Email Address []:1@163.com
```

（3）给用户签署证书

使用集群的 ca.crt 证书和 ca.key 私钥给用户签署一个证书，使用的请求文件是 u1.csr，命令如下。

```
[root@master pki]# openssl x509 -req -in u1.csr -CA ca.crt -CAkey ca.key -CAcreateserial -out u1.crt -days 365
```

命令执行结果如下。

```
Signature ok
subject=/C=cn/ST=ln/L=sy/O=u1/OU=u1/CN=u1/emailAddress=1@163.com
Getting CA Private Key
```

通过检查当前目录下的文件，发现基于 u1.key 私钥的 u1.crt 证书创建成功了。

3．创建集群配置

（1）创建名为 k8scluster 的集群

首先创建保存配置文件的目录，名称为.kube，命令如下。

```
[root@master pki]# mkdir /home/u1/.kube
```

然后创建一个集群，名称为 k8scluster，命令如下。

```
kubectl config set-cluster k8scluster --server=https://192.168.0.10:6443 --certificate-authority=ca.crt --embed-certs=true --kubeconfig=/home/u1/.kube/config
```

以上命令使用 set-cluster 指定了以下信息。
- --server：指定集群的访问地址。
- --certificate-authority：指定集群的证书。
- --embed-certs=true：指定在配置文件中是否嵌入证书内容，true 是嵌入，false 是不嵌入。
- --kubeconfig：指定生成配置文件的路径。

将/home/u1/.kube 以及所有子目录和文件的所有者和所属组改成 u1 用户，以便 u1 用户可以访问该目录下的文件，命令如下。

```
[root@master pki]# chown u1:u1 -R /home/u1/
```

（2）查看配置文件信息

在创建 k8scluster 集群配置文件后，就可以查看这个配置文件了，命令如下。

```
[root@master pki]# kubectl config view --kubeconfig=/home/u1/.kube/config
```

命令执行结果如下。

```
apiVersion: v1
clusters:
- cluster:
    certificate-authority-data: DATA+OMITTED    #隐藏证书内容
    server: https://192.168.0.10:6443           #集群访问地址
  name: k8scluster                              #集群名称
contexts: null
current-context: ""
kind: Config
preferences: {}
users: null
```

从结果发现，使用 kubectl config view 命令可以查看集群的名称、访问地址等信息。

4．创建用户配置

在配置文件中还需要创建用户的配置信息，命令如下。

```
[root@master pki]# kubectl config set-credentials u1 --client-certificate=u1.crt --client-key=u1.key --embed-certs=true --kubeconfig=/home/u1/.kube/config
```

命令执行结果如下。

```
User "u1" set.
```

以上命令使用了 kubectl config set-credentials 为集群创建了 u1 用户，使用的证书是 u1.crt，证书的密钥是 u1.key，在配置文件中不显示证书配置，指定写入的配置文件是/home/u1/.kube/config。

创建完成后，再次检查配置文件，命令如下。

```
[root@master pki]# kubectl config view --kubeconfig=/home/u1/.kube/config
```

用户配置部分结果如下。

```
users:
- name: u1
  user:
    client-certificate-data: REDACTED
    client-key-data: REDACTED
```

可见，成功创建了 u1 用户，认证的证书和私钥都是隐藏的。

5．配置 context

context（上下文）是用来切换当前集群的名称、命名空间和用户的，配置 context 即在配置文件中的 contexts 字段写入集群名和用户名。配置 context 的命令如下。

```
[root@master pki]# kubectl config set-context u1@k8s --cluster=k8scluster --user=u1 --namespace=u1 --kubeconfig=/home/u1/.kube/config
```

以上命令创建了一个名称为 u1@k8s 的 context，设置的集群是 k8scluster，用户是 u1，写入配置文件/home/u1/.kube/config 中。

再次查看配置文件，命令如下。

```
[root@master pki]# kubectl config view --kubeconfig=/home/u1/.kube/config
```

contexts 配置部分的结果如下。

```
contexts:
- context:
    cluster: k8scluster
    namespace: u1
    user: u1
  name: u1@k8s
current-context: ""
```

从结果发现，一个名称为 k8scluster 的集群创建成功了，命名空间为 u1，用户名为 u1，context 名称为 k8scluster，current-context: ""表示当前没有使用该 context。由于 context 使用了 u1 命名空间，因此在集群上创建这个命名空间，命令如下。

```
[root@master pki]# kubectl create ns u1
```

9.2.1.2 使用 UserAccount 用户登录集群

1. 切换 context

切换 context 对象，使用 u1@k8s 资源对象，切换到 k8scluster 集群中 u1 命名空间的 u1 用户，命令如下。

```
[root@master pki]#  kubectl config use-context u1@k8s --kubeconfig=/home/u1/.kube/config
```

再查看 config 配置文件信息，命令如下。

```
[root@master pki]# kubectl config view --kubeconfig=/home/u1/.kube/config
```

从结果可以找到 current-context: u1@k8s，这说明当前已经切换到 k8scluster 集群中 u1 命名空间的 u1 用户了。

2. 使用 u1 用户登录集群

使用命令切换到系统用户 u1，获取当前的 Pod 信息，命令如下。

```
[u1@master ~]$ kubectl get pod -n u1
```

命令执行结果如下。

```
Error from server (Forbidden): pods is forbidden: User "u1" cannot list resource "pods" in API group "" in the namespace "u1"
```

通过结果发现，u1 用户无法获取到命名空间 u1 的 Pod 信息。

9.2.2 使用 RBAC 给 UserAccount 用户授权

9.2.2.1 授权用户访问命名空间资源

1. 创建 Role

同样可以将 UserAccount 用户绑定到一个 Role 上，使用户具备

9.2-2
使用 RBAC 给 UserAccount 用户授权

Role 中定义的资源权限，在 yaml 目录中创建一个 role-ua.yaml 文件，在文件中输入以下脚本。

```
apiVersion: rbac.authorization.k8s.io/v1   #定义创建 Role 的 API 版本
kind: Role                                 #定义的资源类型是 Role
metadata:
  name: role-ua                            #资源的名称是 role-ua
  namespace: u1                            #资源的命名空间是 u1
rules:                                     #角色定义的规则
- apiGroups: [""]                          #使用""定义 API 组为核心组
  resources: ["pods"]                      #核心组内 Pod
  verbs: ["get", "list" , "create"]        #定义对核心组内的 Pod 具有获取等权限
```

以上脚本定义了名称为 role-ua 的 Role，定义对 u1 命名空间的核心 API 组内 Pod 资源，有 get（获取单个）、list（获取列表）、create（创建）的权限。创建 role-ua 角色，命令如下。

```
[root@master yaml]# kubectl apply -f role-ua.yaml
```

2．创建 RoleBinding

在 yaml 目录中创建 rolebinding-2.yaml 文件，在文件中输入以下脚本。

```
apiVersion: rbac.authorization.k8s.io/v1
kind: RoleBinding
metadata:
  name: rolebinding-2
  namespace: u1
roleRef:
  apiGroup: rbac.authorization.k8s.io
  kind: Role
  name: role-ua
subjects:
- apiGroup: rbac.authorization.k8s.io
  kind: User
  name: u1
```

以上脚本定义了名称为 rolebinding-2 的 RoleBinding，将 u1 用户绑定到 role-ua 上。创建 rolebinding-2，命令如下。

```
[root@master yaml]# kubectl apply -f rolebinding-2.yaml
```

3．检查 u1 的权限

首先在 master 节点上以 root 用户创建一个在 u1 命名空间下的 Pod，命令如下。

```
[root@master yaml]# kubectl run demo --image=nginx:1.8.1 -n u1
```

在 master 节点上切换到 u1 用户，查看 u1 命名空间下的 Pod 资源，命令和结果如下。

```
[u1@master ~]$ kubectl get pod -n u1
NAME    READY    STATUS      RESTARTS     AGE
demo    1/1      Running     0            6s
```

可以发现，已经能够访问 u1 命名空间下的 Pod 了。

检查 kube-system 命名空间下的 Pod 资源，命令如下。

```
[u1@master ~]$ kubectl get pod -n kube-system
```

命令执行结果如下。

```
Error from server (Forbidden): pods is forbidden: User "u1" cannot list resource "pods" in API group "" in the namespace "kube-system"
```

可以发现，不能够访问 kube-system 命名空间下的 Pod 资源，这说明配置的 RoleBinding 只能访问 Role 定义的 u1 命名空间下的资源。

9.2.2.2 授权用户访问集群资源

1．创建 ClusterRole

在 yaml 目录中创建 clusterrole.yaml 文件，在文件中输入以下脚本。

```
apiVersion: rbac.authorization.k8s.io/v1     #定义创建 Role 的 API 版本
kind: ClusterRole                             #定义的资源类型是 ClusterRole
metadata:
  name: clusterrole                           #资源的名称是 clusterrole
rules:                                        #角色定义的规则
- apiGroups: [""]                             #使用""定义 API 组为核心组
  resources: ["pods"]                         #核心组内 Pod
  verbs: ["get", "list" , "create"]           #定义对核心组内的 Pod 具有的权限
```

以上脚本定义了一个名称为 clusterrole 的 ClusterRole 资源，定义了可以访问集群的核心 API 组的 Pod 资源，具有 get（获取单个）、list（获取列表）、create（创建）的操作权限。

2．创建 ClusterRoleBinding

在 yaml 目录中创建 clusterrolebinding-1.yaml 文件，在文件中输入以下脚本。

```
apiVersion: rbac.authorization.k8s.io/v1beta1
kind: ClusterRoleBinding
metadata:
  name: crb
roleRef:
  apiGroup: rbac.authorization.k8s.io
  kind: ClusterRole
  name: clusterrole
subjects:
- apiGroup: rbac.authorization.k8s.io
  kind: User
  name: u1
```

以上脚本定义了名称为 crb 的 ClusterRoleBinding，将 u1 用户绑定到了名称为 clusterrole 的 ClusterRole 上。

再次使用 u1 用户身份登录到集群上，首先查看是否可以访问 u1 命名空间的 Pod 资源，命令如下。

```
[u1@master ~]$ kubectl get pod -n u1
```

命令执行结果如下。

```
NAME        READY     STATUS      RESTARTS    AGE
demo        1/1       Running     0           23m
```

这说明可以访问 u1 命名空间的资源了。

查看 kube-system 命名空间下的资源，命令如下。

```
[u1@master ~]$ kubectl get pod -n kube-system
```

命令执行结果如下。

```
NAME                                READY   STATUS    RESTARTS   AGE
coredns-7f89b7bc75-4wpfl            1/1     Running   2          48d
coredns-7f89b7bc75-cvm6n            1/1     Running   2          48d
etcd-master                         1/1     Running   2          48d
kube-apiserver-master               1/1     Running   2          48d
kube-controller-manager-master      1/1     Running   2          48d
kube-flannel-ds-5jg2t               1/1     Running   2          48d
kube-flannel-ds-htbs5               1/1     Running   2          48d
kube-flannel-ds-r4rtf               1/1     Running   2          48d
kube-proxy-9gtcr                    1/1     Running   2          48d
kube-proxy-srwmn                    1/1     Running   2          48d
kube-proxy-wf2xg                    1/1     Running   2          48d
kube-scheduler-master               1/1     Running   2          48d
```

结果说明，u1 用户已经可以访问 u1 命名空间下的资源了，ClusterRole 和 ClusterRoleBinding 配置成功了。

拓展训练

在 9.2.2.2 节中，直接将 u1 用户绑定到集群的 cluster-admin 角色上，查看绑定后是否可以访问其他命名空间的资源。

项目小结

1．在 Kubernetes 中有两类用户：一类用户供运行的 Pod 程序使用，即 ServiceAccount；另一类供操作集群的人使用，即 UserAccount。

2．给一个用户授权的方式是将这个用户与一个角色绑定。

3．角色包括资源以及对资源拥有的权限。

习题

一、选择题

1．以下关于账户的说法中，不正确的是（   ）。

　　A．在 Kubernetes 集群中，有 UserAccount 和 ServiceAccount 两类用户

　　B．UserAccount 给使用集群的人提供服务

　　C．ServiceAccount 供运行的程序使用

D. 必须要为运行的 Pod 创建 ServiceAccount
2. 以下关于 RoleBinding 的说法中，不正确的是（　　）。
   A. 可以使用 RoleBinding 将 UserAccount 绑定到 Role 上
   B. 可以使用 ClusterRoleBinding 将 UserAccount 绑定到 ClusterRole 上
   C. 使用 ClusterRoleBinding 绑定到 ClusterRole 的前提条件是先创建 ClusterRole
   D. 可以使用 ClusterRoleBinding 将 ServiceAccount 绑定到 ClusterRole 上

二、填空题

1. Role 是访问_____的定义。
2. 可以用 RoleBinding 实现授予某个用户_____级别的权限。

项目 10　基于 Kubernetes 构建企业级 DevOps 云平台

本项目思维导图如 10-1 所示。

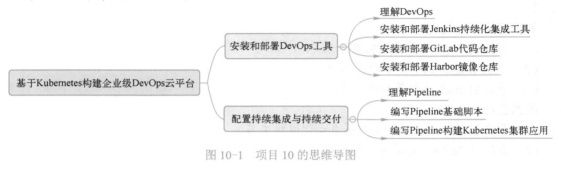

图 10-1　项目 10 的思维导图

项目 10 使用的实验环境见表 10-1。

表 10-1　项目 10 使用的实验环境

主机名称	IP 地址	CPU 内核数	内存/GB	硬盘/GB
master	192.168.0.10/24	4	4	100
node1	192.168.0.20/24	4	2	100
node2	192.168.0.30/24	4	2	100

各节点需要安装的服务见表 10-2。

表 10-2　各节点需要安装的服务

主机名称	安装服务
master	Kube-apiserver、Kube-scheduler、Kube-controller-manager、Etcd、Kubelet、Kube-Proxy、Kubeadm、flannel、Docker
node1	Kubelet、Kube-Proxy、Kubeadm、flannel、Docker
node2	Kubelet、Kube-Proxy、Kubeadm、flannel、Docker

任务 10.1　安装和部署 DevOps 工具

【学习情境】

由于竞争日益激烈，企业对业务集成、部署、交付的速度要求越来越高，这就需要部署自动化运维环境，高效地发布应用。公司技术主管要求你在 Kubernetes 集群上部署 Jenkins、GitLab、Harbor 等工具并做好相关配置。

【学习内容】
(1) 安装和部署自动化运维工具 Jenkins
(2) 安装和部署代码仓库工具 GitLab
(3) 安装和部署 Harbor 镜像仓库

【学习目标】
知识目标：
(1) 掌握 Jenkins 的部署和配置方法
(2) 掌握 GitLab 的部署和使用方法
(3) 掌握 Harbor 的部署和使用方法
能力目标：
(1) 会在 Kubernetes 集群上部署自动化运维工具
(2) 会配置 Jenkins 与其他工具的对接

10.1.1 理解 DevOps

10.1.1.1 什么是 DevOps

当下，企业之间的竞争愈发激烈，一个业务的上线时间往往决定了企业的生存。DevOps 是一整套开发运维的机制，目的就是使业务能够快速上线。DevOps 中的 Dev 代表 Development（开发），Ops 代表 Operation（运维）。DevOps 用来打通开发与运维的壁垒，实现开发运维一体化。DevOps 的整个流程包括敏捷开发、持续集成、持续交付、持续部署。

10.1.1.2 持续集成、持续交付、持续部署

持续集成、持续交付、持续部署的流程如图 10-2 所示。

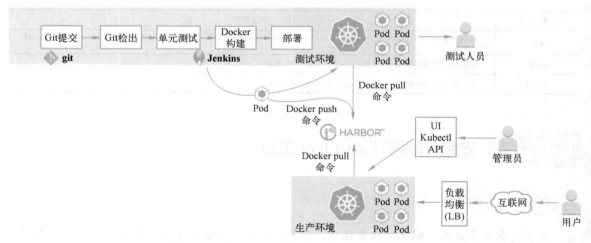

图 10-2 持续集成、持续交付、持续部署的流程

1. 持续集成

持续集成的作用是整合开发团队中每个人的开发代码，即进行整体测试而非自己编写单元

的测试。强调开发人员提交了新代码之后，立刻自动地进行构建。根据测试结果，确定代码能否正确地集成在一起。持续集成过程中很重视自动化测试以验证结果，对可能出现的一些问题进行预警，保障整合的代码没有问题。

2．持续交付

所有的代码完成之后一起交付，会导致很多问题爆发出来，解决起来很麻烦。持续交付将集成后的代码部署到更贴近真实的运行环境，交付给质量团队或者用户，以供评审。如果评审通过，代码就进入生产阶段。所以持续集成就是每更新一次代码，都交付一次，这样可以及时发现并解决问题。

3．持续部署

持续部署将代码自动部署到生产环境中，Kubernetes 是该阶段的重要工具，有助于在开发、测试和生产中保持一致性，实现自动扩容缩容、多集群管理、多环境一致性等功能。

10.1.2 安装和部署 Jenkins 持续化集成工具

10.1.2.1 在 Kubernetes 上部署 Jenkins

Jenkins 是用 Java 语言编写的，是目前最受欢迎的持续集成工具之一。使用 Jenkins，可以实现自动监测到 GitHub、GitLab、SVN 等存储库代码的更新，基于最新的代码进行构建，把构建好的源码或者镜像发布到生产环境。

1．创建命名空间

首先创建一个命名空间，在这个命名空间下部署 Jenkins，命名空间的名称为 demo，创建命名空间的命令如下。

```
[root@master ~]# kubectl create ns demo
```

2．创建 PV 和 PVC

Jenkins 运行时是需要数据持久化的，所以要创建一个 PV 的持久化存储资源。

（1）部署 NFS 后端存储

在每个节点都安装 nfs-utils 服务，命令如下。

```
[root@master ~]# yum install nfs-utils -y
[root@node1 ~]# yum install nfs-utils -y
[root@node2 ~]# yum install nfs-utils -y
```

在 master 节点，创建一个/data/jenkins 目录，命令如下。

```
[root@master ~]# mkdir -p /data/jenkins
```

设置目录的权限，以便 Jenkins 可以将文件写入目录，命令如下。

```
[root@master ~]# chmod -R 777 /data/jenkins
```

打开/etc/exports 配置文件，输入以下内容。

```
/data/jenkins    192.168.0.0/24(rw,no_root_squash)
```

启动 NFS 服务，命令如下。

```
[root@master ~]# systemctl start nfs
```

查看 NFS 的共享目录,命令如下。

```
[root@master ~]# showmount -e 192.168.0.10
```

命令执行结果如下。

```
Export list for 192.168.0.10:
/data/jenkins 192.168.0.0/24
```

可以发现,已经配置了 NFS 的共享目录。

(2)编写 PV 和 PVC 的 YAML 脚本

在 master 节点的 yaml 目录中创建 pvpvc-jenkins.yaml 文件,在文件中输入以下脚本。

```
apiVersion: v1
kind: PersistentVolume
metadata:
  name: pv-jenkins
spec:
  capacity:
    storage: 10Gi
  accessModes:
  - ReadWriteMany
  persistentVolumeReclaimPolicy: Retain
  nfs:
    server: 192.168.0.10
    path: /data/jenkins
---
apiVersion: v1
kind: PersistentVolumeClaim
metadata:
  name: pvc-jenkins
  namespace: demo
spec:
  accessModes:
    - ReadWriteMany
  resources:
    requests:
      storage: 10Gi
```

以上脚本定义了一个名称为 pv-jenkins 的 PV,使用的后端存储是 master 节点(192.168.0.10)上的存储资源,定义了一个命名空间是 demo、名称为 pvc-jenkins 的 PVC,申请 10GB 的存储资源。

使用该脚本创建 PV 和 PVC,命令如下。

```
[root@master yaml]# kubectl apply -f pvpvc-jenkins.yaml
```

查看 demo 命名空间下的 PVC,命令如下。

```
[root@master yaml]# kubectl get pvc -n demo
```

命令执行结果如下。

```
NAME          STATUS   VOLUME       CAPACITY   ACCESS MODES   STORAGECLASS   AGE
pvc-jenkins   Bound    pv-jenkins   10Gi       RWX                           5m40s
```

可以发现，pvc-jenkins 已经绑定了 PV 资源。

3．创建 ServiceAccount

由于 Jenkins 需要访问 Kubernetes 集群资源，因此要提供一个 ServiceAccount 给 Jenkins 使用。

（1）编写 ServiceAccount 脚本

在 yaml 目录下创建 sa-jenkins.yaml 文件，在文件中输入以下脚本。

```
apiVersion: v1
kind: ServiceAccount
metadata:
  name: sa-jenkins
  namespace: demo
```

以上脚本创建了一个名称为 sa-jenkins 的 ServiceAccount，命名空间为 demo，使用以下命令创建该 ServiceAccount。

```
[root@master yaml]# kubectl apply -f sa-jenkins.yaml
```

（2）绑定角色

使用 ClusterRoleBinding 将 sa-jenkins 绑定到默认的 cluster-admin 角色上，这样 sa-jenkins 账户就具备 demo 命名空间下的所有权限了。

在 yaml 目录中创建 jenkins-clusterrolebinding.yaml 文件，在文件中输入以下脚本。

```
apiVersion: rbac.authorization.k8s.io/v1beta1
kind: ClusterRoleBinding
metadata:
  name: jenkins
  namespace: demo
roleRef:
  apiGroup: rbac.authorization.k8s.io
  kind: ClusterRole
  name: cluster-admin
subjects:
  - kind: ServiceAccount
    name: sa-jenkins
    namespace: demo
```

以上脚本定义了名称为 jenkins 的 ClusterRoleBinding，绑定了 demo 命名空间下的 sa-jenkins，使 sa-jenkins 具备 demo 命名空间下的所有权限，创建命令如下。

```
[root@master yaml]# kubectl apply -f jenkins-clusterrolebinding.yaml
```

4．部署 Jenkins 服务

（1）创建 Jenkins 控制器

首先下载 jenkins/jenkins 镜像到 node1 节点上，命令如下。

```
[root@node1 ~]# docker pull jenkins/jenkins
```

在 master 节点的 yaml 目录下创建 jenkins-deployment.yaml 文件，在文件中输入以下脚本。

```yaml
apiVersion: apps/v1
kind: Deployment
metadata:
  name: jenkins                #Deployment 控制器的名称
  namespace: demo              #命名空间名称
spec:
  replicas: 1
  selector:
    matchLabels:
      app: jenkins
  template:
    metadata:
      labels:
        app: jenkins
    spec:
      serviceAccount: sa-jenkins          #使用创建的 ServiceAccount
      containers:
      - name: jenkins
        image: jenkins/jenkins            #镜像版本
        imagePullPolicy: IfNotPresent
        ports:
        - containerPort: 8080             #外部访问端口
          name: web
        - containerPort: 50000            #Jenkins Agent 发现端口
          name: agent
        volumeMounts:
        - name: jenkins
          mountPath: /var/jenkins_home    #需要将 jenkins_home 目录挂载出来
        - name: docker-sock
          mountPath: /var/run/docker.sock #需要挂载 docker.sock，以便在容器内使用 Docker
        - name: docker
          mountPath: /usr/bin/docker      #挂载 Docker 命令到容器中
        - name: kubectl
          mountPath: /usr/local/bin/kubectl  #挂载 Kubectl 命令到容器中
      volumes:
      - name: jenkins
        persistentVolumeClaim:
          claimName: pvc-jenkins          #使用创建的 PVC 名称
      - name: docker-sock
        hostPath:
          path: /var/run/docker.sock
      - name: docker
        hostPath:
          path: /usr/bin/docker
      - name: kubectl
```

```
        hostPath:
          path: /usr/bin/kubectl
      nodeName: node1                        #调度到node1节点
```

以上脚本在 demo 命名空间下创建了名称为 jenkins 的 Deployment 控制器，副本数是 1，使用 jenkins/jenkins 镜像创建了 Jenkins 容器，使用了名称为 sa-jenkins 的 ServiceAccount，调度到已经存在镜像的 node1 节点。

容器挂载了 Docker 和 Kubectl 命令，以便在 Jenkins 容器中使用，/var/jenkins_home 持久化到名称为 pvc-jenkins 的 PVC 存储资源中，容器开放了 8080 和 50000 端口。创建 Jenkins 服务的命令如下。

```
[root@master yaml]# kubectl apply -f jenkins-deployment.yaml
```

创建完成后，在 demo 命名空间下查看 Pod 运行状态，命令如下。

```
[root@master yaml]# kubectl get pod -n demo
```

命令执行结果如下。

```
NAME                       READY   STATUS    RESTARTS   AGE
jenkins-b489b9cdb-2zsx6    1/1     Running   0          9m40s
```

可以发现，已经有一个 Pod 运行 Jenkins 的服务了。

为了在容器内可以使用 Docker 命令，需要在 node1 节点将 /var/run/docker.sock 的权限设置成其他人可以读写的权限，命令如下。

```
chmod a+rw /var/run/docker.sock
```

（2）为 Jenkins 服务创建 NodePort Service

因为需要在集群外部访问 Jenkins 服务，所以为它创建一个 NodePort Service。

在 master 节点的 yaml 目录下创建 jenkins-svc.yaml 文件，在文件中输入以下脚本。

```
apiVersion: v1
kind: Service
metadata:
  name: jenkins-svc
  namespace: demo
  labels:
    app: jenkins
spec:
  selector:
    app: jenkins
  type: NodePort
  ports:
  - name: web
    port: 8080
    targetPort: 8080
    nodePort: 30000
  - name: agent
    port: 50000
    targetPort: 50000
```

```
      nodePort: 30001
```

以上脚本在 demo 命名空间下定义了一个名称为 jenkins-svc、类型为 NodePort 的 Service，在集群外部，使用 30000 端口访问内部 8080 端口，使用 30001 端口访问内部 50000 端口。创建命令如下。

```
[root@master yaml]# kubectl apply -f jenkins-svc.yaml
```

10.1.2.2 初始化 Jenkins 配置

10.1-2 初始化 Jenkins 配置

安装 Jenkins 的目的是要通过 Jenkins 将镜像部署到 Kubernetes 集群中，这就需要首先配置 Jenkins 到 Kubernetes 集群的连接，配置的过程如下。

首先进入 Jenkins 在 master 节点的持久化目录中存放登录密钥的目录，命令如下。

```
[root@master jenkins]# cd /data/jenkins/secrets/
```

查看 initialAdminPassword 文件的内容，命令如下。

```
[root@master secrets]# cat initialAdminPassword
```

命令执行结果如下。

```
96a8f9a51f22476cb49eef796b53e66f
```

使用浏览器浏览地址http://192.168.0.10:30000登录 Jenkins，登录 Jenkins 页面如图 10-3 所示。在"管理员密码"文本框中输入初始化密钥"96a8f9a51f22476cb49eef796b53e66f"后，单击右下角的"继续"按钮，即可进入"自定义 Jenkins"页面，如图 10-4 所示。

图 10-3　登录 Jenkins 页面

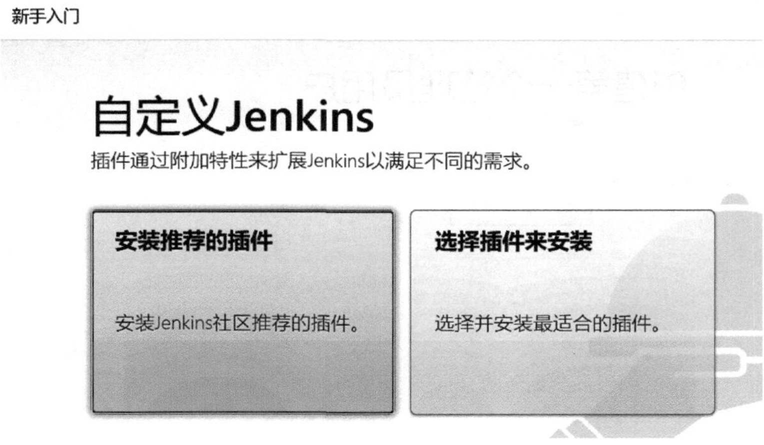

图 10-4　进入"自定义 Jenkins"页面

单击"安装推荐的插件",安装系统推荐的插件,如图 10-5 所示。

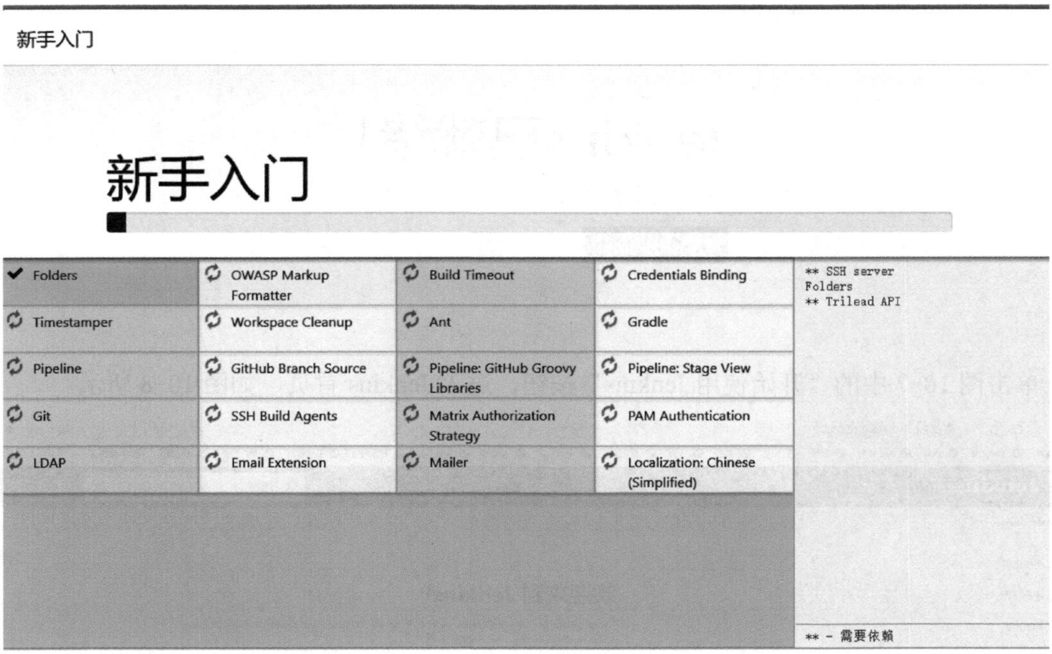

图 10-5　安装系统推荐的插件

在等待一段时间后,进入"创建第一个管理员用户"页面,设置管理员密码,如图 10-6 所示。

在"Username"文本框中输入管理员名,此处输入"admin","Password"和"Confirm password"文本框中都输入"123456",单击右下角的"保存并完成"按钮,Jenkins 即进入就绪状态,如图 10-7 所示。

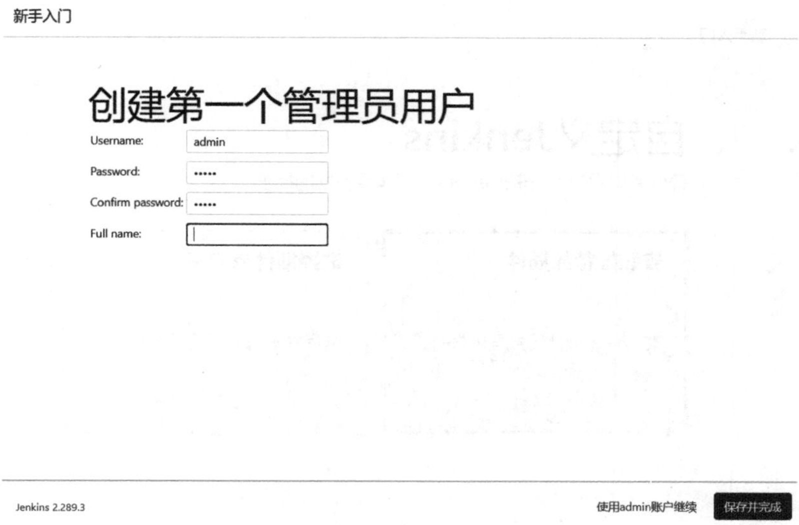

新手入门

图 10-6 创建管理员用户

新手入门

Jenkins已就绪！

Jenkins安装已完成。

开始使用Jenkins

图 10-7 进入就绪状态

单击图 10-7 中的"开始使用 Jenkins"按钮,进入 Jenkins 首页,如图 10-8 所示。

图 10-8 进入 Jenkins 首页

10.1.3 安装和部署 GitLab 代码仓库

10.1.3.1 安装 GitLab 代码仓库

在实际生产中，首先由程序员将代码上传到公共的或者私有的代码仓库中，公共的代码仓库一般使用 GitHub，私有的代码仓库一般使用 GitLab，私有代码仓库的特点是安全性高。使用 Jenkins 下载代码速度高，为分散 master、node1、node2 的压力，将代码部署到 node2 节点上。

1．安装 GitLab

首先下载 GitLab 的镜像文件，命令如下。

```
[root@node2 ~]# docker pull gitlab/gitlab-ce:12.9.2-ce.0
```

然后使用 docker run 命令运行 GitLab 容器，命令如下。

```
docker run -d -h gitlab -p 26:22 -p 81:80 -p 443:443
--volume /srv/gitlab/config:/etc/gitlab
--volume /srv/gitlab/gitlab/logs:/var/log/gitlab
--volume /srv/gitlab/gitlab/data:/var/opt/gitlab
--restart always --name mygitlab gitlab/gitlab-ce:12.9.2-ce.0
```

使用 -p 81:80 开放容器的 80 端口给 node2 节点的 81 端口，将运行容器的 /etc/gitlab、/var/log/gitlab、/var/opt/gitlab 目录挂载到宿主机的相应目录下。

2．登录 GitLab

运行 GitLab 容器需要几分钟的时间。等待几分钟后，使用浏览器访问 http://192.168.0.30:81 登录 GitLab 容器，使用 gitlab/gitlab-ce:12.9.2-ce.0 镜像运行的容器，登录 GitLab 的用户默认是 root。在首次登录时，修改 root 用户的密码，如图 10-9 所示。

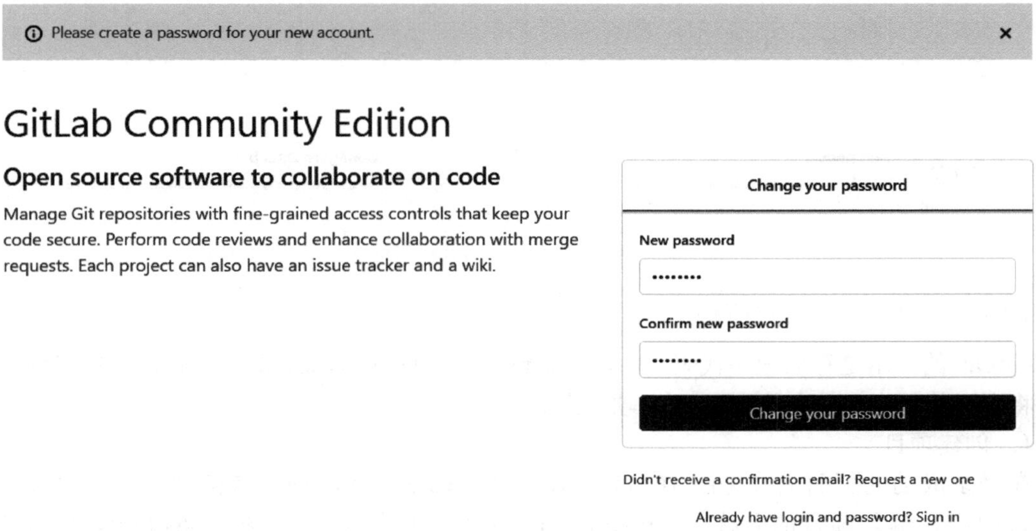

图 10-9　修改 root 用户的密码

修改完成后，使用 root 用户和修改后的密码登录 GitLab，如图 10-10 所示。

图 10-10　使用 root 用户和修改后的密码登录 GitLab

成功登录 GitLab 的页面如图 10-11 所示。

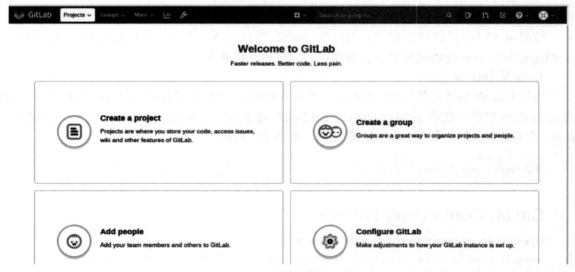

图 10-11　成功登录 GitLab 的页面

10.1.3.2　推送代码到 GitLab 代码仓库

GitLab 的作用是存放程序代码文件，供 Jenkins 等自动化运维工具拉取代码，所以程序员首先要将自己的程序文件上传到 GitLab 项目上。

1. 创建项目

在登录成功的页面上（见图 10-11），单击 "Create a project" 链接创建一个项目，在弹出的页面中，输入项目的名称——myproject（名称可自行定义），在 "Visibility Level"（可见性）选项组中选择 "Public" 单选按钮，然后单击页面下方的 "Create project" 按钮，如图 10-12 所示。

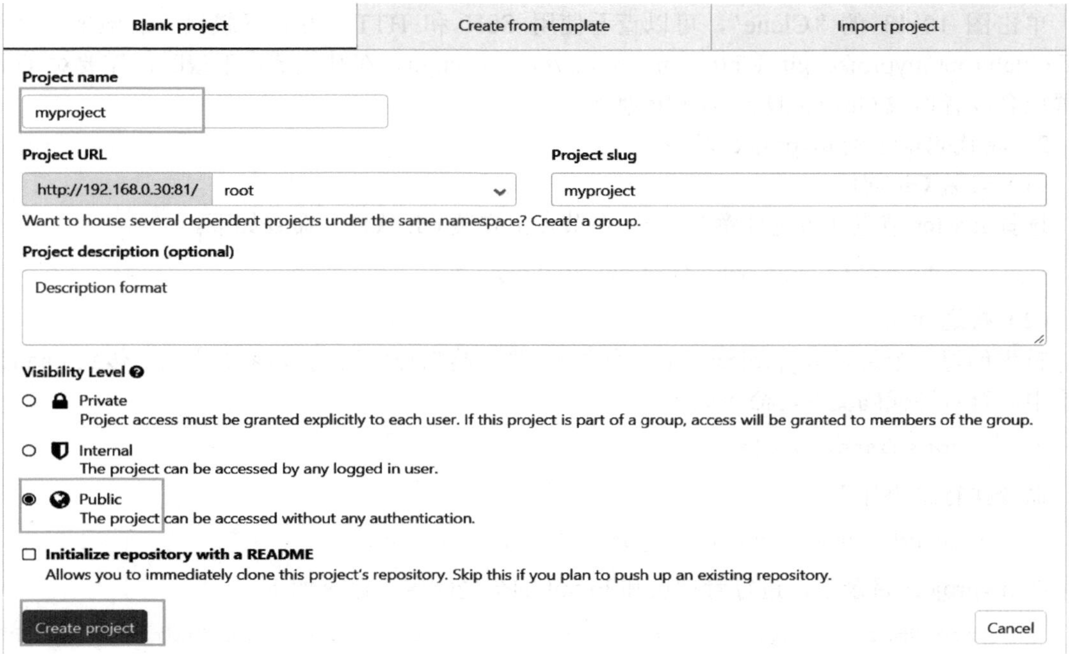

图 10-12 创建 GitLab 项目

创建成功后，在弹出的页面中显示了 myproject 项目创建成功的信息，如图 10-13 所示。

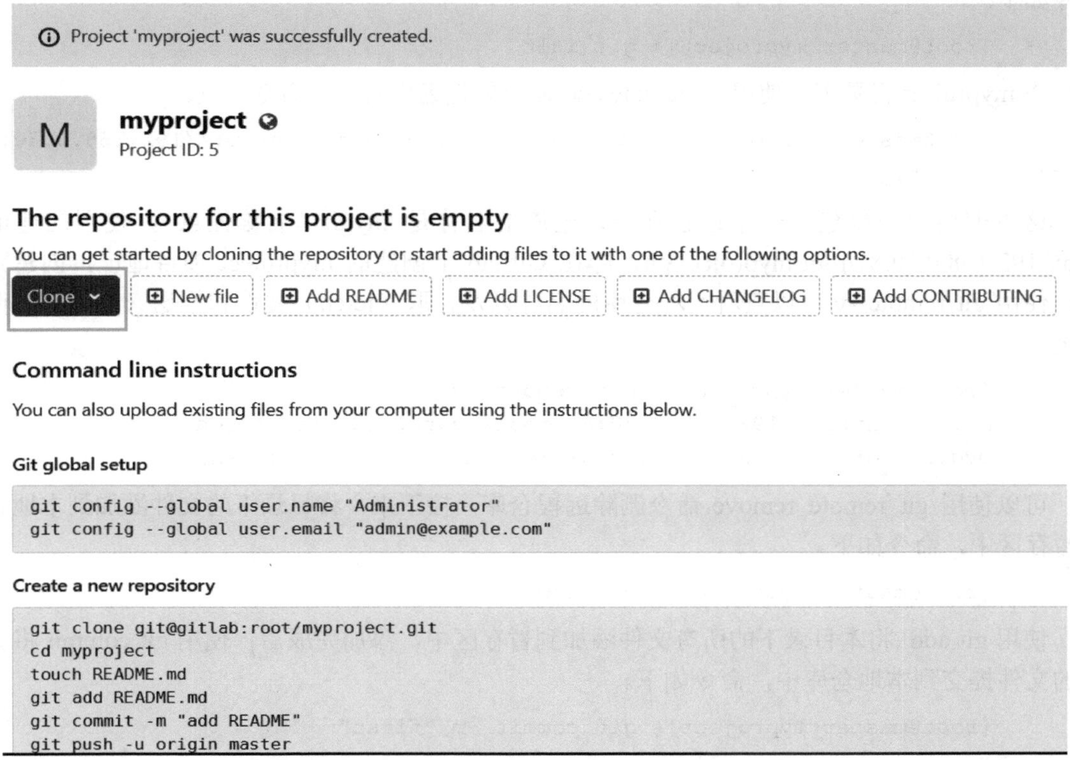

图 10-13 myproject 项目创建成功的信息

单击图 10-13 的"Clone",可以查看使用 SSH 和 HTTP 方式下载代码的地址,分别为 git@gitlab:root/myproject.git 和http://gitlab/root/myproject.git。在其他节点下载时,需要对 GitLab 配置域名或者换成 GitLab 服务器的 IP 地址。

2. 将代码推送到 myproject 项目

(1)安装 Git 软件

选择 master 节点(可选任意节点),在节点上安装 Git 软件,命令如下。

```
[root@master ~]# yum install git -y
```

(2)推送代码

首先创建一个目录 myproject(名称任意),然后将自己编写的 Java 源代码上传到 myproject 目录中。查看源代码文件,命令如下。

```
[root@master pro]# ls
```

命令执行结果如下。

```
HELP.md  mvnw  mvnw.cmd  pom.xml  pro.iml  src
```

在 myproject 目录下,进行管理员和 Email 的全局配置,命令如下。

```
[root@master myproject]# git config --global user.name "Administrator"
[root@master myproject]# git config --global user.email "admin@example.com"
```

再使用 git init 命令初始化本地仓库,完成后,Git 就会对这个目录下的文件进行管理了,命令如下。

```
[root@master myproject]# git init
```

在 myproject 目录下,使用 git remote add 命令创建远程仓库,命令如下。

```
root@master myproject]# git remote add mygit http://192.168.0.30:81/root/myproject.git
```

这里使用命令创建了一个远程仓库,仓库的名称是 mygit(名称任意),使用的地址是 http://192.168.0.30:81/root/myproject.git,即在 GitLab 上创建的 myproject 项目地址,创建完成后,使用 git remote -v 可以查看远程仓库的名称以及拉取(fetch)文件和推送(push)文件的地址。

```
[root@master myproject]# git remote -v
mygit    http://192.168.0.30:81/root/myproject.git (fetch)
mygit    http://192.168.0.30:81/root/myproject.git (push)
```

可以使用 git remote remove 命令删除远程仓库,接下来,将目录下的文件添加到本地仓库的暂存区中,命令如下。

```
[root@master myproject]# git add.
```

使用 git add .将本目录下的所有文件添加到暂存区中。添加完成后,使用 git commit 将暂存区的文件提交到本地仓库中,命令如下。

```
[root@master myproject]# git commit -m "first"
```

这里的"first"是本次提交的说明,可以任意定义,git commit 将文件从暂存区提交到本地仓库时,可以检查各个文件是否有改动。

最后将本地仓库中的文件推送到远程仓库，命令如下。

```
[root@master myproject]# git push -u mygit master
```

命令执行结果如下。

```
Username for 'http://192.168.0.30:81': root
Password for 'http://root@192.168.0.30:81':
Counting objects: 24, done.
Delta compression using up to 4 threads.
Compressing objects: 100% (15/15), done.
Writing objects: 100% (24/24), 9.39 KiB | 0 bytes/s, done.
Total 24 (delta 0), reused 0 (delta 0)
To http://192.168.0.30:81/root/myproject.git
 * [new branch]      master -> master
```

在 Username 和 Password 行的后面，输入远程 GitLab 仓库的用户名 root 和 root 的密码，就可以实现将这个目录中的内容推送到远程仓库了，这里使用的 master 是远程仓库的分支，默认是 master。推送完成后，在 GitLab 上再次单击页面左侧的 myproject 项目，就会在右侧显示推送的文件内容了，如图 10-14 所示。

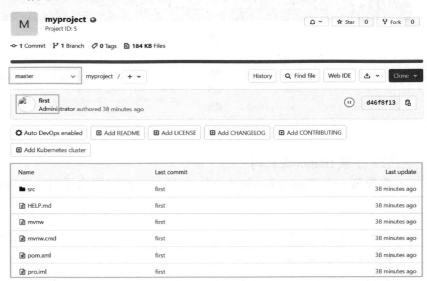

图 10-14　推送代码后的 myproject 项目信息

在结果中可以发现分支的名称为 master，提交说明为 first。

10.1.4　安装和部署 Harbor 镜像仓库

10.1.4.1　创建 Harbor 仓库

1．下载 Harbor 源代码

（1）登录 GitHub 官网

GitHub 是全球编程爱好者存放源代码的仓库，从中可以下载很多开放源代码的软件，首先登录 GitHub 官网，地址是 https://github.com/，如图 10-15 所示。

图 10-15　登录 GitHub 官网

（2）搜索 Harbor 源代码

在右上角搜索框中输入"Harbor"，查询到 Harbor 源代码，结果如图 10-16 所示。

图 10-16　查询 Harbor 源代码结果

（3）下载 Harbor 源代码

选择第一个"goharbor/harbor"，打开后，在右侧选择当前最新版本 v2.1.2，如图 10-17 所示。

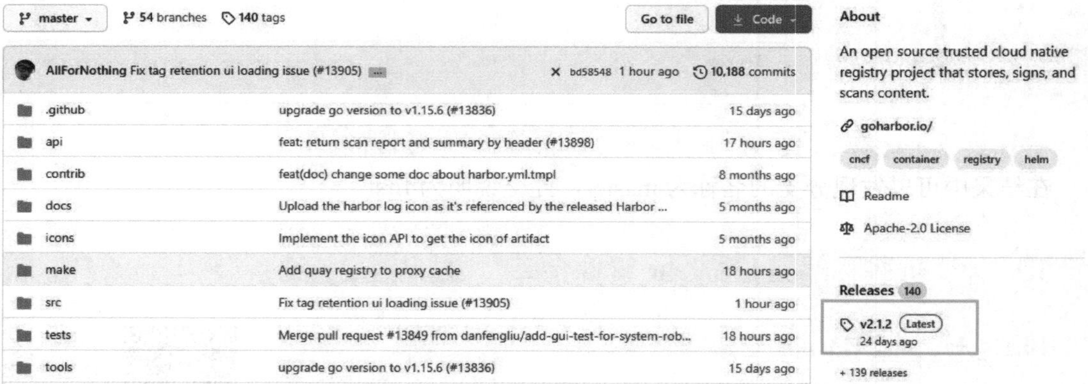

图 10-17　选择 Harbor 最新版本

选择最新版本后，进入下载页面，在第一个 harbor-offline-installer-v2.1.2.tgz 处单击右键，在快捷菜单中选择"复制链接地址"命令，如图 10-18 所示。

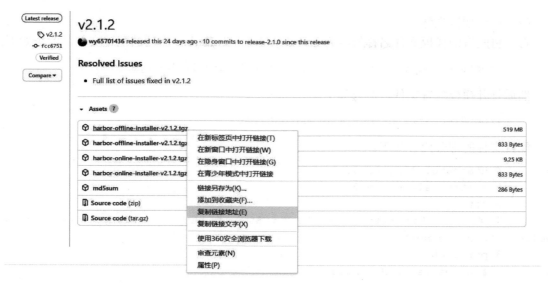

图 10-18　复制链接地址

然后在命令行中使用 wget 命令下载该链接地址的软件，命令如下。

```
[root@master ~]# wget https://github.com/goharbor/harbor/releases/download/v2.1.2/harbor-offline-installer-v2.1.2.tgz
```

2．安装 docker-compose

（1）下载扩展源

因为 Harbor 需要依赖 docker-compose 安装，所以需要先安装 docker-compose。在下载 Harbor 源代码的同时复制一个终端，首先使用 wget 命令下载一个阿里云的扩展源，命令如下。

```
[root@master ~]# wget -O /etc/yum.repos.d/epel.repo http://mirrors.aliyun.com/repo/epel-7.repo
```

下载扩展源之后在/etc/yum.repos.d 目录下就多了 CentOS 的扩展源配置。扩展源提供了很多软件，docker-compose 软件就在其中。

（2）安装 docker-compose

安装命令及结果如下。

```
[root@master ~]# yum install docker-compose -y
```

已安装：

```
docker-compose.noarch 0:1.18.0-4.el7
```

关于 docker-compose 的详细功能，读者可自行查阅相关资料，这里只是进行安装以便使用。

3．安装 Harbor 私有仓库

（1）解压缩

使用 tar xf 命令解压缩 Harbor 的压缩文件，命令如下。

```
[root@master ~]# tar xf harbor-offline-installer-v2.1.2.tgz
[root@master ~]# cd harbor
[root@registry harbor]# ls
common.sh  harbor.v2.1.2.tar.gz  harbor.yml.tmpl  install.sh  LICENSE  prepare
```

（2）修改配置文件

首先将配置的模板文件名称修改为 harbor.yml，作为 Harbor 启动的配置文件，命令如下。

```
[root@registry harbor]# mv harbor.yml.tmpl harbor.yml
```

然后打开模板配置文件，命令如下。

```
[root@registry harbor]# vi harbor.yml
```

配置文件的部分内容如下。

```
 4 hostname: 192.168.0.10
 5 # http related config
 6 http:
 7 # port for http, default is 80. If https enabled, this port will redirect to https port
 8 port: 80
 9 # https related config
10 #https:
11 # https port for harbor, default is 443
12 #  port: 443
13 # The path of cert and key files for nginx
14 #  certificate: /your/certificate/path
15 #  private_key: /your/private/key/path
```

将第 4 行 hostname 设置成服务器的 IP 地址或者域名，这里设置为 192.168.0.10。

使用#将第 10～15 行注释掉。

```
28 # The initial password of Harbor admin
29 # It only works in first time to install harbor
30 # Remember Change the admin password from UI after launching Harbor.
31 harbor_admin_password: Harbor12345
```

注意第 28～31 行提示 Harbor 默认的管理员是 admin，密码是 Harbor12345。

（3）启动 Harbor

首先执行 harbor 目录下的 install.sh 脚本文件，命令如下。

```
[root@registry harbor]# ./install.sh
```

执行过程如下。

```
[Step 0]: checking if docker is installed ...
Note: docker version: 20.10.1
[Step 1]: checking docker-compose is installed ...
Note: docker-compose version: 1.18.0
[Step 2]: loading Harbor images ...
Loaded image: goharbor/chartmuseum-photon:v2.1.2
Loaded image: goharbor/prepare:v2.1.2
Loaded image: goharbor/harbor-log:v2.1.2
Loaded image: goharbor/harbor-registryctl:v2.1.2
Loaded image: goharbor/clair-adapter-photon:v2.1.2
Loaded image: goharbor/harbor-db:v2.1.2
```

```
Loaded image: goharbor/harbor-jobservice:v2.1.2
Loaded image: goharbor/clair-photon:v2.1.2
Loaded image: goharbor/notary-signer-photon:v2.1.2
Loaded image: goharbor/harbor-portal:v2.1.2
Loaded image: goharbor/redis-photon:v2.1.2
Loaded image: goharbor/nginx-photon:v2.1.2
Loaded image: goharbor/trivy-adapter-photon:v2.1.2
Loaded image: goharbor/harbor-core:v2.1.2
Loaded image: goharbor/registry-photon:v2.1.2
Loaded image: goharbor/notary-server-photon:v2.1.2
[Step 3]: preparing environment ...
[Step 4]: preparing harbor configs ...
prepare base dir is set to /root/harbor
WARNING:root:WARNING: HTTP protocol is insecure. Harbor will deprecate http protocol in the future. Please make sure to upgrade to https
Generated configuration file: /config/portal/nginx.conf
Generated configuration file: /config/log/logrotate.conf
Generated configuration file: /config/log/rsyslog_docker.conf
Generated configuration file: /config/nginx/nginx.conf
Generated configuration file: /config/core/env
Generated configuration file: /config/core/app.conf
Generated configuration file: /config/registry/config.yml
Generated configuration file: /config/registryctl/env
Generated configuration file: /config/registryctl/config.yml
Generated configuration file: /config/db/env
Generated configuration file: /config/jobservice/env
Generated configuration file: /config/jobservice/config.yml
Generated and saved secret to file: /data/secret/keys/secretkey
Creating harbor-log ... done
Generated configuration file: /compose_location/docker-compose.yml
Clean up the input dir
Creating harbor-db ... done
Creating harbor-core ... done
Creating network "harbor_harbor" with the default driver
Creating nginx ... done
Creating registry ...
Creating redis ...
Creating registryctl ...
Creating harbor-db ...
Creating harbor-portal ...
Creating harbor-core ...
Creating nginx ...
Creating harbor-jobservice ...
✔ ----Harbor has been installed and started successfully.----
```

经过一小段的等待时间，Harbor 已经成功地启动了，通过 ps –a 命令查看容器，发现 Harbor 启动了 9 个容器为用户提供服务。

10.1.4.2 使用 Harbor 仓库

1．使用浏览器访问 Harbor 服务

在 Windows 系统中打开浏览器，输入 192.168.0.10（服务器 IP），即可进入 Harbor 首页，如图 10-19 所示。

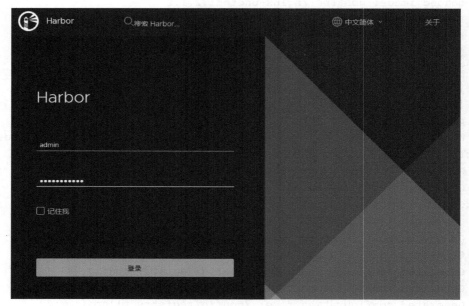

图 10-19　进入 Harbor 首页

输入默认的用户名 admin，密码 Harbor12345 后（注意 H 要大写），即可登录进入 Harbor 仓库，如图 10-20 所示。

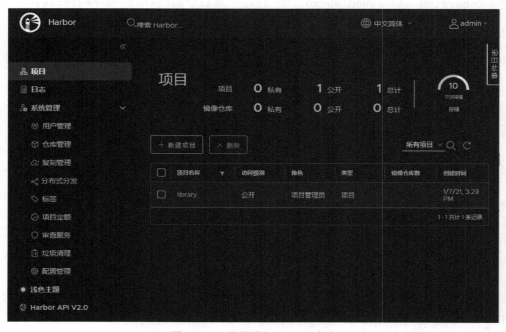

图 10-20　登录进入 Harbor 仓库

2. 推送镜像到 Harbor 仓库

（1）新建项目

在 Harbor 仓库中，可以使用默认的 library 项目，也可以新建自己的项目，这里新建一个项目，名称为 demo。方法是单击"项目"→"新建项目"，在弹出的对话框中输入项目名称"demo"，访问级别为"公开"，单击"确定"按钮，如图 10-21 所示。

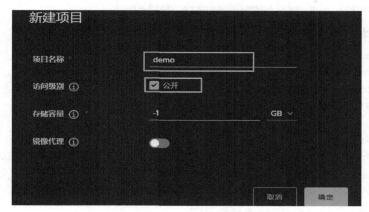

图 10-21　新建项目

单击 demo 项目，右侧有"推送命令"，单击"推送命令"后，在下拉列表中可以看到"在项目中标记镜像"和"推送镜像到当前项目"两个选项，如图 10-22 所示。其中标记镜像的命令如下：

```
docker tag SOURCE_IMAGE[:TAG] 192.168.0.10/demo/REPOSITORY[:TAG]
```

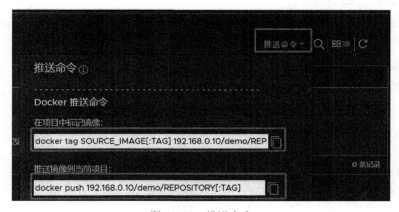

图 10-22　推送命令

推送镜像到 demo 项目的命令如下：

```
docker push 192.168.0.10/demo/REPOSITORY[:TAG]
```

（2）客户端登录到 Harbor 仓库

在 node1 和 node2 节点，修改/etc/docker/daemon.json 文件，让 192.168.0.10 成为受信任的仓库，这里以 node1 节点为例进行修改。

```
[root@node~]# vi /etc/docker/daemon.json
{
```

```
    "registry-mirrors": ["https://9pjol86d.mirror.aliyuncs.com"],
    "insecure-registries": ["192.168.0.10"]
}
```

修改完成后，重启 Docker 守护进程和 Docker 服务。

```
[root@node1 ~]# systemctl daemon-reload
[root@node1 ~]# systemctl restart docker
```

然后使用 docker login 命令输入用户名和密码，登录 Harbor 仓库。

```
[root@node1 ~]# docker login 192.168.0.10
Username: admin
Password:
WARNING! Your password will be stored unencrypted in /root/.docker/config.json.
Configure a credential helper to remove this warning. See
https://docs.docker.com/engine/reference/commandline/login/#credentials-store

Login Succeeded
```

看到"Login Succeeded"，可知成功登录了。

（3）客户端推送镜像到 Harbor 仓库

1）修改镜像名称。

首先下载一个能够运行 Java 程序的镜像 openjdk:8u222-jre。

```
[root@node1 ~]# docker pull reqistry.cn-hangzhou.aliyuncs.com/openjdk:8
```

然后修改镜像的 tag 标签。

```
[root@node1 ~]# docker tag reqistry.cn-hangzhou.aliyuncs.com/openjdk:8 192.168.0.10/demo/openjdk: 8u222-jre
```

2）然后推送该镜像到 Harbor 仓库。

推送 192.168.0.10/demo/openjdk:8u222-jre 镜像到 demo 项目。

```
[root@node1 ~]# docker push 192.168.0.10/demo/openjdk:8u222-jre
```

命令执行结果如下。

```
The push refers to repository [192.168.0.10/demo/openjdk]
936898d6e1d3: Mounted from demo/myapp
9550aa6d55b5: Mounted from demo/myapp
b096a2c66a4e: Mounted from demo/myapp
687890749166: Mounted from demo/myapp
2f77733e9824: Mounted from demo/myapp
97041f29baff: Mounted from demo/myapp
8u222-jre: digest: sha256:eccbfade15a98c6cb0711dc1d524a6ea8fba7fb736c8e65cc48e77e86e1bec44 size: 1582
```

从结果中可以发现，镜像被成功推送到 Harbor 仓库了。

3）从网页上查看推送情况。

通过浏览器查看，可知 192.168.0.10/demo/openjdk:8u222-jre 已经被推送到仓库中了，如图 10-23 所示。

图 10-23　成功推送 192.168.0.10/demo/openjdk:8u222-jre

3．下载镜像

首先，删除 192.168.0.10/demo/openjdk:8u222-jre 镜像。

```
[root@node1 ~]# docker rmi 192.168.0.10/demo/openjdk:8u222-jre
```

然后，使用 docker pull 下载 Harbor 仓库镜像。

```
[root@node1 ~]# docker pull 192.168.0.10/demo/openjdk:8u222-jre
```

命令执行结果如下。

```
8u222-jre: Pulling from demo/openjdk
Digest: sha256:eccbfade15a98c6cb0711dc1d524a6ea8fba7fb736c8e65cc48e77e86e1bec44
Status: Downloaded newer image for 192.168.0.10/demo/openjdk:8u222-jre
192.168.0.10/demo/openjdk:8u222-jre
```

可以发现，从 Harbor 仓库成功下载了 192.168.0.10/demo/openjdk:8u222-jre。

在网页上发现下载数是 1，如图 10-24 所示。

图 10-24　下载数更新

拓展训练

配置 HTTPS 安全访问 Harbor 私有仓库。

任务 10.2　配置持续集成与持续交付

【学习情境】

部署 Jenkins、GitLab、Harbor 的目的就是通过 Jenkins 拉取 GitLab 上的代码文件，然后利

用 Harbor 仓库的基础镜像构建新的应用镜像，再把其推送到 Harbor 仓库，最终实现把应用镜像部署到 Kubernetes 集群中。技术主管要求你使用 Jenkins 完成这个任务。

【学习内容】

（1）编写 Pipeline 基础脚本
（2）编写 Pipeline 构建 Kubernetes 集群应用

【学习目标】

知识目标：
（1）掌握编写 Pipeline 的基础语法
（2）掌握使用 Pipeline 构建发布项目的方法

能力目标：
（1）会编写 Pipeline 拉取程序代码
（2）会编写 Pipeline 编译打包程序代码
（3）会编写 Pipeline 构建应用镜像
（4）会编写应用并将其发布到 Kubernetes 集群
（5）会使用 Pod 硬亲和性调度 Pod
（6）会使用 Pod 软亲和性调度 Pod

10.2.1 理解 Pipeline

10.2.1.1 持续集成和持续交付的步骤

持续集成和持续交付（CI/CD）通常由以下几个常用步骤组成。
1）程序员提交代码到代码仓库（GitLab 或者 GitHub 等）服务器。
2）开始执行 Pipeline 代码文件，开始从代码仓库拉取代码。
3）打包编译代码。
4）执行各种自动化测试验证。
5）部署应用，部署结束，输出报告。

10.2.1.2 Pipeline 的作用

持续集成和持续交付是最终要实现的目标，而实现目标的途径就是在 Jenkins 中编写 Pipeline 脚本。从拉取代码到部署业务，Pipeline 脚本将它们串联起来，类似流水线一样完成自动化部署，实现业务的持续集成与持续交付。Pipeline 有以下优点：

1）功能丰富。Pipeline 支持复杂和实时的持续交付需求，包括循环、拉取代码和并行执行的能力。

2）代码迭代。Pipeline 是用代码实现的，并且支持检入（check in）到代码仓库。这样项目团队人员就可以修改、更新 Pipeline 脚本代码，实现代码迭代。

3）耐用。Pipeline 支持在 Jenkins Master（控制节点）重启后也能够正确运行。

4）可暂停。Pipeline 支持可选的停止和恢复，或者等待批准之后再执行 Pipeline 代码。

5）可扩展性。Pipeline 支持 DSL（领域特定语言）的自定义插件扩展，也支持其他插件的集成。

可以使用 Declarative（声明式）Pipeline 和 Scripted（脚本式）Pipeline 两个脚本模式编写代码。Declarative Pipeline 相对于 Scripted Pipeline 更有优势，首先，Declarative Pipeline 提供更丰富的语法功能，而且写出来的脚本可读性和维护性更好。建议初学者选择 Declarative Pipeline 的方式编写代码。

10.2.2 编写 Pipeline 基础脚本

10.2.2.1 Pipeline 的重要关键字

10.2-1 编写 Pipeline 基础脚本

1．Pipeline

Pipeline 是 Pipeline 语法中的一个关键字，通过 Pipeline 关键字可以告诉 Jenkins 接下来的代码就是 Pipeline 代码。

2．Node

关键字 Node 用来区分 Jenkins 环境中不同的节点环境。例如一个 Jenkins 环境包括一个控制节点和多个工作节点（即从节点）。在 Pipeline 代码中可以通过 Node 关键字告诉 Jenkins 到哪一台节点机器执行代码。

3．stage

关键字 stage 标明一段代码块，这段代码块包含一个自动化的业务场景，stage 使 Pipeline 代码的读写变得非常直观。

4．step

关键字 step 标明是一个简单步骤，一般就是几行代码或者调用一个外部模块类的具体功能，step 写在 stage 的大括号里。

10.2.2.2 编写运行 Pipeline 脚本

1．新建流水线任务

在 Jenkins 中，首先单击新建任务的链接，进入新建任务页面，在"输入一个任务名称"的文本框中输入任务的名称，这里输入"basic"（名称可以自行定义），然后选择"流水线"，单击"确定"按钮，如图 10-25 所示。

图 10-25 新建流水线任务

在弹出的页面中，选择"流水线"选项卡，在"Pipeline script"文本框中输入以下脚本。

```
pipeline {                            //说明以下脚本是 Pipeline 脚本
    agent any                         //运行在任意节点，这里只有一个节点
    stages {                          //stages 代表所有的构建阶段
        stage('pull data') {          // 第一个阶段（构建阶段），括号中的内容可以自行定义
            steps{                    //第一个阶段的第一个步骤
              sh 'echo 拉取代码'      //执行 Linux 脚本，输入拉取代码
            }

        }
        stage('package') {            //第二个阶段
          steps{                      //第二个阶段的第一个步骤
            sh 'echo 编译打包代码'    //执行 Linux 脚本，输入编译打包代码
          }
        }

        stage('build images') {       //第三个阶段
          steps{                      //第三个阶段的第一个步骤
              sh 'echo 构建推送镜像'  //执行脚本，输入构建推送镜像
          }
        }
        stage('deploy') {             //第四个阶段
          steps{                      //第四个阶段的第一个步骤
              sh 'echo 部署应用'      //执行脚本，输入部署应用
          }
        }
    }
}
```

输入完成后，单击"保存"按钮，如图 10-26 所示。

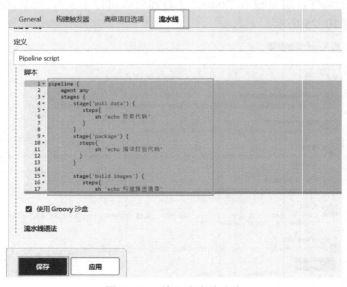

图 10-26　输入流水线脚本

保存完成后在 Jenkins 首页上就可以发现 basic 任务了，如图 10-27 所示。

图 10-27　首页上显示 basic 任务

2．执行流水线任务

单击图 10-27 中的"basic"，进入执行任务的界面，单击"立即构建"执行 basic 任务，如图 10-28 所示。

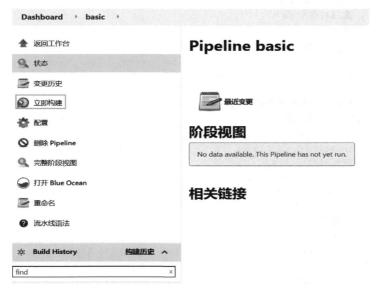

图 10-28　执行 basic 任务

构建完成后，在页面的"Build History"（构建历史）处可看到任务是否执行成功，单击时间右侧的下拉按钮，选择"Console Output"，如图 10-29 所示。

图 10-29　选择"Console Output"

在弹出的执行页面中，可以发现执行过程和最下边的执行成功的输出（Finished: SUCCESS），如图 10-30 所示。

```
Running on Jenkins in /var/jenkins_home/workspace/basic
[Pipeline] {
[Pipeline] stage
[Pipeline] { (pull data)
[Pipeline] sh
+ echo 拉取代码
拉取代码
[Pipeline] }
[Pipeline] // stage
[Pipeline] stage
[Pipeline] { (package)
[Pipeline] sh
+ echo 编译打包代码
编译打包代码
[Pipeline] }
[Pipeline] // stage
[Pipeline] stage
[Pipeline] { (build images)
[Pipeline] sh
+ echo 构建推送镜像
构建推送镜像
[Pipeline] }
[Pipeline] // stage
[Pipeline] stage
[Pipeline] { (deploy)
[Pipeline] sh
+ echo 部署应用
部署应用
[Pipeline] }
[Pipeline] // stage
[Pipeline] }
[Pipeline] // node
[Pipeline] End of Pipeline
Finished: SUCCESS
```

图 10-30　执行结果

需要注意的是在执行任务时，Jenkins 在/var/jenkins_home/workspace/目录下创建了一个和任务名称 basic 同名的目录，而在部署 Jenkins 时，已经将/var/jenkins_home 持久化到 master 节点的/data/jenkins 目录下。

10.2.3　编写 Pipeline 构建 Kubernetes 集群应用

10.2.3.1　拉取 GitLab 代码

10.2-2 拉取 GitLab 代码

1．创建 Jenkins 连接 GitLab 凭据

需要配置 Jenkins 连接 GitLab 的凭据，以便 Jenkins 可以从 GitLab 上拉取代码。在 Jenkins 首页，依次单击"系统管理"→"Manage Credentials（管理凭

据)"→"全局凭据(unrestricted)"→"Add Credentials"(添加凭据),在弹出的配置凭据界面中,选择类型为"Username with password",在"用户名"文本框中输入登录 GitLab 的用户名"root",在"密码"文本框中输入登录 root 用户的密码,在"描述"文本框中输入一个凭据的描述,单击"确定"按钮,如图 10-31 所示。

图 10-31 配置 Jenkins 连接 GitLab 的凭据

在配置完凭据后,在"Manage Credentials(管理凭据)"→"全局凭据(unrestricted)"页面就会出现所配置的凭据,如图 10-32 所示。

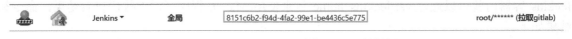

图 10-32 配置 Jenkins 连接 GitLab 的凭据

当编写 Jenkins 脚本拉取 GitLab 代码时,需要使用图 10-32 中所示唯一标识。

2. 修改 basic 任务拉取代码的脚本

修改 basic 任务中拉取代码的脚本,脚本如下。

```
stage('pull data') {
        steps{
            git credentialsId: '8151c6b2-f94d-4fa2-99e1-be4436c5e775', url: 'http://192.168.0.30:81/root/myproject.git'
        }
    }
```

其中 http://192.168.0.30:81/root/myproject.git 是在 10.1 节中上传到 GitLab 仓库的 myproject 项目的代码地址,git credentialsId 是固定用法,指定的 8151c6b2-f94d-4fa2-99e1-be4436c5e775 是Jenkins 连接 GitLab 服务器的凭据。

3. 执行修改后的脚本

保存后,执行脚本,查看拉取代码执行结果,如图 10-33 所示。

```
Running on Jenkins in /var/jenkins_home/workspace/basic
[Pipeline] {
[Pipeline] stage
[Pipeline] { (pull data)
[Pipeline] git
The recommended git tool is: NONE
using credential 8151c6b2-f94d-4fa2-99e1-be4436c5e775
Cloning the remote Git repository
Cloning repository http://192.168.0.30:81/root/myproject.git
 > git init /var/jenkins_home/workspace/basic # timeout=10
Fetching upstream changes from http://192.168.0.30:81/root/myproject.git
 > git --version # timeout=10
 > git --version # 'git version 2.20.1'
using GIT_ASKPASS to set credentials 拉取gitlab
 > git fetch --tags --force --progress -- http://192.168.0.30:81/root/myproject.git +refs/heads/*:refs/remotes/origin/* # timeout=10
 > git config remote.origin.url http://192.168.0.30:81/root/myproject.git # timeout=10
 > git config --add remote.origin.fetch +refs/heads/*:refs/remotes/origin/* # timeout=10
```

图 10-33 拉取代码执行结果

从结果发现，Jenkins 已经拉取代码到/var/jenkins_home/workspace/basic 目录。由于在部署 Jenkins 时，已经持久化/var/jenkins_home 到 master 节点的/data/jenkins 下，因此进入 master 节点的/data/jenkins/workspace/basic 目录查看代码是否拉取成功，命令和结果如下。

```
[root@master ~]# cd /data/jenkins/workspace/basic
[root@master basic]# ls
HELP.md  mvnw  mvnw.cmd  pom.xml  pro.iml  src
```

从结果发现，代码拉取成功了。

10.2.3.2 编译打包源代码

1. 安装 Maven

由于拉取的代码是 Java 编写的，因此需要使用 Maven 进行编译打包，然后才可以通过 Dockerfile 制作镜像。首先将 Maven 的源程序上传到 master 节点的/data/jenkins 目录下，这样在 Jenkins 容器内就可以通过/var/jenkins_home 目录使用 Maven 程序了。上传后查看结果，命令和结果如下。

```
[root@master ~]# cd /data/jenkins
[root@master jenkins]# ls -d maven
maven
```

结果显示，已经将 Maven 上传到 master 节点的/data/jenkins 目录了。

2. 修改 basic 编译打包程序脚本

在 basic 任务中，将 stage('package')阶段的代码修改如下。

```
        stage('package') {
            steps{
                sh '/var/jenkins_home/maven/bin/mvn clean package -DskipTests -f /var/jenkins_home/workspace/basic'
            }
        }
```

其中/var/jenkins_home/maven/bin/mvn clean package -DskipTests 是容器内执行 Maven 的 mvn 命令编译打包程序，-f /var/jenkins_home/workspace/basic 指定了要编译打包的源程序目录。

3. 执行 basic 任务

再次执行 basic 任务，执行完成后，进入 master 节点的/data/jenkins/workspace/basic 目录，

查看文件，命令和结果如下。

```
[root@master basic]# ls
HELP.md  mvnw  mvnw.cmd  pom.xml  pro.iml  src  target
```

可以发现，目录下多了一个 target 目录，这个目录就是 Maven 编译后的结果，查看 target 目录内容，命令如下。

```
[root@master basic]# ls target/
```

命令执行结果如下。

```
classes  demo-0.0.1-SNAPSHOT.jar.original  generated-test-sources  maven-status
demo-0.0.1-SNAPSHOT.jar  generated-sources  maven-archiver  test-classes
```

其中 demo-0.0.1-SNAPSHOT.jar 文件就是构建镜像时使用的编译打包后的程序。

10.2.3.3 构建应用镜像

1. 配置 Jenkins 连接 Harbor 凭据

在创建完 Harbor 仓库后，还需要创建 Jenkins 连接 Harbor 仓库的凭据，使 Jenkins 能够推送和拉取 Harbor 仓库的镜像。拉取镜像是因为当 Jenkins 从 GitLab 下载编译源码后，需要基础镜像的支持，才可以将编译源码制作成应用镜像；推送镜像则是将制作成的镜像推送到仓库，部署到 Kubernetes 集群中。

构建 Jenkins 连接 Harbor 的凭据和构建 Jenkins 连接 GitLab 的凭据类似。在 Jenkins 首页，依次单击"系统管理"→"Manage Credentials（管理凭据）"→"全局凭据（unrestricted）"→"Add Credentials"，在弹出的配置凭据页面中，选择类型为"Username with password"，在"用户名"文本框中输入登录 Harbor 仓库的用户名"admin"，在密码处输入登录密码"Harbor12345"，在描述处输入一个凭据的描述"拉取 Harbor 镜像"，单击"确定"按钮，如图 10-34 所示。

图 10-34　创建 Harbor 凭据

创建完成后，在 Jenkins 全局凭据页面，可以看到 Jenkins 连接 Harbor 的凭据，如图 10-35 所示。

全局凭据 (unrestricted)

Credentials that should be available irrespective of domain specification to requirements matching.

ID	名称	类型	描述
f29cf436-e00e-4c26-9164-79eb3ee157dd	root@master	SSH Username with private key	
39635790-ae34-4ea0-943d-23a0b7a473ce	root@master	SSH Username with private key	
bb8679bf-05fc-4bf1-ac5c-e7ade76dce20	admin/****** (拉取harbor仓库镜像)	Username with password	拉取harbor仓库镜像
bcf5cb6a-b900-46be-aae2-e3ba9e7e46df	root	SSH Username with private key	
8151c6b2-f94d-4fa2-99e1-be4436c5e775	root/****** (拉取gitlab)	Username with password	拉取gitlab

图标 小 中 大

图 10-35　查看 Jenkins 连接 Harbor 的凭据

在编写 Jenkins 从 Harbor 拉取镜像的脚本时，会使用凭据的标识（ID）。

2. 修改 basic 构建推送镜像脚本

在 basic 脚本中，将 stage('build images') 的代码修改为：

```
stage('build images') {
        steps{
            withCredentials([usernamePassword(credentialsId:"bb8679bf-05fc-
4bf1-ac5c-e7ade76dce20", passwordVariable: 'Harbor12345', usernameVariable: 'admin')])
            {
              sh """
              docker login -u admin -p Harbor12345 192.168.0.10
              docker build -t 192.168.0.10/demo/myapp:v1 .
              docker push 192.168.0.10/demo/myapp:v1
              """
            }
        }
    }
```

其中 withCredentials([usernamePassword(credentialsId:"bb8679bf-05fc-4bf1-ac5c-e7ade76dce20", passwordVariable: 'Harbor12345', usernameVariable: 'admin')]) 要连接到 Harbor 仓库，bb8679bf-05fc-4bf1-ac5c-e7ade76dce20 是 Jenkins 连接 Harbor 仓库的凭据，usernameVariable 指定连接的用户名是 admin，passwordVariable 指定连接的密码是 Harbor12345。

当需要执行多条命令时，可以以 sh """ 开头，以 """ 结尾。其中第一条命令是登录到 Harbor，然后使用当前目录下的 Dockerfile 创建 192.168.0.10/demo/myapp:v1 镜像，创建完成后，使用 docker push 192.168.0.10/demo/myapp:v1 推送该镜像到 Harbor 仓库。

这里需要解决的问题就是在当前目录/data/jenkins/workspace/basic 下，建立构建镜像的 Dockerfile 文件。首先在目录下创建 Dockerfile 文件，输入以下脚本。

```
FROM 192.168.0.10/demo/openjdk:8u222-jre        #使用基础镜像
ADD target/demo-0.0.1-SNAPSHOT.jar .            #添加编译程序
EXPOSE 8080                                     #暴露服务端口
CMD ["java","-jar","demo-0.0.1-SNAPSHOT.jar"]   #运行jar包
```

3. 执行 basic 任务

执行 basic 任务，完成镜像的构建和推送。再次查看 Harbor 仓库，可以发现镜像已经成功地推送到 Harbor 仓库了，如图 10-36 所示。

图 10-36　推送 192.168.0.10/demo/myapp:v1 镜像到 Harbor

10.2.3.4　部署应用到 Kubernetes 集群

当镜像构建完成后，就需要使用 YAML 文件将镜像部署到 Kubernetes 集群中。

1. 配置 Jenkins 连接 Kubernetes

将 Jenkins 连接到 Kubernetes 后才能发布应用到集群中，单击 Jenkins 首页左侧的"系统管理"，在弹出的页面中选择"系统配置"，如图 10-37 所示。

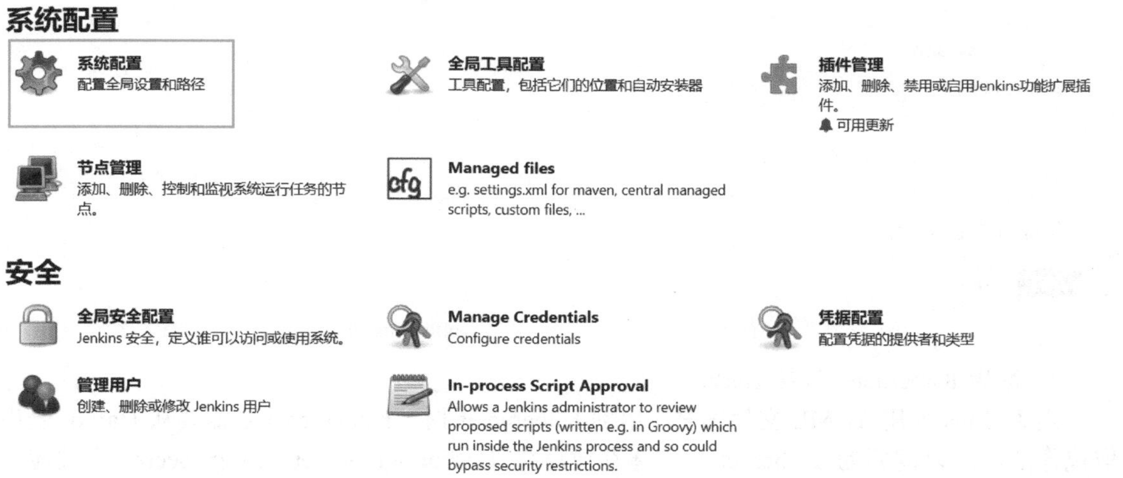

图 10-37　选择"系统配置"

进入系统配置页面后，拖动滚动条到最下方，单击"a separate configuration page"，进入配置集群页面，如图 10-38 所示。

单击图 10-38 右侧的"Kubernetes Cloud details"，在弹出的详情页面中，添加 Kubernetes 集群的名称为"kubernetes"（可以任意填写），地址为"http://192.168.0.10:6443"。单击右侧的"连接测试"，在左侧显示"Connected to Kubernetes v1.20.2"，说明 Jenkins 通过配置名称为 sa-jenkins 的 ServiceAccount 连接到 Kubernetes 集群。单击页面下方的"Apply"和"Save"按钮，保存配置，如图 10-39 所示。

图 10-38 配置集群页面

图 10-39 配置 Jenkins 接入 Kubernetes 集群

2. 配置 Kubernetes 连接 Harbor

当 Jenkins 使用 YAML 文件部署应用到 Kubernetes 时，Kubernetes 是需要从 Harbor 仓库拉取镜像的，所以需要为 Kubernetes 创建存放连接 Harbor 的 Secret，这个 Secret 会被应用到 Jenkins 部署应用的 YAML 文件中。

（1）编码 root/.docker/config.json 数据

由于在 node1 节点登录过 Harbor 仓库，因此在 node1 节点的 root/.docker/config.json 文件中存储着登录 Harbor 仓库的信息。首先使用 base64 编码加密这些数据，查看文件中数据的命令如下。

```
[root@node1 ~]# cat /root/.docker/config.json
```

命令执行结果如下。

```
{
```

```
    "auths": {
       "192.168.0.10": {
          "auth": "YWRtaW46SGFyYm9yMTIzNDU="
       }
    }
}
```

然后使用 base64 编码将登录信息加密，命令如下。

```
[root@node1 ~]# cat /root/.docker/config.json | base64
```

命令执行结果如下。

```
ewoJImF1dGhzIjogewoJCSIxOTIuMTY4LjAuMTAiOiB7CgkJCSJhdXRoIjogIllXUnRhVzQ2U0dG
eVltOXlNVE16TkRVPSIKCQl9Cgl9Cn0=
```

（2）创建 Secret

在 master 节点的/root/yaml 目录中创建 mysecret.yaml 文件，在文件中输入以下脚本。

```
apiVersion: v1
kind: Secret
metadata:
  namespace: demo
  name: mysecret
type: kubernetes.io/dockerconfigjson
data:
  #这里添加加密后的密钥
  .dockerconfigjson:
ewoJImF1dGhzIjogewoJCSIxOTIuMTY4LjAuMTAiOiB7CgkJCSJhdXRoIjogIllXUnRhVzQ2U0dGeVlt
OXlNVE16TkRVPSIKCQl9Cgl9Cn0=
```

以上脚本在 demo 命名空间下创建了一个名称为 mysecret 的 Secret，类型是 kubernetes.io/dockerconfigjson，在.dockerconfigjson 后复制通过 base64 编码加密的数据。注意在编写 YAML 文件时，要把这些加密后的数据写在一行。创建该 Secret 的命令如下。

```
[root@master yaml]# kubectl apply -f mysecret.yaml
```

3. 修改 basic 发布应用脚本

将 basic 中 stage('deploy')的代码改为：

```
stage('deploy') {
        steps{
            sh "kubectl apply -f k8s.yaml"
        }
    }
```

kubectl apply -f k8s.yaml 就是使用当前目录下的 K8s.yaml 发布应用到 Kubernetes 集群中。

4. 创建 K8s.yaml 脚本

修改完 basic 脚本后，需要为脚本创建 K8s.yaml，在当前目录/data/jenkins/workspace/basic 下创建 K8s.yaml 文件，在文件中输入以下脚本。

```
apiVersion: apps/v1
kind: Deployment
metadata:
```

```yaml
      name: web
    spec:
      replicas: 1
      template:
        metadata:
          labels:
            app: httpd
apiVersion: apps/v1
kind: Deployment
metadata:
  name: web
spec:
  replicas: 1
  template:
    metadata:
      labels:
        app: httpd
      spec:
        imagePullSecrets:
        - name: mysecret
        containers:
        - name:  web
          image: 192.168.0.10/demo/myapp:v1
          imagePullPolicy: IfNotPresent
  selector:
    matchLabels:
      app: httpd
---
#创建 SVC
apiVersion: v1
kind: Service
metadata:
  name: web-svc
spec:
  selector:
    app: httpd
  ports:
  - protocol: TCP
    port: 80
    nodePort: 30005
    targetPort: 8080
  type: NodePort
```

以上脚本创建了一个名称为 web 的控制器和一个名称为 web-svc 的 Service，其中控制器使用的镜像是 192.168.0.10/demo/myapp:v1，拉取镜像使用的 Secret，副本数是 1。在部署完成后，需要访问应用，所以创建了类型为 NodePort 的 Service，nodePort 的端口是 30005，targetPort 是程序应用端口 8080。

5. 执行 basic 任务

再次执行 basic 流水线任务，在 master 节点查看 demo 命名空间的控制器和 Pod 状态，结果如图 10-40 所示。

```
[root@master basic]# kubectl get deployments.apps web -n demo
NAME   READY   UP-TO-DATE   AVAILABLE   AGE
web    1/1     1            1           15s
[root@master basic]# kubectl get pod -n demo
NAME                         READY   STATUS    RESTARTS   AGE
jenkins-664979d74f-p8l66     1/1     Running   1          3d3h
web-b96f7c977-qwv9t          1/1     Running   0          25s
web1-757fb56c8d-5tqm4        1/1     Running   0          28h
web1-757fb56c8d-xh674        1/1     Running   0          28h
```

图 10-40　demo 命名空间的控制器和 Pod 状态

查看 demo 命名空间下的 SVC，结果如图 10-41 所示。

```
[root@master basic]# kubectl get svc -n demo
NAME          TYPE        CLUSTER-IP       EXTERNAL-IP   PORT(S)                          AGE
httpd-svc     ClusterIP   10.111.111.207   <none>        80/TCP                           46h
jenkins-svc   NodePort    10.103.13.124    <none>        8080:30000/TCP,50000:30001/TCP   7d1h
web-svc       NodePort    10.103.103.111   <none>        80:30005/TCP                     42h
```

图 10-41　创建 web-svc

在浏览器中输入"http://192.168.0.10:30005/jenkins"，正确显示程序首页，如图 10-42 所示。

图 10-42　正确显示程序首页

可以发现已经能够访问程序的首页了，这里在 192.168.0.10:30005 后的"jenkins"是编写程序时使用的目录。

拓展训练

尝试使用 IDEA 工具编写一个简单的 Java 程序。

项目小结

1. 实现持续集成和持续交付的主要工具是 Jenkins、Harbor、GitLab、Kubernetes。
2. 构建自动化运维平台的核心工具是 Jenkins，方法是编写 Pipeline 运维步骤的流水线脚本。

习题

一、选择题

1. 以下关于 GitLab 的说法中，不正确的是（　　）。

A. GitLab 是一个私有的程序代码仓库
B. 可以使用 git 命令将代码上传到 GitLab 中
C. GitLab 的启动速度很快
D. 可以使用 git 命令将 GitLab 上代码复制到本地
2. 以下关于 Jenkins 的说法中，不正确的是（　　）。
A. Jenkins 需要借助其他工作实现自动化运维
B. Jenkins 连接 GitLab 需要配置凭据
C. Jenkins 连接 Harbor 只能通过用户名和密码方式的凭据连接 GitLab
D. 使用 Jenkins 部署应用到 Kubernetes 之前，要为 Jenkins 配置一个 Kubernetes

二、填空题

1. Pipeline 脚本语法分为_____ 和 _____。
2. 持续集成和持续交付的英文简写是_____。

参 考 文 献

[1] 严丽云，何震苇，杨新章，等. 基于 Kubernetes 的容器化数据库及其集群方案[J]. 电信科学，2018，34(12)：163-171.
[2] 刘汪根，郑淮城，荣国平. 云环境下大规模分布式计算数据感知的调度系统[J]. 大数据，2020，6(1)：81-98.
[3] 徐涛. 基于SaltStack的云数据库高可用方案的设计与实现[D]. 南京：南京邮电大学，2016.
[4] 徐江生. 容器云平台的设计与实现[D]. 北京：北京邮电大学，2017.
[5] 谢景昭，单炜，肖畅，等. Klonet：面向技术创新的网络模拟实验平台[J]. 电信科学，2021，37(10)：66-75.